從MBTI
學管理

性格分類測驗也能套用職場管理? 16 種人格類型分析幫你識才、用才,發揮員工最大的長才!

U0075314

徐博年,惟言————編著

員工百百種,有才華卻脾氣差的、不合群只想自己來的……
上有老闆,下有員工,但每個都好難懂!明明是下面的人是你在管,
為什麼卻常常覺得力不從心超難管?

各大企業管理原則 ×16 種人格特質分析 × 徵才用人大避雷
職場管理小撇步通通給他學起來,當「主管」不再是苦差!

目 錄

目錄

第三章
用感情凝聚人

第四章
用利益激勵人

第五章
用發展鼓舞人

第六章
用制度規範人

目錄

7

目錄

前言

同樣經營一種事業，景氣時有人賺，也有人賠；不景氣時有人關門倒閉，也有人欣欣向榮。同一家公司，前任經理負債累累焦頭爛額，換一個經營者一下子就扭轉乾坤。其中的奧妙何在？

法國某採礦冶金公司，曾一度陷入瀕臨破產的境地。然而，自從亨利·法約爾（Henri Fayol）被任命為該公司經理後，局面很快開始扭轉，使企業走出了低谷，迎來了「柳暗花明又一村」的景象。其絕處逢生的根本原因就在於亨利·法約爾精於管理、善於用人。他發揮了科學管理方面的傑出才能，培養了一批優秀的管理人員，拯救了這個企業。人還是那些人，廠還是那個廠，但換了一個善於用人的負責人，情況就完全轉變。

由此可見，企業的興旺與否，其中關鍵之一在於如何用人。

擺在企業管理者面前的第一個必修學分是苦練內功。科學、合理、有效地用人，需要用慧眼甄選人，用利益激勵人，用感情凝聚人，用培訓提升人，用發展鼓舞人，用制度規範人。只有栽了梧桐樹，才能夠引來金鳳凰。

企業引來「金鳳凰」不是為了好看，而是為了「下蛋」。因此，除了苦練內功之外，企業管理者還需要苦練外功。尺有所短，寸有所長；企業如何將各式各樣的員工安排與分配，才能創造更大的效益。這需要企業管理者做到因才用人、因事用人、因性格用人、搭配用人，並且用好棘手員工。

有人認為，企業練好內功是「為人」，練好外功是「為己」。事實上，企業與員工是一個生命共同體，企業「為人」時亦是「為己」，「為己」時亦是「為人」。

前言

　　編者基於以上認知，編寫了本書。行文中盡量摒棄了空洞的理論與說教，用深入淺出的語言闡述了智慧用人的各種點子，是企業老闆成功經營的案頭必備，也是有志管理的人士成就夢想的智囊寶典。

編者

第一章
慧眼甄選人

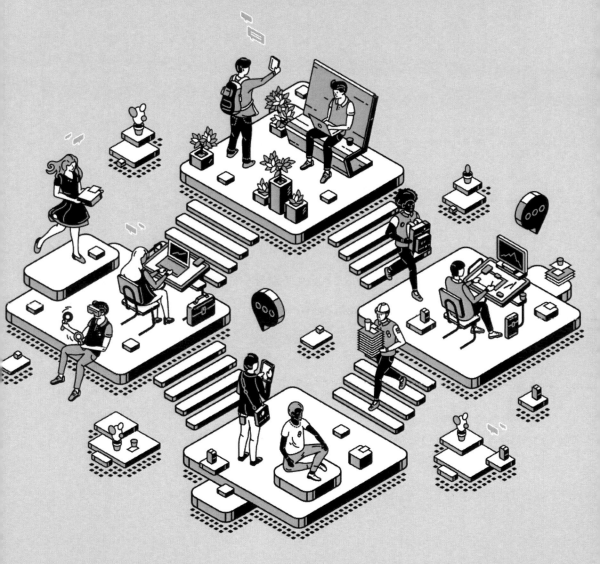

第一章　慧眼甄選人

念好人才識別的「經」

「横看成嶺側成峰，遠近高低各不同。」由於每個人的觀察角度和立足點不同，廬山西林壁映入眼簾的形象也千姿百態：觀山如此，看人也如此。

對於人才的定義，眾說紛紜。有人認為工程師是人才；有人認為遠近馳名的是人才；有人認為身處要職的是人才；還有人認為有一技之長或者發明創造者是人才等等。這些不同的理解，說明人們對於人才的認知是不盡一致的。字典中對「人才」的解釋為：德才兼備的人；有某種特長的人。凡是有某種特長或者具有一定的專業知識，在實際工作中有一定的創造能力，做出較大成績者都是人才。

辨別人才不能以一好遮百醜，也不能只看缺點而忽視優點，而應全面觀察，綜合衡量。具體來說要注意以下兩點：

1.不要以偏概全

對人才的全面鑑別，最忌諱的就是以點代面。就是說，看人才要全面地看，不能一葉障目不見泰山，只顧一點而忘記其餘。

2.不可以短掩長

任何人才，有其長必有其短，鑑別人才要全面，其中重要的一點就是不可以短掩長。倘若沒有全面地觀察，只注意某一點或某一個片面，而這一點或一個片面，又正好是人才的缺點和短處，就武斷地對他下結論，這是非常危險的，大批優秀的人才將被拋棄和扼殺。孔雀開屏是非常漂亮的，倘若一個人不看孔雀那美麗的羽毛，只看到孔雀開屏露出的屁股，就武斷地認為孔雀是極醜的，那實在是滑稽的和不公平的。

優秀員工的素描

優秀員工無論是今天、明天還是更遠的將來，他們都可以滿足企業的需求。當然，這種員工都是很受企業歡迎的。

優秀員工的優勢不僅表現在他的能力上，更重要的還表現在他的品德、性格、責任感等內在方面。這些內在因素對於增強企業凝聚力、保持團隊精神、形成良好工作風氣是不可或缺的。一般來說，優秀員工應具有以下特點：

★ 對於工作有很強的責任感，熟悉專業技能，有較豐富的工作經驗。

★ 富有工作積極性。他們會主動找工作做，而不是在那等著任務分配下來。

★ 工作知輕重緩急，不會把大量時間投入到毫無成效的工作中。

★ 領悟能力強，能準確掌握主管的意圖和客戶的想法。

★ 面對困難沉著、冷靜，具有解決問題的能力。

★ 能隨機應變，對於工作時間、地點的變動，都能及時調整適應。

★ 關心企業，對企業有很強的認同感。

★ 愉悅的工作態度並能感染他人。

態度決定一切

企業需要什麼樣的員工，是企業招募人才時，人事部和相關工作人員的關鍵共識。如果企業不能招入作風正派、工作態度端正的新員工，其後果不僅會傷害整個部門，它甚至會終止你良好的管理形象，致使事業失敗。

第一章　慧眼甄選人

在許多世界著名的大公司中，經理們煞費苦心地吸引那些會進一步壯大企業力量的員工。

Rosenbluth 國際旅遊公司應徵員工時，主要測試的是應徵者對工作的態度。這個經營旅遊業的著名的成功的企業，採取一種獨特的應徵方法——一應徵好人。他們的信條：「你能教他們學會所有的事情，但是你教不會他們的工作態度。」這個哲理與許多企業的信條：「應徵的是態度，培訓的是技能」如出一轍。

Rosenbluth 在評價候選人時，會使用一些與眾不同的方法。方法之一是要求申請者與公司員工打一場壘球比賽。公司認為這樣會給公司每個人有關候選人的行為舉止、團隊精神、友善的關係等一個整體印象。

在公司內部提升潛在行政工作人員時，他們經常被送往 Rosenbluth 公司在北達科他州的大牧場做些農務。這些人被要求修籬笆、甚至放牛。他們做得怎樣一點都不重要，但重要的是，對於這些 Rosenbluth 公司新應徵來的人從事這些工作，對他們要想在擁有 35 億美元固定資產的 Rosenbluth 公司獲得一個行政職位，是非常重要的鍛鍊和表現自己工作態度的機會。

有瑕疵的玉

美國最大的輪胎公司之一的泛世通輪胎和橡膠公司，在創業之初僅有幾個工人和一間舊廠房。它之所以能發跡，靠的就是該公司創始人費爾斯通敢於選用酗酒成性的發明家洛特納之所長。

費爾斯通第一次看到洛特納時，是在酒吧間。當時洛特納衣冠不整，滿臉塵垢，他把褲子當圍巾披在肩上，走路東倒西歪，滑稽不堪。人們常常取笑他，不叫他的名字，而稱他為「醉羅漢」。當費爾斯通得知洛特納

是個發明家時，並沒有因為洛特納有酗酒惡習歧視他，而是三番五次去走訪他，碰了釘子也不灰心，這使洛特納深為感動。他下決心幫費爾斯通打天下，研製成了一種不易脫落而且儲氣量大的輪胎。這種輪胎後來被福特汽車公司採用，使費爾斯通的事業有了很大的轉機。

李‧艾科卡原是學工程技術的，並且曾是個自命不凡的年輕人。這些都沒有影響後來勞勃‧麥納馬拉對他的信任和使用。

西元 1956 年，在福特汽車公司的推銷工作處於非常困難的時候，麥納馬拉毅然把他召回總部任銷售部經理，這使艾科卡身上的銷售潛能得以充分發揮。上半年，艾科卡為「福特」的買主們制定了每月歸還 56 美元的信用計畫；其後又把注意力集中在打破汽車「獵鷹」年銷售 41.7 萬輛的銷售紀錄上。兩戰告捷後，麥納馬拉看到這位年輕有為的艾科卡在汽車銷售方面才能卓越，便將他推舉為公司銷售經理。這為他日後當上公司總裁奠定了堅實基礎。艾科卡在他就任總裁的 8 年時間裡，為福特汽車公司淨賺了 35 億美元的利潤，為「福特」立下了奇功，創建了該公司歷史上最光輝的業績。

有瑕疵的玉仍是一塊玉，但再完美的石頭終歸是一塊石頭。

看人不可武斷

身為主管，對待任何人或事，都應該作客觀分析，不能主觀武斷。也就是說對待人或事，應從理性出發，不能僅靠感性理解。否則，對於人或事就不能做出正確的判斷或估計。

比如一家公司招收新員工，其中有個人給人的第一印象不太好，他外表不怎麼樣，穿戴也不整齊，但他還是憑自己超人的口才被錄用了。由於

第一章　慧眼甄選人

經理從主觀感覺上對這個人的印象很不好。這位員工在以後的工作中，雖然業績非常突出，但由於經理的認知仍停留在感性階段，因而不能對這個人做出比較客觀的評價，只認為這個人形象不好，而很難注意到他其他的優點。

久而久之，這位員工也能感覺到經理對他不怎麼賞識，因而對工作也不再像以前那麼積極了。這樣一來，經理對這位員工更加挑剔。到後來，這位員工想：「憑我的這雙手，到哪裡不能混一碗飯吃。此地不留爺，自有留爺處」。然後向公司遞上辭呈。

當這位員工走後，經理才意識到他的重要性。不禁感嘆，人不可貌相，海水不可斗量。這時，經過一些事實和失敗的教訓，這位做事武斷的經理才逐漸改正了他看人以偏概全的缺點。

避免自己的主觀武斷，必須首先消除許多心理障礙。對一些人或事，要從不同的角度全面地去分析，所謂「橫看成嶺側成峰，遠近高低各不同」就是這個道理。事實上其貌不揚的人，有不少是有才學的人，而相貌出眾的人，也有不少是平庸之輩。任何人都無法找到人的才能與相貌之間有什麼必然的連繫。理性地分析之後，再做出客觀的判斷才是明智之舉。

用人猶如用兵作戰，如果只憑主觀武斷，會導致一潰千里；而客觀、理性的分析，卻能使人運籌於帷幄之中，決勝於千里之外。

勿以個人好惡為標準

一個人是不是人才，應該以實際為標準進行檢驗才能得知，但在用人過程中，古往今來都存在著以個人的好惡為標準的事實。武則天的夏官尚書武三思就說：「凡與我為善者即為善人；與我惡者，即為惡人。」以個人的好惡為標準來用人，在歷史和現實中普遍地存在著。特別是在用人問

題上，往往會搞小團體，以我畫線，順我者昌，逆我者亡。與自己感情關係比較不錯的人，「說你行，你就行，不行也行」；而與自己感情、關係一般的，「說你不行，你就不行，行也不行」。其實，這種以個人好惡為標準來識人，早在歷史上就有人不贊成。古人就提出，想要知道一個人的品德，就要先了解他的行為；想要知道一個人的才能，就要先聽其言，觀其行。

身為企業的領導者，能否堅持公道正派、任人唯賢，是關係到企業發展命運的大問題。事實上，憑個人好惡、親疏、恩怨、得失，識人用人的情況比比皆是。有的人喜歡聽恭維奉承的話，把善於迎合他的人當成人才；有的人熱衷於搞小團體，對氣味相投的人倍加重視欣賞；有的人看重個人恩怨，凡對自己有恩惠的，則想方設法予以重用；有的習慣於自己的「老套」，偏愛「聽話」、「順心」、「順耳」的人。上述情況的存在，一方面容易使某些德才平庸、善於投機取巧，甚至有嚴重問題的人得到重用；另一方面又必然使一些德才兼備的優秀人才被埋沒，甚至遭受不應有的打壓。而這一切的最終結果，都只能是給企業的發展帶來嚴重後果。用錯人，會使企業經營管理出問題，甚至會因該人的某些舉措導致公司倒閉；埋沒人才，會使部屬內部怨氣衝天，工作無效率，久而久之，會使企業發展停滯，甚至更嚴重。

憑個人好惡用人，其主要原因在於私字作祟。但是也有一些人心態是好的，但由於水準不高和思考模式錯誤，缺少識人的「慧眼」，「近己之好惡而不自知」，結果用人無法堅持公道、任人唯賢的原則。宋朝宰相張浚初次見到秦檜，見他言詞剛正，表情嚴肅，認為這個人一定正派，便聘用了他，結果鑄成了千古大錯。張浚的失誤就在於以言貌取人，並沒有看穿秦檜的本質。在現實生活中，還依然存在張浚式的人物，他們在看人用

第一章　慧眼甄選人

人上往往受主觀、偏見和感情用事等影響。但有時他們在這種問題上並無私心，似乎比那些有意識的報復、拉幫結夥的用人錯誤，更容易得到一般人的諒解和容忍。也正因為這樣，在上心安理得，在下卻有苦難言，其危害也就更加嚴重。

★ **唯我型**：主要是指那種以自己的是非為標準，嫉妒上司支持或重用他人（尤其是不同者意見）的人。這種人只希望上司支持他，如果上司支持了別人（不管對還是不對），他就會對支持者說三道四。別人得到提拔他就會感到難受，甚至會為此與上司鬧翻。同時，他還可能在同級及其下屬中尋找新的支持者，其手段也多是卑劣的。大家的關係本來很正常，由於唯我型者親疏有別，很可能會造成部門成員認知上的分歧，問題就出在這裡。

★ **實惠型**：主要指那種得了實惠就說好，有奶便是娘的人。這種人唯一的是非標準就是看誰能給自己帶來更多好處，凡是能給他帶來好處的，他就說那人是大好人，除此之外，你為團隊帶來的好處再多，他也視而不見。領導成員是有分工的，有些能為下屬解決一些實際問題，有些就做不到，不論是誰解決的問題，都應歸功為部門的功勞，而非個人的功勞。一些掌握實權的領導者，如果將部門對下屬的照顧，視為個人對部屬的關心的話，在部屬中，勢必會產生偏袒某個人的現象。

★ **順我型**：指那種對待下屬是「順我者昌，逆我者亡」的領導者。這種領導者喜歡聽恭維的話，討厭別人提建議，容不得半點反面意見。這種在上司面前拍馬屁的人很吃香，而剛正不阿的正派人往往遭殃。結果是該遭殃的吃香，該吃香的遭殃，下屬中勢必產生對立情緒。這種用人方式，無疑不利於團隊的發展。

一份與眾不同的公司簡介

每年大學生畢業時，許多企業就開始忙碌起來。求才若渴的企業，往往是花去不菲的一筆應徵費用，但這是否能取得良好的收益呢？

就拿企業向大學生分發的公司簡介來說，往往是「千人一面」。上面的彩圖是廠房以及各種獎盃、獎狀，文字也無非是對實力的強調。這種毫無創意的公司簡介，很容易湮滅在各種資料的海洋中。

日本住友海上保險公司在錄用應屆畢業生時，曾發了一種別出心裁的公司簡介，這份簡介在畢業生中產生很大反響。這份由四張薄紙裝訂成的公司簡介，封面上以醒目的文字寫道：

「年輕人，別假裝你什麼都知道！」

這是一句很能打動畢業生的話。不僅封面這句話，在簡介中這種令人心動的話還很多，而且頗具震撼性。例如：可以為工作簡單就可以掉以輕心，如果不認真做，還是無法了解其實質！

「別失望得太早，也別寄希望過高。」

「年輕人不必急躁不安，因為你們不會失去什麼。」

「半途而廢的人絕不會成功，唯有意志堅定的人才會成功。」

「我們已為你們準備好任意施展的舞臺了，至於能否成為主角就得靠你自己了！」

「企業是以成果論英雄的，不論你在開始多麼努力，如果沒有成果的話，一切都是枉然！」

「能讓公司賺錢的人，才是公司最需要的人！」

這份與眾不同的公司簡介，突出地顯示住友保險公司在錄用人才之前，要畢業生們對自己進行一下衡量，告訴畢業生們仍需要有能力又能吃

第一章　慧眼甄選人

苦的人才。

　　這份簡介在畢業生中引起了強烈的反響。有人說：「很多公司的簡介，都是以極為客氣的筆調寫成的，而貴公司卻以極為坦白的語氣說明，這雖然令人有些驚訝，但同時也非常叫人欽佩。」也有人說：「能夠站在勞資雙方的立場表白心聲，很容易引起人的共鳴感，能夠做出這種劃時代的舉動，實在令人值得拍手鼓掌。」更有人說：「讀完貴公司的簡介後，使我更加喜愛住友海上保險公司了！」

　　當然，住友海上保險公司簡介的最初目的，在於建立一個活躍的企業形象。這個目的不僅達到了，而且也確實為公司的發展應徵到優秀的人才。

由一則求職故事想到的

　　這是一則流傳很廣的求職故事。

　　法國的查克從小立志要當個銀行家。大學畢業後，他鼓起勇氣來到巴黎一家最有名氣的銀行碰運氣。結果很不理想，吃了閉門羹。然而這位年輕人並不氣餒，他雄心勃勃地又先後走進幾家銀行去求職，可仍是連連被拒之門外。幾個月後，查克再一次去了開始去過的那家最好的銀行，並且有幸見到了董事長，但是又遭拒絕。他慢慢地從銀行大門出來，突然發現腳邊有一枚鐵釘。想到進進出出的人可能會被地上的這枚鐵釘所傷，年輕人馬上彎腰將其撿了起來，然後小心翼翼地放進了旁邊的垃圾桶裡。回到家裡後，奔波了一天的查克感到疲憊極了。前後已 32 次，但連一次面嘗試的機會都沒有。儘管命運對自己這麼不公，可第二天查克還是又準備去碰運氣。

　　在他離開住所關門的時候，意外地發現信箱裡有一封信。他拆開信封

一看，正是那家赫赫有名的銀行發來的錄取函。這真是喜從天降，年輕人懷疑自己是否在做夢。原來，查克昨天在銀行大門外撿鐵釘的一幕被董事長看見了。他認為謹慎小心正是銀行職員必須具備的基本特質，於是他改變了原先的想法，決定錄用這個年輕人。正因為查克辦事負責認真，對一枚鐵釘也不掉以輕心，所以能在工作中創造輝煌，日後他成為法國的「銀行大王」。

這則故事原本是告誡求職者在面試時不要疏忽每一個細節，但同時也提醒企業要獨具慧眼，善於由顯見隱，從貌似平常的事物中透視出人才的重要特質。

從曾參殺人說到企業識人

通常，傳聞的可靠性較小，因為在傳遞過程中，人們常常根據自己的好惡添枝加葉，越傳越神，以致出現添油加醋、張冠李戴或黑白顛倒的現象。

《戰國策》裡有個〈曾參殺人〉的故事。曾子即曾參，是孔子的著名門徒。恰巧在他住的地方也有一名叫曾參的人。有一天，那個曾參殺了人，有人告訴曾子的母親：「曾參殺人了！」曾母不信，說：「我兒子是不會殺人的。」說完依舊織她的錦綢。過了不久，又有人來說：「曾參殺人了！」她仍然不信，繼續安心在織機上工作。又過了一段時間，還有人來說：「曾參殺人了！」這次曾母終於動搖了對兒子原有的信心，害怕株連的她竟丟下手中的梭子，越牆逃跑了。

一種有趣的現象是：當某員工沒有被重用時會平安無事；一旦準備提拔使用被考察時，有些員工就開始說三道四，議論不停。應該說，能夠引

第一章　慧眼甄選人

起別人議論的員工，一般都是有一定才能的，正因為他某一方面表現突出，才引起別人七嘴八舌。有一幅漫畫表現的是唐僧、沙僧、豬八戒考察孫悟空的情況，看了後使人感觸頗深。師徒三人對悟空的評價不一，唐僧：目無尊長！八戒：驕傲自大！沙僧：經常惹事！這幅漫畫表示，像孫悟空那樣能力強，但不拘小節的人才是極易受攻擊的。特別是一旦要得到提拔重用時，甚至與悟空感情極好，素來敬重大師兄的沙僧，也可能有意無意地說上幾句否定的話。

所以，身為領導者，就應該從眾多的議論中「過濾」出正確的結論，如果大家議論得對，就應該改正，如果議論得不對，就要排除干擾，大膽選用優秀的員工。隨著現代企業管理制度的不斷落實，民主選舉、推薦領導者的方法越來越普遍，議論被薦員工的形式將越來越廣泛，不被別人議論的員工是沒有的。應該提倡在議論中識別和選拔好員工，在議論後使用優秀員工。

反映是領導者與員工之間非正式渠道溝通的一種行為。它具體分為兩種形式：一種是語言反映，一種是書面反映。

語言反映，就是面對面地談問題。這種形式多用於優秀員工與主管之間。通常，語言反映的情況正確而客觀，對領導者的用人決策可造成促進作用；否則，就會干擾決策的實施。

書面反映，就是透過文字形式向主管談問題。這種形式多用於主管與全體員工之間。書面反映也包括匿名信和小報告等。書面反映的行使人基於自我的目的和願望，在不便公開反映情況的特定環境下，會出現兩種情形：一是客觀提供有價值的資訊，促使領導者及時做出正確的決策；二是提供道聽途說的消息。可見，書面反映作為一種溝通方式，其利弊、好惡不在消息的本身，而在於領導者能否鑑別和正確「過濾」這些資訊。

領導者不要因人們對匿名信和小報告的詆毀多於讚譽，而因噎廢食，應重視和發揮它特有的功能：① 溝通距離短；② 時效強，負面影響小，保密性好；③ 靈活機動，民主監督效果好。當然，如果不善於運用，也會產生一些消極影響。身為領導者，應把書面反映作為一種溝通渠道，進一步明確其程序以及事後處理的方式等，並避免書面反映成為誣陷、中傷的工具。

麥當勞「五不」的啟示

麥當勞是譽滿全球的速食店，是當今全球最大的經營速食的企業集團。麥當勞的成功，與其貫徹在選人問題上的「五不」觀念密不可分。

★ **不用「美女」**：當今很多服務行業在招募員工時，對員工的外貌、身材特別講究，尤其是女性，漂亮的容貌往往是首要的條件。但麥當勞絕不講求漂亮，它所錄用的員工雖相貌平平，卻能吃苦耐勞。

★ **不用「熟手」**：其聘用的員工幾乎全是初出茅廬的年輕人。麥當勞在幾十年的創業中，積累了一整套成功的管理經驗，錄用新員工時，寧願用「生手」而不用「熟手」，因為他們要用自己的經驗培訓員工，而不用他人的框架束縛自己。他們所追求的並不是要有一定的工作經驗，而是一種精神狀態。他們對曾在服務性行業工作過的人感興趣的原因是，他們已經具有與人交往的意識、方法和服務精神。企業只是建立更好的用人氛圍，在人員應徵時不排斥任何人才。

★ **不黑箱作業**：為了確保求職者準確無誤地了解工作職位和工作條件，所有履歷考核全部透過的求職者，需要在門市裡進行 3 天實地實習，以便熟悉未來的工作環境。經過 3 天帶薪實習之後，雙方將第二次見

第一章　慧眼甄選人

面，最後確定是否錄用。麥當勞培養一名經理，一般需經過以下幾個階段：

在第一階段，是培養一些速食店實習助理。通常，一位年輕的畢業生在成為經理之前，必須擔任 4 ～ 6 個月實習助理。麥當勞公司認為，一個實習助理對速食店的良好管理，來源於對生產全過程的深入了解。基於這個原則，公司要求實習助理熟悉各部門的業務；從收銀臺到炸薯條，每位麥當勞員工都要掌握各工種的訣竅。在這段短暫的時間裡，實習助理須掌握達到最佳品質與服務的所有方法。

第二階段是學習做二級助理，之後是一級助理，也就是經理的助手。過了最後這個階段，便可成為速食店的經理。通常，從進入麥當勞到晉升到經理的位置，平均需要 2 ～ 3 年。

年輕的畢業生晉升為經理前，須到公司總部實習 15 天，學習速食店科學的管理方法。接下來，預想不到的好事隨時可能出現，有些不滿 30 歲的速食店經理可能被提拔為管理三家速食的負責人，有些人還可能成為地區業務的代表。

麥當勞在人才管理的基本觀點，是人才的作用是為人員應徵、企業管理等經營者提供幫助，最大限度地減輕他們的負擔，從而使他們能更加集中精力為客人服務。

★ **不「炒魷魚」**：麥當勞不「炒」員工「魷魚」，除了對企業選拔人才的眼光具有高度的自信外，更體現了對員工的關懷與尊重。

★ **不限制工作時間**：麥當勞錄用的員工可以在工作時間上自由選擇。可以當全職員工，也可以當兼職員工。從早上 7 時到晚上 11 時，可隨意挑選。這一點吸引了大批人才應徵，範圍之廣遍及各個行業，麥當勞可以從中選擇最優秀的員工。

麥當勞在選人時「五不」的觀念，帶給我們如下啟示。

首先，麥當勞打破論資排輩的陳腐觀念，不拘一格使用人才，大量聘用沒有工作經驗的年輕員工，提倡「不唯文憑重水準、不唯年齡看本領、不唯資歷重實績」。據統計，人的一生中25～45歲之間，是創造力最旺盛的黃金時期，被稱之為創造年齡區。不敢重用年輕人，既耽誤他人，也毀了自己，大凡成功的領導者都敢重用年輕人。比爾·蓋茲能成為世界首富，就是得益於重用年輕人。他說：「對我來說，大部分快樂一直來自於我能聘請有才華的人，並與之一道工作，我應徵了許多比我年輕的員工，他們個個才智超群，視野寬闊，必能在事業中更進一步。」這充分說明一個道理：只要有才智，年輕人足以擔當重任，是完全可以做大事的。

其次，給員工一片廣闊的空間，讓他們能夠自由輕鬆地工作，同時又重視對員工的培養，從不對員工言「炒魷魚」，使員工增強了自尊心、榮譽感與安全感，從而對企業產生一種向心力和凝聚力。麥當勞已形成了這樣一種好的氛圍，人人關心企業的經營與效益，個個維護企業的形象與名譽。

最後，不以相貌取人，不刻意聘用「美女」，「人不可貌相，海水不可斗量」。泰戈爾說得好：「你可以從外表的美來評論一朵花或一隻蝴蝶，但不能這樣來評論一個人。」以相貌取人、評判人，沒有絲毫的科學根據。事實上其貌不揚的人，有不少是有才學的人；而相貌出眾的人，也有不少平庸之輩。人的相貌與人的才能並沒有必然關係。

有一些企業主管，在應徵員工中過於注重學歷、資歷和「富有經驗」的條件。在選拔員工時綁手綁腳，不敢聘用年輕人，總認為他們還稚嫩，缺乏經驗和閱歷，挑不起大梁，往往根據員工的任職時間的長短、參加工作的早晚來排列次序的先後，結果挫傷了年輕員工的積極性，不利於年輕

第一章　慧眼甄選人

員工的脫穎而出。事實證明，年輕人好學上進，思想敏捷，銳意改革，敢當重任，對這種精神和熱情，理應鼓勵支持，大膽聘用有抱負、有才能的年輕人。還有一些企業主管以貌取人，一味地招募「美女」，不顧其德才如何，而招回的只是一些「花瓶」，「中看不中用」，嘴甜、眼活、腹中空。更有一些主管對員工沒有愛心，不是給員工創造寬鬆的工作環境，而是把自己當成一個十足的老闆，動不動就威脅員工「資遣」、「留職停薪」、「分流」，「炒魷魚」成了家常便飯，搞得員工人人自危，哪還有心思去工作？

「每桶 4 美元」先生

主管要善於由顯見隱，從熟視無睹貌似平常的事物中找出下屬的不凡的特質。

洛克斐勒卸任後，把董事長的職位傳給了阿基勃特。美國標準石油公司是一家大企業，人才濟濟，高手如林，無論是才華還是能力，有不少在阿基勃特之上的人，但洛克斐勒卻選中了他當董事長，這有他獨特的見解。很久以前，在美國標準石油公司有一位名叫阿基勃特的小職員，他工作盡心盡職，腳踏實地，努力維護著公司的聲譽，不論何時何地，凡是被要求簽名的文件，阿基勃特都會在簽完名字的下面，接著寫上「每桶 4 美元的標準石油」這 10 個字。甚至在書信或收據上，也不會忘記這幾個字，時間一久他被同事們親切地叫做「每桶 4 美元」先生了，其真名倒是很少有人喊了，當時，洛克斐勒擔任美國標準石油公司的董事長，也聽別人說起此事。他為公司有這樣一位忠心耿耿的僱員而感到十分高興，並且興致勃勃地與阿基勃特會面交談，共進晚餐。按理說，寫「每桶 4 美元標

準石油」這幾個字是舉手之勞，認真做起來都不會太難，但只有阿基勃特堅持不懈，實屬難能可貴，洛克斐勒認為這樣對公司忠心耿耿、頑強堅定的人才，是董事長的最佳人選。洛克斐勒沒有看走眼，阿基勃特果然不辱使命。

由此可見，識才，不僅要看到那些鋒芒畢露者，更要注意尋找那些暫時默默無聞和表面上平淡無奇，而實則非常有才華，有發展前途的人。通常，人們把已被公認的人才稱為顯性人才，把暫時未被人發現的人才稱為潛在人才。顯性人才如同上林之花，芬芳燦爛蜚聲世間，人人注目，都欲得而用之；潛在人才則有如待琢之玉，似塵土中的黃金，極具有挖掘價值。主管若是練就伯樂慧眼，就會在窮鄉僻壤之間，泥濘山路之上，鹽車重載之下發現「千里馬」。為其創造了一個發展成長、施展才華的機會，許多潛在人才被「伯樂」相中，在為公司創造巨大的財富的同時，成為主管的得力助手，也將成為成功人士。

小池子不要養大魚

有些大公司已拋棄了「盡可能聘用傑出的員工」的用人原則，奉行「找那些素養較差的人，努力發掘他們的潛能即可」的原則。

每個公司都有大量的低階雜務，即使現代化的企業也毫不例外。安排條件差的人去做這些工作，他們會全力以赴地做好這些微不足道的事。他們擁有高昂的士氣和很高的工作效率，不會有自卑、沮喪感，或是感到自己大材小用，因為他們有「自知之明」，期望值也不高。有些企業的主管願意用學歷低、工作難找的人做裝卸工，這些人往往會感恩戴德地工作，因為這至少能夠解決他們的就業問題。建築行業招收大量的臨時工，這些

第一章　慧眼甄選人

工人從事的工作相當消耗體力，收入也不太高，但很有熱忱，因為這些工作畢竟比待業好多了。更有甚者，這些人對錄用他們的經理、老闆都心存感激，認為讓他們工作便是給了他們飯碗，他們不但工作賣力，而且對老闆也尊敬有加，這樣的人對老闆來說是再理想不過了。這實在比用那些才高八斗卻不服管教的人好得多。有的人縱然很有才能，但不願合作，不願為公司付出，那他對企業來說也是毫無價值的。如果領導者夠聰明的話，就不能忽視那些條件較差的員工。也許最終能與你同舟共濟、榮辱與共的人，就存在他們之中。

如果我們能將問題延伸，那麼就會得出這樣的結論，企業無疑是需要大批菁英俊傑的，可是僱傭太多的高級技術人員和管理人員，對企業並不見得是好事，因為與他們地位、學識相稱的職位畢竟有限，一旦沒有合適的職位，他們一定會表現出不滿，甚至起來造老闆的「反」，要知道「小池子養不了大魚」和「養虎貽患」的道理。因此如果不是高精類的科學研究單位和從事新技術的企業，切莫用太多資歷深、學歷高的人員，不妨從條件差的員工中培植一些核心人才。

經營型員工的甄選

有一家集團公司總經理介紹他所在公司挑選員工的經驗時，曾說到：「多年來，我們聘用過各種各樣的員工，有工商管理碩士、律師、會計師、退役的運動員，還有一些從其他公司跳槽的員工。有些人做的是與本身專業相關的工作，有些人做的工作卻是他們從未預料到的」。

他挑選員工的經驗是：

■ 當心熟面孔

千萬不要僅因為某人在本行業裡卓有聲譽就去聘用他，因為很多時候他熟悉的僅僅是自己的本業，而不是我們的業務。有一銷售運動器材的分公司，在與奧運會某滑雪金牌獲得者簽訂合約後，本打算找一個懂滑雪的經紀人來處理相關業務，為的是他們之間有共同的語言。但是很快他們就意識到，並不一定非得由一個懂得滑雪的人來向贊助人和相關公司推銷，他們所需要的是知道如何推銷名人的業務員。這種情形就像我們如果要推銷一種新品牌肥皂，是聘請發明肥皂的化學家來推銷呢，還是聘請一個神通廣大的推銷專家？

■ 考慮客戶的需求

另一分公司曾經聘請過一個高爾夫球手在公司高爾夫球場設備部門工作，但很快發現，很難將他從巡迴比賽的旅途中拉回來，安坐到辦公桌後面，並且指望購買高爾夫球場設備的客戶們接受他、承認他是熟悉銷售的專家。客戶們會不客氣地說：「他不過是一個高爾夫球員，他懂什麼？」

在聘請一個退役職業足球運動員來管理公司的運動俱樂部時也遇到了同樣的問題。足球運動員們並不要求一個懂足球的人，他們所需要的是一個在簽訂合約及管理財務方面有豐富經驗的經紀人。

另外一個例子是，當阿爾諾德‧帕爾梅開創他自己的汽車銷售業務時，由於自己對這一行一竅不通，於是聘用了某家大汽車製造公司的一位部門經理來管理這項業務。

只可惜，這位先生對汽車的了解是站在一個製造商、而非推銷商的角度。他從未賣過任何汽車，並且只習慣擔任擁有一大群下屬，供其發號施令的部門經理，所以他不習慣在激烈的市場競爭中創造業績。更糟糕的

第一章　慧眼甄選人

是，他極容易接受工廠的意見。而在汽車行業，經銷商必須與工廠進行激烈地較量，才能拿到市場最熱門的搶手貨，而不是滯銷品種。在這種情況下，他這種特長可以說是致命的弱點。

後來，阿爾諾德聘請了一位與汽車行業不相干的優秀商人，這位商人曾管理過自己的生意，非常了解銷售公司的經營管理業務，對降低成本極有熱情。如果有人對他說：「這件事一直就是這樣做的」，他一定會想方設法另闢蹊徑。結果使公司的汽車銷售業務日漸繁盛。

副職的甄選

對於一個有作為的領導者來說，選擇好身邊的副職是至關重要的。甄選副職不妨多考慮以下幾個方面的法則：

★ **參與決策和有效執行的法則**：領導者選擇副職，首先必須明確所選擇的副職不僅是自己的助手、執行者，更主要是決策團隊中的一員，因此他必須明確每一個決策的背景、前途，並積極參與決策。實踐證明，副職的參與決策程度越高，其責任心就會更強，執行更自覺，行為更規範，效率更高。那種只把副職當做「應聲蟲」、「傳話筒」，或要求副職只能順從自己的意見的領導者，勢必要導致失敗。

★ **才職相稱的法則**：被選人才的素養、才能，務必要與所任職務的職權、職責、任務相稱。

★ **決策權可以轉移的法則**：領導者所選出的副職人才，特別是主要的副職人才，一定要具備主管因故離職或暫時離開部門時，有能力負責處理臨時出現的重大問題的素養。

★ **員工接受法則**：領導者所選副職，一定要考察其在部門大多數（70%

以上）員工中的接受程度，即要看員工對該人是否信任、支持、理解，否則會產生許多不良的後果。

★ **自覺發揮主觀能動法則**：領導者在選擇副職時，一定要考慮他是否能在與自己通力合作的同時，發揮主觀能動性。就是使主管在決策層中，不僅處於中心位置，而且是動力源和神經中樞。領導者在歸納集中智慧形成決策後，又能很靈活地啟動各個副職去貫徹執行這項決策，使整個部門的機能得以良好地運轉。

★ **精簡法則**：領導者一定不要以為副職越多越好，恰恰相反，團隊成員超過一定的限額，便會極大地影響決策效率。據相關研究顯示，領導團隊成員人數一般不要超過 7 人。

以上法則為我們選擇好副職提供了方向性的指導，在具體地實際操作中，究竟哪些人才能夠進入選擇範圍呢？

★ **通才型人才**：該類人才知識面廣博，專業基礎扎實，善於出奇制勝、集思廣益，有很強的綜合、移植與創新能力，能夠站在策略高度深謀遠慮。當領導者本身不是這類通才時，最適於選拔通才為副職。

★ **補充型人才**：通常補充型人才最適合做領導者的副職。該類人才可以分為兩類：一是自然補充型，即具有領導者所短缺方面的長處，進入團隊便自然地以其之長補主管之短，可有效強化團隊的優勢。二是意識補充型，即能自覺地意識到自己的地位與作用，善於領會領導者的意圖，了解領導者的長處與短處，積極地以己之長去補領導者之短。

★ **實作型人才**：實作型人才是每一個領導團隊中必要的人才。這類人才通常以埋頭努力、任勞任怨、高效率、高品質、高節奏而見長，是領導者身邊不可缺少的人才。但是，在大多數情況下，這類人往往缺乏

第一章　慧眼甄選人

自我保護的意識與能力，於是不免總被明槍暗箭所傷。身為一個有愛心的主管，務必要善於為他們保駕護航。

★ **忠誠型人才**：忠誠老實是傳統美德。可以說，忠誠型人才是任何時代、任何領導者都歡迎的人，他們忠心耿耿的優秀特質構築了他們在領導者心中不可動搖的地位。當然，這種忠誠絕對不是不經思考的「主管要求做什麼就做什麼」式的「愚忠」，而是忠實地執行領導者的意圖和維護團隊利益的忠誠，當領導者的某些言行與政策相牴觸或與企業的共同目標發生偏差的時候，他們也會義不容辭地以適當的方式向領導者提出中肯的建議。

★ **競爭型人才**：這種人才有能力在複雜多變的環境下，獨立地處理好公司的問題，面對困難敢於奮鬥，無嫉妒之心，有「敢為天下先」的魄力與熱忱，直至取得重大成就。正是這種人才不屈不撓的鬥志與咄咄逼人的銳氣，對領導者容易造成心理壓力，於是往往成為某些心胸狹窄的領導者不予重用、甚至貶斥的對象，他們也將比常人遭受更多的非議和委屈。身為一個英明大度的領導者，應該認知到這種人才是企業開創新局面、拓寬道路所不可缺少的。當他們遇到多方面的困難時，要多給予關懷和愛護，並以一種豁達的心境主動地理解他們，並與他們開展善意友好的競賽。

★ **潛在型人才**：這類人才通常以年輕人為主，他們才華初露，充滿朝氣，敢為天下先。但他們涉世不深，思想尚未成熟，其才能處於隱蔽階段，需要經過一段時間的培養與訓練等，方能脫穎而出擔當大任。因此對這類人才，領導者要有長遠眼光和關懷愛護之心。

主管的甄選

　　主管是領導者最得力的助手，是一個公司最關鍵性的職能管理人員。他們能力的好壞，往往直接關係到整個事業的興衰，因此在選用主管的時候，務必要加以權衡。

　　主管是單位某一方面的管理專家，他們相對員工來說，是直接的領導者；相對上司來說，又是下屬和助手。主管這種特殊的角色，使得領導者在聘用他們時，必須進行綜合考慮和慎重的權衡。無論多大的公司，總經理是一城之主，主管與總經理之間保持和諧的人際關係是最重要的。

　　那麼，什麼樣的主管才是總經理心目中的理想人選呢？

　　首先，主管必須與總經理在性格上相投。主管要能夠理解總經理的感情變化，不要有過多的被人使喚或命令的怨氣，更不能在下屬面前顯示自己不可一世，或在部門內部拉幫結派，不把總經理放在眼裡，甚至架空總經理。主管確實應有一定的權力，但不能以為自己能做到的事情（主要是指一些關鍵性的事情）就不需與總經理匯報。

　　其次，主管要有輔佐總經理開拓最得意的經營領域的能力。身為總經理的助手，要有能夠彌補總經理短處的優勢，有時候要代理總經理處理某方面的重大問題，所以在選用主管的時候，最好選擇能發揮總經理長處的人。

　　最後，主管對員工進行提升時，不能憑個人的感情用事。比如主管是一個十分穩當、凡事都慢四拍的人，自然樂意提升性格優柔寡斷、謹慎萬分的員工；主管若是一個愛出風頭、講排場、好面子的人，當然就不喜歡那些腳踏實地、忠誠老實的人。這樣一來，不僅浪費了企業一批人才，還使一些性格不合主管意願，而又有真才實學的人得不到發展。

第一章　慧眼甄選人

業務員的甄選

　　業務員的選擇對許多企業來說是件相當重要的事。企業在選擇業務員時，不妨有意識地從幾個方面衡量一下，看被選擇的對象是否具有這些素養，諸如豐富的推銷經驗、相當高的教育程度，以及出色的智力等。智力對推銷工作來說是取得成功的必備條件，但又不必要求過高，如果業務員是一個智力高超的人，他就不會安心做推銷工作了，很可能中途辭職而去。

　　在選擇業務員時，還要注意幾個方面。首先，被選擇的對象要安心推銷工作，能夠吃苦耐勞，以保持這一職位員工的穩定性，不然，如果經常更換業務員，永遠由新手來做推銷工作，對企業就會造成極大損失；其次，員工應具有很強的事業心，把辦好企業作為自己奮鬥目標，為了達到這一目標而甘願吃苦，即便從每天清晨 8 點出門登門拜訪第一個顧主，一直跑到晚上 10 點，他也會毫無怨言；再次，員工還要具備對企業忠誠的素養，他應該是一個忠誠老實的人，而且他要憑著這種對企業忠誠的態度去感動他的推銷對象；最後，員工還要善於辭令，措詞很準確。業務員選擇好了以後，就要抓緊對他們進行培訓。透過培訓使他們克服一些自身缺陷，如過度體貼同情顧客，說話辦事缺乏彈性，不樂意做推銷工作等。

　　由此可見，選擇業務員時，務必要深入分析，了解公司到底需要哪種類型的員工來擔任，並觀察哪些人擁有業務員所需的特點和條件。

祕書的甄選

　　在許多領導者心目中，祕書的工作不外乎接聽電話、接待來訪者、打字、速記與管理檔案等。儘管這些工作都是祕書的職責範圍，但是祕書所

能履行的職責遠遠不止於此。美國的「全國祕書協會」就給「祕書」下過這樣的定義：「祕書即是行政助理，她（他）具有處理辦公事務的技能，在無人直接監督的情況下，足以承擔責任和運用自發力和判斷力，並且在規定的權限內有能力制訂決策。」由此可知，祕書是具有特殊身分的業務助理。這種特殊身分表現在祕書與領導者的緊密的工作配合上。

　　一個祕書選擇得好壞，與一個領導者的作為和整個企業的振興與否有很大的關聯。因此，在選擇祕書的問題上，務必以更謹慎的態度而為之。

　　選擇祕書時，一般應該由領導者親自進行。下屬或許能做好這個工作，但畢竟沒有太大的把握。實際上，一個精明的領導者絕不會因為自己抽不出時間，而放棄親自對祕書選拔的機會。

　　選擇的祕書得當，可以給領導者以很大的幫助，有利於成就他的一番事業；否則，不但對事業不利，甚至還可能會影響領導者的生活。

　　一般來說，在選擇祕書時，應該注意下列問題。

★ **性格差的人不該選用**：祕書是領導者接觸最多的人，祕書脾氣不好，將影響領導者工作的心情和兩人彼此間的合作。身為祕書，她（他）的舉止必須文雅，待人接物要溫和細緻，因為性格不好的人還會經常與別人發生不愉快的爭執，對工作極為不利，更有損主管臉面。

★ **不注重儀表的不適合選用**：祕書的儀表舉止非常重要，如果她（他）不修邊幅，穿著隨便，會使人對她（他）的領導者的印象也大打折扣。祕書應該注重儀表、舉止大方得體、恰如其分，不應過於前衛或妖豔。

★ **記憶力差的人不適合選用**：假如她（他）整天丟三落四，今天忘了告訴主管有人求見，明天忘了準備主管交代的一個會議，後天甚至連主管馬上就要報告的講稿都弄丟了。選用了這樣粗心大意的祕書，面對

大量資訊和資料的她（他）豈不太誤事！

★ **太漂亮的女祕書一般不適合選用**：有許多缺乏素養的上司往往過於看重女祕書的相貌。他們見到容貌出眾的女孩，不管她的才能如何，都要盡收入門下作為自己的祕書，整日光彩照人，自感在美女的輝映下容光煥發。殊不知若天長日久有些人會在不知不覺間對祕書產生愛慕之情且越陷越深，最終將影響自己的工作和事業，甚至毀壞美滿的家庭。一個好端端的公司便會弄得江河日下，最終難逃厄運。

本田公司偏愛「較不正常」的人

汽車行業久負盛名的本田公司的創始人本田宗一郎認為，沒有個性鮮明的人才，就不能生產出獨具特色的產品；正常的人發展潛力有限，有時，「不正常」的人反而不可限量，往往會給人意外驚喜。這種用人方法對本田公司創業不到半個世紀，就發展成為世界頂尖級的大型企業產生了重大作用。

有一次，本田公司在招收優秀人才時，主持者對兩名應徵者取捨不定，向本田宗一郎請示，本田宗一郎隨口便答：「錄用那名較不正常的人」。

日本本田技研社特別招收個性不同的「怪才」。本田的員工一般可分成兩類：一類是「本田迷」，即對本田汽車喜歡到入迷程度的人，他們不計較薪酬待遇，而是想親手研製發明新型本田車；另一類是性格古怪的人，他們或愛突發奇想，或愛提特殊意見，或熱衷於發明創造。

本田宋一郎認為：「對員工必須大膽地委以重任，而且要提出較高目標。至於如何達到，主管無須指手畫腳，讓怪才們自己想辦法。」「人只

有逼急了，才能產生創造性」。在美國獲得汽車設計大獎的本田新車型，都是那些被視為「怪才」的人發明的。

人事管理中強調在適當的職位選用適當的人員，人們獲得該職位的途徑，首先是必須具備從業資格，從業資格考核制度從而成為人事管理中的核心內容。然而，儘管很多職位的資格考核方法，在企業的長期發展中已形成一種定勢，也總還有少數獨具慧眼的老闆以一種更直觀、準確的方法進行人才評估，而且往往能產生奇效。

松下的「70分」用人觀

隨著市場競爭的日趨激烈，人才的競爭也隨之升溫，企業引進人才呈「三高」趨勢：

★ **在學歷上爭高**：一些企業不管實際情況和職位需求，應徵人才一律要大學以上學歷，甚至有些單位應徵營銷人員、文祕人員也非大學生不可。

★ **在專業上選高**：不少企業在應徵人才時，在註明所需專業的同時，還附加上一些條件，諸如：要求懂財務、會電腦、懂法律、通英語等等。固然一專多能的複合型人才是現代企業所需，但這些頂尖人才畢竟有限，對專業要求過高必然會給應徵工作帶來較大的困難。

★ **在職稱上求高**：一些企業應徵人才時，十分注重人才的工作經歷和職稱高低，一些工作經驗豐富、職稱高的人成為企業的「搶手貨」，一些職稱不高而實作能力強的實用型人才卻被冷落一旁，找不到用武之地。

第一章　慧眼甄選人

時下這種片面追求菁英的用人觀，為「100 分」用人觀，帶來的負面效應，也是十分明顯的。

首先是加劇了菁英人才的緊張狀況。由於大家對引進人才的盲目「攀高」，使得本來就有限的菁英人才資源顯得更加貧乏，特別會使經濟發展程度較差的地區陷入人才「引不進，留不住」的惡性循環的泥潭。

二是影響了人才的合理配置。大家都來搶菁英才，勢必會造成低階實用型人才的閒置和浪費，給社會造成新的就業壓力，同時會導致菁英人才低就，造成人才「高度消費」，人才作用得不到充分發揮等問題。

三是誤導了人們的教育觀念。由於企業應徵時只注重「三高」，導致人才片面追求學歷、專業和職稱，極易走進「重學歷輕實績、重資歷輕水準、重知識輕能力」的迷思。

誠然，高學歷優秀人才、高技術人才是人才隊伍中的菁英，事關企業發展的大局。但是企業在注重引進高層次人才的同時，也應學一學松下分公司的「70 分」用人觀。

世界著名企業，日本的松下公司對某一職位的人員選擇，或選擇某一產品開發人員，一般不用「頂尖」人才，而是取中等的，可以打 70 分的人才。他們認為，「頂尖」人才中，有些人自負感很強，他們往往抱怨環境影響自己才能的發揮，抱怨職務、待遇與自己的才能不相稱。而聘用能力僅及他們 70％ 的人才，他們往往沒有一流人才那麼傲氣，卻有偏要與「一流」人才比一比誰做得更好的熱忱。他們重視公司給予的職位，珍惜有可能脫穎而出的機遇，渴盼做出實績，以顯現自己的聰明才智，得到上司和同仁的認可和賞識。

松下先生認為：「世人沒有十全十美的事情，只要公司能僱用到 70 分的中等人才，說不定反而是松下公司的福氣，何必非找 100 分的人才不可

呢？」松下幸之助本人就認為自己不是「一流」人才，他給自己打的分數也只是 70 分。

在人才的應徵使用問題上，一定要做到適當適位，既要防止大材小用，也要防止小材大用。

第一章　慧眼甄選人

第二章
用利益激勵人

第二章　用利益激勵人

支付高薪資是經營者的職責

人才問題是企業興衰成敗關鍵，日本經濟的飛速發展，主要原因之一是重視人才。在這方面，長期從事企業經營管理指導工作的酒井正敬先生有獨到的見解：「我所依據的原則是，你使用各種辦法，在招募員工時用盡渾身解數，不如使自身成為一個好公司。這樣，人才則自然就會彙集而來。如果只是招募員工時採用各種手段，說盡甜言蜜語，而當年輕人一旦進入公司，發現公司本身並不好，馬上會意識到：『我受騙了』，接著就會紛紛辭職。我的經營指導方針是不一定做大企業，而要努力做優良的中小企業。公司規模大，並不值得驕傲，值得驕傲的是公司本身優秀。」

招到傑出人才還要會用才，有了傑出人才後，要有一定的辦法和對策留住人才，酒井正敬先生認為留住人才的法寶之一是高薪酬。

他認為，「一間經營良好的公司，首先是員工的薪酬較高，企業支付員工高薪酬是經營者的職責。其實，也可以換一個說法，讓員工們生活得更幸福，是經營者的職責。」

「我當然並不否認也有的企業薪資較低，但員工狀態也很穩定，但這樣的企業中的員工恐怕都是別處不會僱傭的人。現在已經很少見到那種認為『員工只是賺錢的工具』的經營者了，這種企業是很難聚集人才的。有兩個關係到提高薪資的條件：一是提高勞動率。簡單地說，就是把 10 個人的工作交給 7 個人做，而且不能加班，這必須合理使用設備，科學方法從事生產，這樣就可以把節省下來的 3 個人薪資分攤到那 7 個人身上。二是開發產品增加盈利。企業一面做批發商，二面兼作製造商，開發新產品，這樣才能增加盈利，也能提高員工薪資。我指導過某地的一家中型商場，姑且稱之為 T 商場，T 商場的經營曾抱著孤注一擲的決心，決定擴大

企業經營規模，把 400 平方公尺的面積增至 3,000 平方公尺，但遇到了缺少人才的難題。這位經理花了半年的時間，把一家大商場的部門經理挖過來，破格任命他為商場的業務經理，此人還從這家大商場帶過來 10 個人。T 商場的經理不僅都委以重任，而且都支付了高於大商場的薪酬，這就使 T 商場的薪酬係數提高到大商場的水準。起初這對 T 商場經理是個很痛苦的決定，甚至夜不成眠。但是他的這個決定使事業獲得成功，投資完全獲得報酬。他的這一支付高薪酬辦法，可以說是僱傭有經驗員工的有效手段。」

「我們乘以五」

戰國時期，燕昭王剛即位時，燕國百廢待興，百業待舉，而他聽從謀士建議，一切從引進人才開始。於是他高築土臺，上置千兩黃金，以贈賢人能士，廣攬人才。黃金臺一築，燕昭王求才若渴、愛賢如命的消息便不脛而走，風聞各國。不久，各國人才感其赤誠，趨之若鶩，於是燕國群賢畢至。燕昭王仗此無價之寶，經 20 多年的勵精圖治，終使弱小的燕國得以強大起來，成為戰國七雄之一。

古人注意高薪引才，現代人更是如此。瑞士曾有一位研究人員研製成功一種電子筆及其輔助設備，這套系統可用來修正衛星拍攝的紅外線照片。這項重大發明立即引起全世界各大公司的關注，各公司為得到他使盡渾身解數，爭相加薪和提高待遇，鬧得滿城風雨。最後還是一家美國公司棋高一著，對那位研究人員說，現在我們暫不給你定高薪，等他們決定了，我們乘以五。結果可想而知，最終這位研究人員去了美國。

第二章　用利益激勵人

不惜血本挖人才

　　企業家蔡長汀在用人的時候，也具有同樣的特點。只要看中的人才，不管他現階段能否給企業帶來效益，也不管遠近親疏，他總是不惜重金盛情邀請，有這麼一件事：

　　臺大化學系高材生牛正基先生，畢業後，赴美國布魯克林理工學院深造。獲得了高分子博士學位，在康乃爾大學研究兩年後，到某公司任開發部業務經理，牛正基先生是一個有著深厚業務功底的專業技術人才，蔡長汀當時正想創辦高科技企業，求賢若渴。認識牛正基後，他簡直是踏破鐵鞋，三番兩次地邀請牛正基到自己的「環隆科技公司」裡來，並反覆地陳述著自己的企業發展構想。

　　由於牛正基先生在美國有理想的工作、研究場所和生活環境，對於是否來臺，一時舉棋不定，蔡長汀了解這個情況後，不但為牛正基先生創業提供了優渥的條件，而且在經濟上給予了豐厚的待遇。蔡長汀說：「我給他20%的利潤，等於幫他創業，這對他來說，比在美國大公司當僱員有意義多了。」牛正基終於被感動，與蔡長汀共創大業。

　　又如：美國電子電腦公司之中的後起之秀蘋果電腦公司正視自己的弱點，不惜重金聘請主管，使公司得到了迅速的發展。

　　該公司的創始人28歲的史蒂夫・賈伯斯和前總經理邁克・馬庫拉雖然都擅長電腦技術，但缺乏銷售能力，所以剛開始公司發展不快。針對這一問題，公司不惜以年薪加獎金的辦法，以總額200萬美元的重金聘請美國百事可樂公司的原總經理、精通銷售學的約翰・史考利擔任蘋果電腦公司的總經理，他到任後不負重託，在決定接受聘請之前，除了與蘋果公司進行商談外，還花費了整整三個月的時間，分別與該公司的每一個主管仔

細交談,全面掌握了情況。於是他一上任,馬上提出了公司的發展策略計畫,並立志要將蘋果公司變成能與美國商用機器公司相媲美的大企業。

美國福特汽車公司在亨利二世接管時已奄奄一息,為了迅速地扭轉局面,他提出了一個條件,即不被束縛手腳,能夠完全放手進行他需要的任何改革,他的改革從選擇人才開始,他不惜用重金聘請管理人才,並且讓他們在工作中擁有實職實權,充分發揮才能。

在第二次世界大戰期間,美國空軍有一個數據管理小組,即以桑頓為首的 10 名卓有才華的年輕軍官組成的「桑頓小組」。戰爭期間,這 10 名軍官的運籌能力和財會管理能力得到了鍛鍊,他們決定合作,在和平時期作為一個管理小組受聘。素有神童之稱的這 10 個人中,包括後來出任甘迺迪政府國防部長的勞勃·麥納馬拉。當時這些年輕軍官給福特公司發了一份電報。電報稱,有 10 個在戰爭期間在空軍做過相關制度管理工作的人在找工作。亨利二世在回電中表示,「來談談吧!」於是桑頓來和亨利二世會面,亨利二世說,福特公司確實需要這批人所具有的相關經驗,因此決定錄用他們,當時這些年輕軍官所要求的薪酬標準是較高的,但亨利二世認為,這種高級管理人才,正是公司事業發展所急需的,付給他們高薪也完全值得。

於是,亨利二世全部聘用了他們,並委以重任,在從西元 1940 年代到 1960 年代的時間裡,在這 10 人中先後出現了四個公司高級主管,他們為福特汽車公司的發展做出了很大的貢獻。

更為稱奇的是,福特公司為了聘請到不願離開原公司的德國工程師斯坦因曼斯,竟斥巨資將該公司收購。斯坦因曼斯不離開原公司的理由是割捨不開與該公司的感情,福特公司買下那家公司的理由是斯坦因曼斯是一個人才。

第二章　用利益激勵人

經營不佳時也可以加薪

　　美國麥考密克公司成立初時還順利，員工收入和企業利潤的成長都比較快，但是，公司創始人 W·麥考密克是位個性豪放、帶有濃厚江湖義氣的經營者，其經營方法逐漸落伍，雖然苦心經營了許多年，但公司漸漸變得不景氣，以致陷入裁員減薪的困境，幾乎馬上就要倒閉了。此時，W·麥考密克得病去世，公司總裁由 C·麥考密克繼任，人們希望他能重整旗鼓，恢復公司的元氣，新經理胸懷壯志，表示不把公司重振絕不罷休。所以他一上任就向公司的全體員工宣布一條令人吃驚的、與以往截然不同的政策：自本月起，全體員工薪資每人增加 10%·工作時間適當縮短，並號召大家：「本公司生死存亡的重擔落在諸位肩上，我希望大家同舟共濟，合作度過難關。」原先要減薪一成，如今提薪一成，而且工作時間要縮短。員工頓時聽呆了，幾乎不相信自己的耳朵，轉而對年富力強的新經理的做法表示由衷的感謝。從此，員工士氣大振，全公司上至總經理，下至普通員工，齊心協力，共同努力，一年內就扭轉為盈了。

　　同一個公司，由於新經理採用截然不同的對策，效果是不一樣的。減薪，增加了員工的危機感，信心也喪失殆盡。加薪，振奮了員工精神，是鼓舞，也是激勵，使員工充滿熱忱，麥考密克公司也由此大為振奮，發展更加迅速。如今，該公司已成為國際知名的大公司。

　　俗話說，氣可鼓不可洩。企業間的競爭有多種形式，如產品競爭、經營競爭、技術競爭等等，但歸根結底是人才競爭，而人才競爭的關鍵是人才的精神狀態、員工情緒的競爭。激勵，則是調動員工士氣的強心劑，是鼓舞高昂士氣的良方妙藥。影響一個人積極性的因素是很複雜的，由於每個人的個性、脾氣、理想、愛好、認知、氣質和所處的環境有所不同，對

外部世界的反應也不相同，想要激勵人的積極性，是一項極為複雜而細膩的工作。要想處理好人事相關的工作，首先要分析研究人的行為模式，以及如何誘導人的行為向積極的方向發展，促使每個人都產生積極的行動。具體說來就是，由於人們的需求未得到滿足，從而激發了動機，導致了行為，需求得到滿足後又會產生了新的需求，這樣周而復始，無限循環。

金手銬

在知識經濟中，企業都強調發展前途、長線目標等發展策略，為了達到這個目的，在高層職位的薪酬中，股票期權有時甚至可能古整個薪酬的 80% 以上。

股票期權起源於美國，簡單地說，股票期權是一種權利，讓持有人在約定的期限內，以某一預先確定的價格認購一定數量的某公司股票。這個期限一般為 3 年至 5 年，如該公司的股票在期限內上升了，持有人可在他認為合適的價位上賣出股票，而賺取買進股票與賣出股價之間的差價。在企業未上市前，員工雖被分到一筆股票期權，但這批期權暫時是沒有多大的價值或涉及的企業成本很少。不過，假如公司一旦上市，許多員工都會因為這一筆股票期權，而可能一夜之間成為百萬富翁，這就是為什麼股票期權可發揮激勵作用的原因。

在上市公司的薪酬設計中，股票期權對於高級行政人才的薪酬，是屬於一種長期激勵的制度。其主要目的是使股東與員工利益一致，以推動企業的業務更快地成長，取得更高的效益。為了保證公司的價值實現可持續成長，股東會利用股票期權中的長期潛在收益，作為激勵管理層的一種工具，促使管理層的奮鬥目標與股東的目標在最大限度上長期保持一致。而

第二章　用利益激勵人

管理層的目標就是透過努力工作，使公司業務成長，繼而股價成長，最終使自己在行使相關的股票期權時也可獲得豐厚收益。管理層如果要行使相關股票期權而獲得豐厚收益，必須符合一些條款，如工作滿 3 年才可行使，否則失效等不同的條款，稱為「金手銬」。

股票期權制度一方面可以降低企業的現金流出，使企業可以不用支付高昂的薪水，以降低成本。另一方面也有激勵員工的作用，使他們願意長期留在企業內一起努力，促進企業的成長。這個優點尤其顯見於一間可能仍在投資期、正在虧損中，或者未上市，但具有相當發展潛力的科技型中小企業身上。不過如果到了後期，相關企業的業務仍沒有突破，員工預期上市遙遙無期、股票期權無法兌現的局面出現時，或者即使上了市也表現差勁的話，持有股票期權的高層管理人或專才員工也會在不滿企業，毫不留戀主雇關係或什麼金手銬，而紛紛離企業而去。

杜邦公司分散股權留人才

在第二次世界大戰中，及戰後的發展中，在新技術革新的影響下，杜邦公司更注重高科技人才的使用，使之成為杜邦公司發展永不枯竭的源泉。目前，4,000 多位傑出的科學家，在特拉華州白蘭地河畔的杜邦實驗室進行著創造性的工作。杜邦的工程師和化學家是分成小組工作的，每一個人可以按照自己的興趣和愛好制定研究方向，並參加相應的研究小組。用科學家自己的話說：「在杜邦實驗室很容易找到適合自己發展的方向」。這也許就是杜邦公司能夠吸引人才的訣竅吧！

招來了人才，培養了人才，如何才能留住人才？這是許多企業面臨的難題。杜邦採用分散股權的辦法，使僱員效忠公司。他們不僅對公司的經

理人員、中層管理人員分配股票，而且允許並且鼓勵普通僱員購買 10 股公司債券或股票；除利息和紅利外，這些股票在五年內每年每股另加額外股息 3 美元，作為對僱員的特殊分配。持有股票的員工當然要比股票市場上的投機商更持久地關心杜邦未來的發展，因而他們對自己的工作也會更努力。

在杜邦的管理中，始終對員工灌輸著這樣的思想：「擁有股票就是所有者，勞資一家親」。顯然，這種做法的收益是雙重的：一是用小額股票把僱員綁在公司，乖乖地聽任老闆的擺布；二是由此公司聚集起了更多的資金。從此，受其影響，「透過股票所有權」員工就能掌握生產資料的思想遍及美國。事實上，西元 1930 年代，有 50 萬靠基本工資維持生活的家庭擁有股票，但他們持有股票的數量僅占已發行股票的 0.2%，但是一個杜邦家族擁有的股票數量，就相當於全部靠基本工資維生的家庭持有股票總數的 10 倍。

杜邦公司用此法有效地吸引了人才，留住了人才，讓僱員認知到自己也是公司的主人，這樣僱員怎能不全身心地投入杜邦的事業呢？又怎能不使杜邦成為人才薈萃的地方呢？這些都給了杜邦以豐厚的回報。

員工的流動常會造成企業的損失與分裂。處在現今這種競爭激烈的年代，過高的員工流動率會消耗企業的資源，導致競爭力的削弱。

但員工流動率太低的公司也有問題。過低的流動率常常意味著企業中充滿了無用之人；薪酬成本不能與各工作職務有效配合；並且各職位的升遷緩慢。所以，過低的員工流動率常導致公司缺乏能力較強的管理核心。

杜邦的做法，可以說是兩全其美。

第二章　用利益激勵人

激勵的六大原則

一般來說，企業對員工所採取的激勵手段，要遵循以下 6 個原則。

★ **針對性原則**：領導者使用的激勵方式、方法，要針對激勵對象的心理需求，以獲得理想的激勵效果。

所謂針對性，即針對激勵對象的期望值。員工的期望值越高，越具激發性。當實現結果大於期望值時，會喜出望外而表現出最大的積極性，反之就會挫傷積極性。因此，領導者需要準確掌握團隊成員的個體差異，針對不同需求層次，有效地發揮激勵功能，擺脫盲目性。

★ **有效性原則**：激勵的有效性就是看激勵的最終目的能否達到。首先是激勵的條件或標準的確定，如果標準訂得過高、過嚴或過低、過鬆，都會影響激勵效果。其次是激勵類型的選定，領導者要運用多重激勵方式，不要機械式地只用一種模式。再次是激勵範圍的劃定，要達到激勵的正面效應，便要剔除激勵中的平均主義，避免激勵貶值。最後是對激勵對象的宣傳，沒有相應的形式和聲勢，激勵便不能產生對整個團隊的應有的正面效應；如果誇大其辭，便會產生抵消激勵的負面效應，達不到預期目的。

★ **嚴肅性原則**：激勵效果的高低，完全取決於領導者運用激勵的嚴肅性。這要求領導者採取積極而慎重的態度，堅持依照業績好壞實行獎勵，並選準激勵對象，使大家真正口服心服。

★ **物質獎勵和精神獎勵相結合原則**：重視物質獎勵，能滿足員工的物質利益要求；精神獎勵則滿足員工的高層次精神需求，兩者不可偏廢。

★ **適度性原則**：物質激勵要適度、適當，應根據激勵對象的業績好壞，根據不同時期、不同內容、不同目的，確定適當的獎勵標準，保證獎

勵「恰如其分」。

★ **公正原則**：堅持公正原則，就是要求領導者不能摻雜任何個人感情，而是要堅持秉公辦事，公私分明，真正做到獎罰分明。

獎勵的十種策略

對於獎勵，常用的有以下 10 種策略。

■ 獎勵一貫表現良好的人

★ 在較長的時間內評價員工，對表現一貫良好的員工給予重獎；

★ 確定對團隊成功的一兩個關鍵，並獎勵在這方面做出突出貢獻的員工；

★ 獎勵為公司長遠發展做出積極貢獻的員工。

■ 獎勵理智的冒險

★ 提示員工要從失敗中吸取教訓並努力改進；

★ 及時鼓勵失敗者，因為一個專案的失敗，只不過是延遲了慶祝成功的時間；

★ 鼓勵理智的冒險，而不是愚蠢的行為。其標準是，冒險是否已充分考慮了已知因素和較為科學的依據。

■ 獎勵創造性工作

★ 營造一個有助於進行創造性活動的工作環境；

★ 對成功的創新支付必要的研製經費；

★ 以競爭促創新。

第二章　用利益激勵人

■ 獎勵付諸行動的員工

★ 養成執行的習慣，不要空發議論；

★ 一旦拿定了主意，就立即行動；

★ 鼓勵採取行動者，或獎勵採取行動的員工。

■ 獎勵卓有成效的工作

★ 確定工作範圍，力戒忙亂；

★ 鼓勵員工進行思考、計畫和運籌，使工作有條不紊；

★ 提防「程序化」。因為只注重「程序化」的員工，關注的是確保每一
個程序的正確，而不管結果是對還是錯。

■ 獎勵有效率的工作

★ 鼓勵簡化工作程序，去除不必要的事情；

★ 精簡領導層級，因為每增設一個機構，無形中就使事情複雜了許多；

★ 簡化程序和管理。如果是基層可以決定的事，就沒有必要層層上報。

■ 獎勵無名英雄

★ 誰是最難得的員工，少了他們會怎樣？

★ 誰在有壓力時工作狀況最好？

★ 誰善始善終地按時按質完成任務？

★ 當團隊利益與個人利益發生矛盾時，誰會犧牲個人利益，而去維護團
隊利益？

★ 在領導者不在場的情況下，誰最值得信任？

■ 獎勵維護工作品質的員工

★ 讓每一個員工都懂得工作品質的重要性；

★ 對每個員工進行品質控制的基礎訓練，並且從團隊高層主管開始；

★ 定期公布品質管理情況，並給予優勝者獎勵。

■ 獎勵忠誠，反對背叛

★ 以心換心，以誠換誠；

★ 保持溝通渠道的公開和透明，以建立相互的信任；

★ 獎勵對企業忠誠者，給忠誠者更好的職位。

■ 獎勵合作，反對內閧

★ 營造企業內工作相互依賴、團結合作的氛圍；

★ 確定一個只有相互合作才能達到的共同目標；

★ 根據員工或團隊做出的業績和相互幫助的情況給予獎勵；

★ 創建企業良好的合作風格。領導者最好具備有這樣的胸懷：「事情沒做好，是我的責任；事情做好了，是大家的功勞。」

物質獎勵的藝術

物質獎勵作為一種正面強化的激勵手段，往往比批評等負面工作更能達到調動員工積極性的目的。企業透過物質利益鼓勵員工的積極行為，使員工在責任感和榮譽感的驅使下，自覺自願地效力於企業。這對企業人力資源開發會造成極大的作用。

使用物質獎勵時，要注意以下幾個原則。

第二章　用利益激勵人

■ 獎勵程度要相稱

在獎勵過程中，要確實根據員工貢獻的大小給予獎勵，多勞多得，少勞少得，不能誇大或縮小員工的成績。透過科學的成績考核和貢獻評價指標體系及其嚴格的考評制度，正確的考評方法，以確定員工貢獻量的真實情況，然後再根據實際情況定出獎勵程度。如果定的過大或過小，都會影響獎勵的作用。而分配獎勵若如同大鍋飯，更是失去了獎勵的意義，使勤人變懶，懶人當道，企業失去活力。因此，企業家要從實際出發，有針對性地獎勵有作為、有貢獻者，提高他們的待遇，形成明顯獎勵差別，促使未受獎者或少受獎者努力趕上，為企業多做貢獻。

■ 隨時獎勵

員工何時做出突出貢獻，主管就應何時給予獎勵。企業為每個員工提供均等的受獎機會，無論其過去表現如何，無論其做何種工作，不需要連繫以往的歷史，只要員工做出現實的貢獻，隨時隨地都應受到獎勵。使員工感到企業時刻在關心自己的進步，進步者能及時受到獎勵後，更加注意自己今後的發展，從而強化了員工的進取意識。而延期獎勵或依人獎勵則會減少熱情，降低獎勵的可信度，進而遭致員工的漠視。

■ 使員工處在期待狀態

期待是指某種特定的行為產生一定的結果，或達到預期目標的主觀願望。員工努力工作總希望能得到相應的報酬，這種期待報酬可分為內在和外在兩種。內在的是指工作的成就感和自我價值實現的滿足感等，而外在的期待報酬則是獎金、晉級等物質獎勵。每個人的目標、經歷不同，所期待的內容和程度也各不相同。主管應盡可能地為員工創造條件，使之發揮

最大的能力，並努力幫助員工實現各自的期待。

■ 根據需求目標獎勵

企業中員工的年齡、性格、水準、教育程度、地位、素養等均不相同，其需求的目標、檔次、程度自然各異。企業主管要區分消極和積極的需求，對積極的需求給予獎勵，對消極的需求加以扼制，根據企業自身的條件創造新需求。主管應以身作則，帶頭示範，正確地引導需求方向。也可透過承諾制度誘發新需求，但注意不可輕允，要有分寸，有方向，一諾千金，允諾必須兌現。

■ 滿足員工的需求

滿足是指一定行為的結果，使其需求和期待暫時得以實現。企業主管要透過物質獎勵的方法來實現這一原則，但必須了解實質型的獎勵（如獎金、物品）只能滿足生理上的需求。現代管理心理學顯示，精神需求的滿足，比物質需求的滿足更能產生持久的動力。人的需求在本質上是精神需求，是情感需求。當人們的物質收入達到一定水準時，獎勵的刺激作用就日益減少，而成熟感、責任心等精神需求越是得到滿足，就越能激發工作熱情。寓物於情，賦情於物，主管應使被獎勵者在經濟上得到實惠，同時受到關懷、鼓勵，得到了情感精神上的滿足。

■ 大多數獎勵原則

作為企業，每一次從財務計畫中劃出的獎金數額是一定的。在此基礎上，企業應盡量擴大獎勵範圍和比例。獲得獎勵的員工比例越大，就越能造成激勵作用，從而使更多的員工去努力工作，不斷追求自己的新目標。

第二章　用利益激勵人

明獎暗獎利弊談

獎勵可分明獎及暗獎。現今企業大多實行明獎，當眾評獎。

明獎的好處在於可樹立榜樣，激發大多數人的上進心。但它也有缺點，由於大家評獎，面子上過不去，於是最後不得不輪流得獎。使獎金也成了「大鍋飯」。

同時，由於當眾發獎容易使部分人產生嫉妒心理，為了平息嫉妒，得獎者就要按慣例請客，有時不但沒有多得，反而倒貼，最後使獎金失去了吸引力。

外國企業大多實行暗獎，主管認為誰工作積極，就在薪資袋裡加錢或給「紅包」，然後發一張紙說明獎勵的理由。

暗獎對其他人不會產生刺激，但可以對受獎人產生刺激。沒有受獎的人也不會嫉妒，因為誰也不知道誰得了獎勵。

其實有時候主管在每個人的薪資裡都加了同樣的錢，可是每個人都認為只有自己受到了特殊的獎勵，結果下個月大家都很努力，都去爭取下個月的獎金。

鑑於明獎和暗獎各有優劣，所以不宜偏執一方，應兩者兼用，各取所長。

比較好的方法是大獎用明獎，小獎用暗獎。例如年終獎金、發明建議獎等可用明獎方式。因為這不易輪流得獎，而且發明建議有據可查，無法吃「大鍋飯」。月獎、季獎等宜用暗獎，可以真真實實地發揮刺激作用。調動起員工工作的積極性，增加企業和主管的號召力。

獎勵適度效果好

領導者可以透過制定目標，讓下屬知道主管的期望是什麼，怎樣才能獲得獎賞，促進下屬的工作願望，激發他們的工作熱情。

由於下屬工作出色受到獎勵，他們還能了解整個部門的管理方針，理解主管在隨時注意著他們的成績，會有被承認的滿足感和被重視的激勵感，從而保持高昂的工作熱情和責任心。

這種獎勵機制對於維持整個團隊的高水準運作是非常重要的。如果薪酬只和工作時間及生活費用的增加有關，和個人行為表現關係甚小，下屬的經濟動力就會減少，不求有功，但求無過。

許多獎勵，如額外休假、發獎金、加薪、提升等等，都會增加公司的開支負擔。經費緊張時，可採取另外一些獎勵方法，如表揚、加重其責任、當著別人的面給予肯定、增進主管和下屬的關係等等，這些也是很有效的刺激。運用這些方法能使員工期待主管的表揚或肯定，因而更加自覺努力地工作。

至於加重其責任，不僅僅意味著給他更多的工作，還要給他更多的決策權，對後果負更多的責任，減少監督以示信任。這也是一種獎勵，它給予下屬發展的機會和個人價值被承認的滿足。下屬越值得信任，你的監督就越少，管理工作就越輕鬆。

在許多企業中，主管對下屬考評標準寬鬆，幾乎每個人都獲得過不同程度的獎賞，優秀的工作人員則無法脫穎而出。過多過濫的獎賞實際上降低了應有的「含金量」，也失去了應有的意義。還有，表現出色的員工，如果沒有獲得一定的實際利益，獎賞也同樣毫無意義，下屬的工作熱情就會消退。

第二章　用利益激勵人

主管必須區別每個員工的工作好壞，給予不同的人以不同的評價和物質待遇。你可以要求下屬們互相注意各自的表現，判斷對各自獲得的評價是否公正。

不公正的評價，不論是過高還是過低，都會打擊下屬的積極性，降低上司的信譽。身為上司，則必須保持自己的信譽，否則你的各種評價都會為下屬們所不屑，你也就失去了影響他們的力量。

實行個人獎勵制度

面對上萬人的企業，部門總負責人肯定是分身無術，也不可能照我們所說的技巧與每個員工坦誠相見。最有效的辦法是制定一個適用於全體員工的個人獎勵制度，讓所有員工以這個獎勵制度為依據。

個人獎勵制度是以人作為計算獎金單位的一種獎勵計畫，它使員工的收入與工作表現直接連繫起來。老員工能夠超額完成工作任務或超出預先訂製的標準，便可以獲得獎金或者額外的報酬。

個人獎勵制度可以根據產量多少，或工作時間的長短作為獎勵的標準。按產量多少進行獎勵的方式我們稱為論件計酬制，它又衍生出各種不同形式的計算方法。把時間作為獎勵尺度，我們稱為時薪制，它鼓勵員工努力提高工作效率，減少完成工作所需要的時間，節省人工和各種製造成本，並且根據員工不同的情況進行相應的獎勵。

另外，獎勵制度可以按照生產效率與薪酬的關係，分為定分與變分兩種。

定分獎勵制是指在超額勞動的分配過程中，企業與員工按某個確定的比例進行分配。比如，在計件制中，員工每做一件產品，會得到一定額的獎勵。

變分獎勵制是指在節餘利益的分配方面，勞資雙方的比例因為工作效率不同而有所差別。比如著名的羅恩工作制在相同時間內，不同員工所做產品量不同，將獎金與工效進行掛鉤是這種方法的核心。

個人獎勵制度包括三種基本形式：論件計酬制、時薪制和佣金制三種。

實行特人特薪

特人特薪制度是指企業為穩定和引進特殊人才，而採取的以能力評價和工作績效考核為依據，參照勞動力市場價格，根據人才價值和市場供需關係決定薪資水平和方式，本著學歷高、技能高、能力強的人才薪酬相對高的原則確定薪酬，實行特殊薪酬的激勵制度。

確定特殊薪酬待遇的主要依據，是勞動部門定期公布的勞動力市場價格。一般分為兩種方式，一是在現行基本工資制度基礎上，參照勞動力市場價格增發的特殊補貼。特殊補貼一般應參照同類人員勞動力市場價格，與本人現行全部薪酬收入的差額確定，並根據實際情況進行調整，主要適用於實行現行基本工資制度的特殊人才。二是不執行現行基本工資制度，由企業根據勞動力的市場價位和所聘職位的相關需求，與特殊人才協商後，確定全部薪酬。主要適用於從企業外直接引進的特殊人才。特殊人才主要是在科技、經營、管理、生產等方面急需，且對企業經濟效益具有傑出貢獻的人員。一般包括：對科技進步、科學研究開發有傑出貢獻的倡議人；與企業業務相關並已取得顯著經濟效益的專利發明人；在資本營運、對外合作、資訊傳播等方面有重要作用的關鍵人員；能成功運用營銷策略，大幅度提高產品的市場占有率，創造顯著經濟效益者；有改革創新意識，在管理工作中解決全局性重大難題的傑出貢獻者；對採用新工藝、新

第二章 用利益激勵人

技術做出傑出貢獻，並取得顯著經濟效益者；身懷絕技、絕招，能解決關鍵技術難題的高級技術工人；從社會（含境外）應徵的各類急需人才。

新經濟時代，知識、資訊、技術、管理等生產要素的核心作用更加顯著，新知識貢獻已成為經濟成長的主要動力。西方發展國家科學技術對經濟的貢獻率，已由西元 1900 年代初的 20%左右上升到目前的 60%～80%。因此，知識就是財富，是核心的資源。知識的價值在企業生產過程中發揮的作用越來越大。在企業生產經營過程中，人才效用有目共睹，人才優勢與日俱增，許多高新技術企業就是透過對菁英人才的占有，才實現了高額的回報，保持了強大的競爭力。因此，人力資本已經成為比物質資本更重要的資源，知識占有程度應該成為決定收入分配水準的重要因素，按業績付酬應作為企業薪酬制度改革的突破口。

企業分配制度雖然在某些方面進行了以市場經濟為導向的改革，但是從本質上講，分配制度沒有從根本上改變，以市場為導向的分配激勵機制尚未建立，與市場勞動力價格相比，分配差距沒有拉開，「大鍋飯」仍未徹底打破，平均主義依然較為普遍。分配的保障作用過於突出，激勵作用明顯不足。該升的升不上去，該降的降不下來。該出的出不去，該進的進不來。缺少激勵機制是造成特殊人才大量流失的主要原因。具有真才實學的優秀人才難以引進，較差人員難以離開企業。因此，按照建立現代企業薪酬分配制度的要求，根據人力資源管理的特點，參照勞動力市場價格建立新的薪酬制度，提高關鍵性管理、技術職位和高素養短缺人才的薪酬待遇，已到了非解決不可的時候了。

特薪制度與傳統的分配制度有著本質的區別，它是以智慧和績效為標準的價值評判和分配體系，必須遵循市場經濟的基本規律和一般原則，同時還應堅持以下原則。

■ 堅持按勞分配與按生產要素分配相結合的原則

堅持按勞分配為主，多種分配方式並存的制度，按勞分配與按生產要素分配結合，堅持效率優先、兼顧公平的分配原則。按生產要素分配理論的提出，使收入決定機制和分配原則發生了根本性變化。實行特薪制，必須建立一種全新觀念：一是在企業分配過程中，技術和管理可以按照投入的方式不同，風險和責任的大小，價值和貢獻的高低，既獲得相應的勞動收入，又可以根據企業的需求，以不同方式參與剩餘利潤的分配。二是企業以提高經濟效益為目的，採取多種分配形式。如對企業經營者實行年薪制、配股分紅或績效薪資，對企業技術、管理人員等特殊人才實行一流能力、一流業績、一流報酬的分配辦法，實行按任務定酬、按業績定酬。採用高薪聘用頂尖人才，允許技術、管理等生產要素參與分配。在科技創新成果的收益中，提取一定比例，用於獎勵專案參與人員。總之，企業應在提高經濟效益的前提下，根據實際情況，按照員工知識水準高低，能力的大小，貢獻大小等因素決定薪酬，使人這個最活躍的生產要素真正活躍起來。

■ 堅持勞動力市場機制的原則

勞動力價值決定於供需關係。勞動力市場自行決定各層級勞動力的均衡工資，再透過均衡工資率調節勞動力市場，從而引導企業人力資源的優化配置。企業在分配上，如果不引入市場勞動力價格機制，既背離市場經濟的一般規律，又必然導致員工繼續吃企業的大鍋飯，從事簡單勞動員工的收入超過社會勞動力市場價格，從事管理、技術等複雜勞動員工的收入低於社會勞動力市場價格。因此，特薪制必須引入市場勞動力價格機制。一方面，政府部門要建立勞動力市場的相關規範，定期公布各類勞動力的

第二章　用利益激勵人

價格，逐步完善勞動力市場的職能。另一方面，當企業對市場上某種人才的需求量大大超過合適人才來源時，應確定高於市場勞動力價格的薪酬；反之，應確定相對低於市場勞動力價格的薪酬。對保持企業核心競爭力的關鍵人才，應確定大大高於市場勞動力價格的「保障工資」。只有這樣，才能使企業員工收入的水準，與勞動力市場相同層次的員工收入水準相適應，充分發揮薪酬的槓桿作用，留住關鍵人才，為企業發展增添活力。

■ 堅持按業績取酬的原則

特薪制主要以知識水準、能力大小、工作績效為依據進行分配。知識創造價值與勞動時間不是成正相關的，即時間長創造的價值不一定就多，也可能在較短時間內創造較多的價值，這說明時薪制不再是薪酬分配的主要形式，其主要形式是按業績取酬。注重以持續的貢獻為依據，真正體現各盡其能，分配的結果應該是維持企業核心競爭力的高素養員工與其他人員有顯著差別，而工作能力和業績的差異是報酬差別的直接原因。

不要忽略了幕後英雄

每一個團隊都需要一些幕後英雄，他們了解自己的工作，並且不求引人注目而能默默地工作，因此值得信任。

不過，這些幕後英雄的功勞往往被那些喜歡製造事端、誇誇其談者所代替。這樣，領導者往往變成了協調者，特別注意那些叫得最響的員工，並幫助他們解決問題，這就使得他們越發放肆。領導者自己也沒有時間去注意那些優秀的員工，從而忽視了他們。

大多數人並不在意自己所付出的辛勤，而在乎付出的努力是否能得到承認。如果他們努力付出卻無人所知，這會使他們感到被人利用，遭受剝

削，因而灰心喪氣。當這種情形產生時，他們便會採取不再賣力，或進行一些消極怠工的活動以示反抗。

每個員工都希望自己所做的事被認可。忽視幕後英雄而浪費大量時間應付那些叫嚷抱怨者的主管很快就會發現，他們的身邊到處都是叫叫嚷嚷者。

尋找幕後英雄，鼓勵和獎勵他們，最容易使領導者深獲人心。我們太容易忽視那些忠實可靠的員工了，而他們卻是團隊成功的菁英。

幕後英雄有以下幾個特點：很少曠工，在壓力之下仍然工作出色；始終按時完成高品質的工作；願意在團隊需要時再作更多的努力。他們默默無聞，為了謙遜，除了出色完成工作外，我們根本不知道他們在哪裡；當領導者不在時照樣很好地工作，令人放心；他們做出的工作成績多於提出的問題；他們經常改進工作方法，經常幫助別人使之工作得更好等。

把團隊和個人的獎勵結合起來

前面我們所提到的都是個人獎勵計畫，即獎勵對象是針對個人。但往往我們會發現薪酬差距過大時，會導致企業內部人心浮動，而且提高企業效益不僅僅是生產人員的功勞，還凝聚著管理人員和後勤人員的付出。因此在某些情況下還應該將個人獎勵與團體獎勵結合起來。此外，連續性生產工作流程條件也是團體獎勵計畫產生的原因之一。

在任何團隊工作體系中，團隊成員需要得到認同和獎勵，不能用團隊共同工作的成果當藉口忽略對個人的承認。因為是那些在團隊中工作的人所做出的貢獻，才使團隊的成功成為可能，他們的貢獻需要得到部門和管理人員認可。承認個人的貢獻並進行獎勵，可以激發個人的積極性，使每個人為團隊做出全部貢獻。另一方面，應盡量避免懲罰，因為懲罰不會激

第二章　用利益激勵人

發人們更努力地工作，最壞的結果是降低員工的積極性。

但是，這並不意味著，把團隊的努力作為整體進行獎勵是一點也不奏效的，它也許不會降低員工的積極性，這需要針對個體採取行動，但它會對增強團隊特色和成員的同一性起作用，能加強團隊成員之間的合作精神和共同經歷。把團隊成員的表現作為整體進行獎勵，會增強團隊成員的社會認同，增強團隊之間與企業的關係。個體獎勵制度是必要的，但單有這一點還不夠。最有效的制度是既在個體又在團隊兩個層次上進行的獎賞和激勵機制。

別裡外不是人

許多主管的用人哲學不外乎是「給下屬幾顆糖吃，他們就會死心塌地的替你賣命。」但是時代不同了，無論你給的是一疊厚厚的鈔票、一瓶好酒，還是一張到歐洲的來回機票，都未必能收買人心。

不服氣嗎？請再往下看。

★ 下屬會先考慮這些獎賞對他們是否有重大意義可言。舉例來說，倘若對方來自屏東，而你所開出的業務績優獎賞卻是「墾丁二日遊」全額補助，那對他們而言就不可能有太大的吸引力。

★ 天下沒有白吃的午餐，下屬當然會先評估自己必須付出多少代價，才能換來這項獎賞，是不是值得這麼做。

★ 他們也會有自知之明，曉得自己到底有沒有資格去角逐；如果他們抱著局外人的心態在看好戲，士氣反而會更低落。

★ 僧多粥少的結果，常是「一家歡樂，數家愁」。只造就了一個英雄，卻帶來了許多鬱鬱寡歡的「失意員工」。

★ 以「成敗論英雄」的論功行賞方式有失客觀，讓許多鞠躬盡瘁卻時運不佳的人們為之氣結，容易產生強烈的對抗情緒。

★ 不論有多少獎賞，到最後通常都是各個一線部門皆大歡喜，其餘的「後勤」部門根本就只有在底下怨聲載道。

假如某個下屬把這種獎勵方式看得很認真，通常是從以下兩方面去考慮：

★ 我真的需要那個獎項

★ 只想揚眉吐氣，藉此滿足自己的成就感。

請看下面這個例子：

有一家規模龐大的室內裝潢公司為了提高業績，決定出奇招，以多項大獎來獎勵銷售部的 40 名業務員。這些獎品五花八門，大至一輛汽車，小至一張禮券，總共有 25 種之多。在活動期間內，業務員各憑本事去拉客戶，等活動結束之後就開始清點每個人的成果，業績位居第一的業務員可以領到 25 張摸彩券，第二名領 24 張，依此類推，也就是第 25 名可以領到一張，後面的就沒有了。

到了「慶功宴」的晚會上，將有一場刺激的摸彩活動，即在箱子裡所抽出的一等獎可汽車一部，二等獎洗碗機一臺，依此類推。公司的主管們用心良苦，刻意設計出這套別出心裁的遊戲規則，就是擔心會出現「一家歡樂，數家愁」的局面。換言之，他們希望這種近乎「人人有希望，個個沒把握」的詭譎局勢將更能帶動活動的熱潮。

到了要抽獎的時候，公司的主管忽然又宣布一項新規則：每個人只能領取一項獎品。結果呢？讓人跌破眼鏡：汽車被第十二名的拿去，而洗碗機則是落入第二十三名的手中。銷售業績排名第一的人居然只抽到了半打

葡萄酒。事實上，排名前五名的業務員所抽到的都是微不足道的小獎。在飽受其他同事的取笑之餘，可說是群情激憤，最後索性集體跳槽到別家公司。原先公司的主管在始料未及之際，也只能搖頭嘆息。「唉，裡外不是人，不管怎麼做，我都是輸家！」

不要一切向「錢看」

或許有很多人看到這裡，會情不自禁地說：「唉，獎勵不就是一個『錢』字嗎？」但如果我們深一層的去透視這個問題，將不難發現，一旦人們的物質生活獲得滿足之後，花花綠綠的鈔票對他們就不再具有那麼大的吸引力。也許有人又會質疑，「人的物慾難道也會有上限嗎？就不能無止境的擴充？」這對某些人而言很真實，但並不是每個人都這麼貪得無厭，一切向「錢」看。

身為一個主管，你所肩負的職責相當繁重，不可能樣樣自己來，因此必須想辦法給部屬一些「甜頭」來鼓舞士氣。可是別忘了，每個人的需求各不相同，雖然他們都不可能反對你給他們加薪晉級，但那都只是表面目的而已，內心裡還有更深層的需求有待你去為他們填滿。

怎樣才算是正確合理的獎勵呢。在為數不少的主管腦海裡，並沒有一個正確的答案。因而，在實際的執行中常常產生迷思。

讓我們先來看看下面這則寓言：

某個週末，一個漁夫在他的船邊發現有條蛇咬住一隻青蛙，他替青蛙感到難過，就過去輕輕地把青蛙從蛇嘴中拿出來，並將牠放走。但他又替飢餓的蛇感到難過，由於沒有食物，他取出一瓶威士忌酒，倒了幾口在蛇的嘴裡。蛇愉快地游走，青蛙也很愉快，而漁夫做了這樣的好事更愉快。他認為一切都很妥當，但在幾分鐘後，他又聽到有東西碰到船邊的聲音，

便低頭向下看，令人不敢相信的是，那條蛇又游回來了 —— 嘴中叼著兩隻青蛙。

這則寓言帶給我們兩個重要的啟示：

★ 你給予了許多的獎勵，但你卻沒有得到你所希望、所要求、所需要、或你所祈求的東西。

★ 你希望做好事情，很容易掉入不妥當的獎賞、忽略了或懲罰了正當活動的陷阱中。結果，我們希望甲得到獎賞，但事實上卻獎勵了乙，結果連你也不明白為什麼會選上了乙。

身為主管的你，在實施獎勵的時候，是否也犯過這位漁夫的錯誤？

及時的獎勵

如果擔心因為獎勵不公會造成嚴重的後遺症，不如就採取無預告的方式，只要某個員工提出一項寶貴的建議，或是在工作上有傑出的表現，就可以頒給一項獎品以資鼓舞。同樣的，你可以在心中設定一套臨時的獎勵標準，只要部下們達到這項標準就可給予一項小獎，無須等到目標達到之後才去論功行賞。

有這樣一則故事：有一天，某公司的總裁深深為一位員工的傑山的表現所感動，想當場獎勵一番，但身上無一物可給，情急之下，這位總裁從桌子上的一盤水果上，拔下了一根香蕉來送給那位員工聊表謝意。受這個點子的影響，公司甚至發明了用黃金打造的香蕉別針。後來它成為公司內部競相爭取的獎品。

不要輕視做對事情的人，要立刻給予獎賞。有時獎賞一些不是什麼了不起的東西，但也不要讓怨恨破壞了獎賞的美意。

第二章　用利益激勵人

對微不足道的小功勞也要慶祝一下。我們往往很看重了不起的成就。但是不要忘了也要獎勵小功，例如嘉獎為完成一張備忘錄或多打幾次電話而加班的人。

第三章
用感情凝聚人

第三章　用感情凝聚人

卡內基走向老闆的第一課

　　身為企業主管只會下命令是不夠的，關心下屬也是你的一門必修功課。下屬的生活狀況如何，直接影響到他的思考模式、精神狀態及工作效率。一個高明的老闆不僅善於使用下屬，更要善於透過為下屬排憂解難，來喚起他的內在工作熱情 —— 主動性、創造性，使其全身心投入工作。

　　美國鋼鐵大王卡內基是世界上出了名的大老闆，他的突出特點之一，就是他很善於影響下屬的思想。在他的回憶錄中記載著他進入職場不久的這麼一件事：一天，一個焦急的年輕下屬找到卡內基，說他的妻子、女兒因家鄉房屋拆遷而失去住所，想請假回家安頓一下。因為當時人手較少，卡內基不想馬上準假，就以「個人的事再大也是小事，團隊的事再小也是大事」這類大道理來進行開導，鼓勵他安心工作。想不到瞬間氣哭了這位年輕下屬，年輕下屬憤憤地頂撞說：「這在你們眼裡是小事，可在我眼裡是天大的事。我老婆孩子連個住處都沒有，我能安心工作嗎？」卡內基在日記中寫道：「一段實話深深震撼了我。」他在對「大事」和「小事」進行了很多辨證的思索後，立即去找那位年輕下屬，向他道歉又準了他的假，而且後來還為此事專程到他家裡去慰問了一番。這位後來的鋼鐵大王當時也才 23 歲，他只是在替他父親管理一些事務。在他回憶錄上寫的最後一句話是：「這是別人給我在通向老闆的道路上的第一課。」

　　關心下屬，解決下屬的後顧之憂，是激發下屬積極性的重要方法。身為一個主管要善於釐清情況，對於下屬，尤其是生活較困難的下屬的個人、家庭情況要心中有數，時時給他們以安慰、鼓勵和幫助。特別是要把握幾個重要時機。如下屬出差了，你就要考慮看是否要幫助安頓好其家屬子女的生活，必要的時候要指派專人負責聯繫。下屬或其妻子生病了要及

時探望，批假或適當減輕其工作負荷，不要認為這是小事情，他可以持續工作，你就不管不問。下屬的家庭遭受了不幸，要予以及時救濟緩解其燃眉之急。如果你成為一個這樣的企業老闆或主管，不僅受關心者本人會感激不盡，生死效力，還會感染所有的人。在下屬遭到重大災難時，你不僅自己要關心施愛，而且還要發揮團隊的力量幫助他，解除下屬後顧之憂。這樣做有利於提高團隊的凝聚力。

感情投資回報豐厚

人是有感情的動物，不能強求下屬公私分明，一切私人感情均不帶進辦公室，更不要期望每一個下屬都堅忍不拔，他們也都需要別人的關懷。

一位上司查覺他的祕書愁眉苦臉，要她倒杯奶茶，她卻送來一杯咖啡，又將客戶的名稱忘了。上司問她是否身體不適，建議她回家休息，祕書道歉並稱沒事。這種情況持續了一星期，上司忍無可忍，輕責了她幾句。不久，上司從她平日最要好的同事口中，得知祕書原來失戀，與相戀多年的男友分手了。

上司很同情她，但是他認為私人感情影響工作，仍是不能縱容的，他請祕書放一段時間的假，並從職業介紹所雇來一位臨時人員。不久後，那位祕書竟跳樓自殺了，除了感情上失落的原因外，其中一項是她認為工作不如意。實際上，一個感情受打擊的人很容易誤解別人的意思，所以往往會出現「禍不單行」的情況，遇到一連串不如意的事。

當下屬滿懷心事時，未必是因為工作不如意或身體不適，有可能是被外在因素影響的。例如至親的病故、家庭糾紛、經濟陷於困境、愛情問題等，都會使一個人的情緒波動。身為上司，應予以體諒，並就下屬某方面

的良好表現加以讚賞，使他覺得自己的遭遇並非那麼糟。

不過，有些下屬非常情緒化，遇到很瑣碎的事情都會顯得不安。如果三天兩日就要安慰他，未免多此一舉。最適當的做法是以長輩或過來人的身分，關心並開導他凡事別太執著，使其心情平靜下來，重新投入到工作中。某些時候，感情投資甚至比金錢投資更有效。

增加好感贏得人心

增加好感可以贏得人心的道理人人都懂，但究竟如何透過具體的手段來增加員工的好感，卻是一門微妙的藝術。

■ 增加休假日，可以取得年輕人的好感

一項調查證明，年輕人最希望就職的企業首先是能夠充分運用自己的專業知識，也就是可以施展才華的企業。其次就是休假日多一些。對於休假日，年輕人普遍認為：星期六、星期日休息的週休二日制度是絕對條件，其次是法定節假日也不能少。

對此有些中小企業也許會感到非常失望，但是休假日普遍增加，已是不爭的事實。日本業界已進入了試行「週休三日制」階段。

■ 既往不咎，可以獲得舊敵的好感

東晉十六國時，後梁的呂纂發動了一次政變，戰鬥中差一點被齊從砍下腦袋。呂纂奪得政權後卻對齊從非常信任。一次，呂纂開玩笑地問齊從：「你砍我那一刀時，為什麼那麼凶狠？」齊從說：「陛下雖說應天順人，可我當時並沒想到這一點。那時我只恐殺您不死，那一刀砍下去怎會不凶狠呢？」齊從沒想到呂纂是應天順人，當時只以為呂纂是大逆不道，

殺人逆不道者又有什麼錯呢？按照這樣一個邏輯推論，呂纂不計前嫌疑是有遠見卓識的。

■ 鼓舞士氣，可以獲得下屬的好感

身為主管，要能體現對下屬真誠的善意與讚許，一般禮儀必然要講究，但僅只如此，還不能讓下屬感到滿意。他們在部門內的活動須依賴上司的讚許。因此，要特別關注下屬，經常與他們聊聊他們的家人，或下班後參與他們的一些活動，讓他們知道上司十分關心他們，並非把他們看成企業機器裡的小螺絲而已。

要鼓舞士氣，還要力求公平。因為若想增進員工的合作精神，公平十分重要。偏心的上司很難贏得下屬的合作。而善於鼓舞士氣的主管，則往往能贏得下屬的好感。

和員工同甘共苦

一個領導者，兩個員工，再加一間小屋，幾個人同心協力，白手起家，終於獨占鰲頭，成就自己的商業帝國，這樣的例子在商業發展史上數不勝數，許多巨頭由此而來。

他們的成功靠的是領導者與員工同甘共苦、患難與共。這樣，大家同心協力，有什麼困難克服不了呢？

其實，與員工共患難並不是一件困難的事，因為在危難情況下，同舟共濟，共渡難關往往是唯一選擇。但困難的是危難之後，苦盡甘來時仍能與員工共享安樂。

春秋時期，晉文公重耳即位之前深得介子推的幫助。他即位之後，就論功行賞，功大的封邑，功小的晉爵，各得其所。介子推不願受封，重耳

第三章　用感情凝聚人

仍把綿上封為介子推的祭田。眾臣於是更加竭力相報，終於幫助他成就霸業。

以史為鑑，我們可受到不少啟發。身為一名領導者，身處逆境時，可與員工共渡難關。時來運轉時，千萬不可獨自居功，盡享成果。唯有如此，才能贏得希望，得到員工愛戴，共創大業。

因此，身為一名領導者，對待員工要以義為重，能與員工同甘共苦。

哪個企業都有運氣不佳之時，任何領導者也可能會有身處逆境之日。這時，一個出色的領導者應做一個好的舵手，看準方向，動員所有員工的共同努力，充滿自信面對困難；千萬別端著架子，指使別人上危船，身為領導者更要盡一份力，否則倒船翻，領導者自己也要掉進海裡。

當時來運轉，春風得意後，領導者千萬不能翻臉不認人，即所謂過河拆橋，忘恩負義。這樣的領導者會為人所不齒，誰願意自己拚命保全的竟是一個忘恩負義的小人，一旦領導者的魅力喪失殆盡，並且背上不義氣的罵名，難兄難弟不會再為他效力，欲來投奔的人也會望而卻步。

這時，不妨慷慨解囊，讓員工分享應得的成果，使其自身的滿足感和成就感得以實現。切不可排斥有功的員工，落得罵名。

一個企業的發展壯大依靠領導者與員工共同努力，同舟共濟。而患難與共之中形成的上、下級關係才是最牢固的關係。身為領導者，一定要做到與員工同甘共苦，安不忘危，只有這樣才能使事業蒸蒸日上。

讓他們覺得自己重要

要讓一個人尊重他人，是一件很不容易的事。因為每一個人，都認為自己比別人高明。解決這種癥結的方法是要讓他明白，你承認他在這個世

界上的優勢，並且是真誠地承認，這樣就會有打開他心扉的可靠鑰匙。

很多傑出的領導者主張尊重下屬。在你的想像中，應該看到每個人都掛著一塊大標語牌：「讓我感到自己很重要」。

身為企業的主管，想獲得下屬的尊重，想讓下屬認可你的領導才能，那麼就得遵循一條準則，這條準則就是：「尊重他人的優點。」假如重視這條準則，你就能有效避免陷進困難的境地。無數的事例證明，誰遵循這條準則，誰將有眾多的朋友並始終感到幸福；誰若違反這條準則，誰就會遭受挫折。

尊重他人還包括寬恕他人。身為企業的主管，應該虛懷若谷，海納百川，尊重別人，最後才會獲得別人的尊重。

我們不要老是去責怪別人，要試著努力去發現別人身上的優點。主管要試著了解下屬為什麼會這樣做或那樣做。這比批評更有益處，也更有意義；而這也孕育了同情、容忍以及仁慈。全然了解，就是全然寬恕。正如美國人詹森博士所說的：「不到世界末日，上帝也不會審判別人」。

對於別人的優點，愛迪生的態度是：「我遇到的每一個人都在某些方面超過了我。我努力在這方面向他學習。」

你是最好的

認定一個人工作成績的優良與否，會有多少種不同的看法？而對下屬工作的獎勵，又有著多少不同的方式？你可曾想到可用多少方式來表揚下屬的成功？又有多少不同的方式向別人說「恭喜你，你是我們的驕傲！」

魏茲曼准將在西元 1960 年初曾任以色列空軍司令。由於當時以色列空軍只創立了幾年，其裝備十分簡陋，工作效率也難得到肯定。

第三章　用感情凝聚人

魏茲曼當時就能記住空軍中每個飛行員的名字，他時常以名字來稱呼他們。而且他還清楚每個人的私人困難和興趣，眷屬生孩子，他不會忘記送花。他擬出了一個招募空軍時所用的標語：「空軍要最好的。」每當他拿起電話來，通常開始就是這樣的一句話：「嗯，中東最好的空軍有什麼消息？」他下屬的官員也逐漸受到他的感染，儘管他們人數、裝備都很少，但他們都自認為是最好的。

在你的企業裡，身為主管的你，只要把「你是最好的」這一理念傳遞給下屬，你將會看到，為了不辜負你的期望，他們會做得更好。

叫出下屬的名字

身為上司，不要老是用「喂」來呼喚下屬，否則久而久之，會讓他感到不安，最好是直接呼喚他的名字。

當小孩出生時，雙親為了希望他將來能成功、幸福，千挑百選地為他命名。一個人從懂事以來，這個一聽到就令人思親的名字，不知道被喚過多少回。歷經幾十年，由自己口中說出，手中寫出，大家都對自己的名字有種莫名的感情，自然會非常重視它。然而，如此重要的名字有時會被人寫錯，或是上司無視它的存在，隨口「你來一下……」。被如此對待，沒有人會心情愉快的。

因此，領導者要正確地記住下屬的名字，呼喚他們時，不要「喂、你，……」，務必要呼喚他的名字，而且盡可能親切地呼喚，這是掌握下屬情緒的第一步。

如下屬人數不多，所以不單只是熟記他的名字，盡可能連他本人的出生年月日，或家人的事也能瞭若指掌。例如「張先生的兒子明年就要考大

學了」，等等，隨機應變地活用這些資料，以便能抓住下屬的心。

　　要想成為卓越的領導者，得將每個下屬都看成一個完整的、活生生的個人。開始時，不管自己領導的團隊有多大，在你四處走動時，至少能叫得出每個人的名字。有人說凱撒大帝能叫得出他軍團裡成千上萬人的名字。他在平時喊著他們的名字，在戰時他們心甘情願地為他賣命。

以德服人

　　很顯然，以德服人，表示企業領導者從自己做起，嚴於律己；而以勢壓人，表明企業主管獨斷專行，濫用權力。前者能贏得下屬的尊敬，後者只能落得下屬的反叛。因此，沒有必要非要用會引起下屬的反叛的方法，來凸顯你自己手中的權威；相反，長久贏得下屬的尊重，才能顯示出你自身的德性多麼重要。

　　品德高尚的主管可以使遠方之人前來歸順，也能得到下屬群眾的擁護。而要做到這一點，領導者必須行為端正，為人表率，洛守信用，以守約無悔，廉潔公正且疏財仗義。這樣的領導才可以稱得上稱職。

　　向人表示敬意，能夠聽取別人的意見，可以聚集比自己強幾十倍的人才。只以平等方式待人，可以招來與自己能力差不多的人才。而如果自恃權勢，對人呼來喚去，則只會有一些小人投靠你。昏庸無道，隨意責罵人者，最終只能剩下留在身邊的「奴僕」。

　　威嚇下屬和壓制下屬，都不是以德服人，而是以勢壓人。對這種管理下屬的辦法，誰也不會心服口服。膽子小的下屬即使表面服從了你，實際上卻在心裡默默地反抗，這種反抗的星星之火，總會有燃起大火，直至不可收拾的一天。

第三章　用感情凝聚人

有一家公司雖然其薪酬不算很高，但他的員工卻很少跳槽。公司的總裁曾這樣說過：「每個人都是平等的，如果有高下之分，也是因為品德，能力而非職位，每個人因機會和遭遇不同而業績不同，但在人格上絕無高下之分。」

總裁祕書說：「我珍視這裡平等的氣氛，我的上司從不對下屬頤指氣使，即使有誰犯了錯誤，也不是用訓斥的口氣，或殺雞做猴。這種平等待人的態度使大家都感到是在為自己工作！」

正因為這位總裁有著發自內心的平等意識，才吸引住眾多人才同舟共濟，使公司業務蒸蒸日上。如果讓你在鈔票與自尊之間選擇，你會怎樣呢？

世上沒有萬事皆能的人，也沒有一無是處的人，尺有所短寸有所長，再「高貴」的人也有其致命的弱點，再「低賤」的人也有他人所難及之處，這個道理雖然人人都懂，但未必人人都能身體力行。

如果真能以平等之心看待每個人，就不會因得到一頂桂冠而趾高氣揚，也不會因為位卑而唯唯諾諾，由此而真正地達到寵辱不驚的至高境界。

貫徹愛的精神

美國玫琳凱化妝品公司最重視的人，包括美容顧問，銷售主任、員工以及顧客和向公司提供原料的廠商。該公司相信，關心人與公司必須賺錢，這二者並不矛盾。，總經理玫琳凱·阿什說：「沒錯，我們是聚焦在賺錢上，但這並不是高於一切的慾望，在我看來，『P』『L』的含義不僅僅是盈與虧，它還意味著人與愛。」

這種關心與愛，不單單是表現在對員工生活、工作、互動上的，更表現在對員工錯誤的批評上。玫琳凱·阿什說：「我認為，經理批評人的做法並不妥當。但並不是說不應該提出批評，當員工的工作出現失誤時，經理必須說明對某事不滿意，但是批評對事不對人。如果有人做錯事時經理不發表自己的看法，那麼，這種經理確實過於『厚道』了。不過，經理在提出批評時，一定要講究策略，否則就有可能出現適得其反的結果。我認為，一個經理應該做到，當某人出錯時，既能指出其錯誤，又不致挫傷其自尊心。每當有人走進我的辦公室，我總是創造出一種易於進行交換意見的氣氛。這一點很重要，我發現，只要我越過有形屏障 —— 我的辦公桌，那麼，創造那種氣氛就易如反掌。我的辦公桌象徵著權力，它向坐在一旁的對象表明，我是以同事而不是以老闆的身分與對方交談，因此，我們同坐在一張舒適的沙發上，在比較輕鬆的氣氛中研究工作。」

「我有時還與對方握手擁抱！」在我看來，這是感情的自然流露。因此，我在這樣做時感到輕鬆，自然。與對方握手擁抱，能使堅冰消融，能使對方無拘無束，你會發現與某種人打交道，握手是友好的方式；但與另一種人打交道，拍拍背會顯得很親熱；與另一些人見面，則只有熱烈的擁抱才能表達你們親密無間的情誼。我們都聽說過醫生在病床邊對病人表示關心，與病人握手的情景。同樣，經理也應在沙發旁邊對員工表示關心。因此，走上去與他人握手、擁抱 —— 這是人才管理學問中的一個絕招。

在談到與員工的關係時，玫琳凱·阿什說：

「我認為，經理與自己的員工保持親密的關係是正常的，相反，如果經理與自己的員工總是保持一種客氣的關係，也就是說總是保持僱主與僱員的關係，則是反常的。我認為，這種氣氛無助於最大限度地提高生產率。

第三章　用感情凝聚人

　　另外，經理還必須強硬和直言不諱。假如某人的工作不能令人滿意，你絕不可繞開這個問題，而必須表達出自己的看法，不過你在這樣做時要雙管齊下，既要關心，又要嚴格，換句話說，具體的界限是，既要十分熱情，又不能損害自己的監督作用。你與僱員的關係如同大哥哥、大姐姐對小弟弟、小姐妹關係，既要表示愛和同情，又要使自己在必要時能夠採取嚴格的行動，在許多僱員眼中，我的形象實際上是慈母。他們認為，我是十分關心他們的人，他們信任我，我多次聽到我的僱員說：『玫琳凱・阿什，我媽去世好幾年了，我現在就把你當做媽媽吧……』每當聽到這種話，我都感到無上光榮。」

員工也是你的上帝

　　「顧客就是上帝」的信條，迫使你無論是做決策，還是開發市場，都要緊緊地圍繞著顧客來大做文章。有的企業主管甚至下了死命令「顧客永遠是對的」。例如美國沃爾瑪公司有兩條規定更是人盡皆知：「顧客永遠是對的」，「如顧客恰好錯了，請參照第一條！」更為體現沃爾瑪的顧客關係哲學是─顧客是員工的「老闆」和「上司」。每一個初到沃爾瑪的員工都被諄諄告誡：你不是在為主管或者經理工作，其實你和他們沒有什麼區別，你們只共同擁有一個「老闆」──那就是顧客。

　　但是，沃爾瑪公司在奉行「顧客是上帝」的同時，也維護員工的利益，尊重員工的人格。因為無論是顧客，還是員工，人格上都是平等的。比如，沃爾瑪的主管在員工與顧客發生衝突時，不會當著顧客的面批評員工，而是在把顧客心平氣和地送走以後，了解真實情況，準確判斷是非。如引發衝突是員工的問題，當然要嚴肅處理；如責任確實不在員工，就要

盡最大努力做好安撫工作。去看望一下員工，給予適當的經濟補償等等，讓員工感到在主管眼裡自己與顧客是平等的，主管也是明辨是非的。這樣員工有天大的委屈也會消失。

有些主管認知上有迷思，以為企業的總體利益，需要員工做出犧牲。「顧客就是上帝」嘛！可是也不要疏忽了，員工也是企業的「上帝」。得罪了員工這個「上帝」，企業也無法興盛。你要想激勵員工，要求員工忠誠於企業，你就要忠誠於員工，忠誠的道路是雙向的。

消除下屬的不安

有的下屬有了不安卻不願表露出來，而是藏在心裡面，對此不細心的主管是察覺不到的。要消除他們的不安，身為領導者你必須時刻為他們著想。

什麼是基於下屬本位的想法與行動呢？具體地說，仔細調查了解下屬對工作、部門及領導者所期待的事項，然後傾全力對那些期待產生回應。如果你能理解每個人的立場，就不會出現不合理的期待。即使有，通常只要彼此互相溝通，就能了解那期待中一些不合理的地方了。

用關懷代替斥責

既然下屬是人而不是機器，那麼關心他們要遠比苛責他們、或對他們漠不關心，要更能打動他們的心。不少人抱怨自己僱員的流失率高，對公司的發展影響太大。究其原因，就在於員工對公司缺乏歸屬感，終日想跳槽他去。

影響僱員歸屬感的原因有：

第三章　用感情凝聚人

★ 上司情緒化，動輒以降職或解僱威脅下屬；

★ 人際關係不佳；

★ 上司偏袒某些下屬，令其他人感到不公平；

★ 付出了許多努力，也得不到上司的認同或讚賞；

★ 前景不明朗，公司經濟經常陷於困難；

★ 諸多限制，下屬不能暢所欲言及盡展所長。

以一天工作 8 小時計算，人生有 1/3 的時間都用在工作中。如果工作不愜意，不只是 1/3 的人生充滿了不快樂，而是除了睡眠時間外，所有時間都感到不快樂。有些比較敏感的人甚至會出現失眠現象。足證一份愜意的工作，對人生有著何其重要的影響。

用關懷代替斥責，能讓你跟下屬打成一片，他們也更樂意為你效勞，共同為提高企業的競爭力而忘我工作。

與下屬一起承擔責任

當你的下屬犯錯，就等於是你的錯，起碼你是犯了監督不力或委託不當的錯誤，何況主管的義務之一，就是教導下屬如何做事。

所以當下屬闖禍時，請先冷靜檢討一下自己，如果完全是因為下屬自己的疏忽，可叫他到跟前來，誠懇地向他分析產生問題的原因，告訴他錯在什麼地方，最後重申你的宗旨 —— 要每一個下屬全力以赴做事和冷靜去處理事情，而你永遠是他們的後盾。

要是下屬犯錯，你也有間接責任，就請你與下屬單獨會面時，將事情弄清楚，這不等於讓你認錯，而一起去研討犯錯的前因後果，並鼓勵下屬以後再遇到此類問題時，多多與你探討。

無論是哪一種原因，切忌向下屬大發雷霆，尤其是在大庭廣眾之前，你尊重對方，下屬才會更內疚，更敢於正視問題，避免了日後跟你鬧情緒。

還有，在上司面前，也不應只顧推卸責任，因為這只會令上司反感，你應該有領導者的風度 —— 與下屬一起承認過錯。另一方面，即使有其他人諸多是非，你仍應和下屬站在一邊，替他擋駕。不過，擋架也不是不講求原則。比如：

一位客戶向你投訴，你的某下屬非常無禮，又欠缺責任感，使他很不好受。你應該做的是，馬上替下屬道歉：「對不起，他可能只是無心之失，平日他的表現不是這樣的。保證以後不會有類似事情發生，請你多多包涵。」將客戶的怒火化解了，事情卻仍沒有結束，你必須有所行動。然而，立刻找來下屬責備一番，那是極不明智之舉，應該先冷靜地對事情進行了解。例如，下屬平時待人是否也是一派傲氣？處理問題時是否馬馬虎虎，隨隨便便？

如果答案是否定的，那麼有兩個可能性，一是客戶咄咄逼人，二是下屬偶然情緒欠佳，不妨提醒一下，請注意情緒起伏，或者不了了之也沒大問題。

相反，事情屬實的話，即是說下屬的確經常怠慢顧客，你必須找下屬來認真地談一下了。告訴他有客戶投訴他的工作態度，而你已代為道歉，並予以訓誨，請他謹記「工作第一、客戶第。

急下屬之所急

員工的情緒隨著工作或身體等狀況，會經常發生變化。身為主管，只要能敏銳地掌握他們微妙的心理變化，適時地說出符合當時狀態的話或採

第三章　用感情凝聚人

取行動，就能抓住他們的心。

　　例如，當下屬情緒低落時，就是抓住下屬的心的最佳時機。

★ **下屬工作不順心時**：因工作失誤，或工作無法按照計畫進行而情緒低
　落時，就是抓住下屬心的最佳時機。因為人在徬徨無助時，希望別人
　來安慰或鼓勵的心情比平常更加強烈。

★ **人事變動時**：常都會交織著期待與不安的心情，應該幫助他早日去除
　這種不安。另外，由於工作職位的變化而使人員結構改變時，下屬之
　間的關係往往也會產生細微的變化，不要忽視了這種變化。

★ **下屬生病時**：每一個人不管平常身體多麼強壯，當身體不適時，不論
　是誰內心總是特別脆弱。

★ **為家人擔心時**：家中有人生病，或是為小孩的教育等問題所煩惱時，
　內心總是較為脆弱。應該學習政治家們把婚喪喜慶當做是與下屬增進
　感情交流機會的智慧。

　　以上這些情形都會造成下屬的情緒低落，所以適時的安慰、忠告、援
助等，會比平常更容易抓住下屬的心。因此，一方面，平時就要收集下屬
的個人資料，然後熟記於心。另一方面，領導者必須及早察覺下屬心靈的
狀態。

　　不妨根據以下幾個要點來察覺下屬心靈的狀態。

★ 臉色、眼睛的狀態：（閃爍著光輝、灼灼逼人的視線等）；

★ 說話的方式（聲音、腔調是否有精神和速度等）；

★ 談話的內容（話題的明快、推測或措詞）；

★ 身體的動作、舉止行動是否活潑；

★ 姿勢，走路的方式，整個身體給人的印象（精神奕奕或無精打采的）

要認真地綜合分析這些現象，然後運用它來探索下屬心靈的狀態。今後應該更有意識地研究這些資料，以便能正確掌握下屬個人的特徵。甚至更進一步，在看到下屬的瞬間，一眼就可看透對方當時身體的狀況或心情如何，以及只從電話聲音中，立刻就可掌握下屬心靈的狀態。

允許片刻聊天

幾乎所有企業或公司的工廠、辦公室裡，都貼有這樣一張字條：上班（工作）期間不允許聊天。

的確，下屬在上班或工作時間聊天會影響效率，但是，假如所有下屬上班時間一聲不吭埋頭工作，那也未免太壓抑、太死氣沉沉了。這對工作效率同樣也有負面影響！事實證明，上班時間允許下屬片刻的聊天，不但不會降低工作效率，反而會提高工作效率，並且使整個辦公室或工廠的氣氛要活潑得多。

人類最直接的交流，是靠語言表達心中的感情，如果每天在所有時間內禁止僱員交談，對他們的工作根本沒有好處。除了他們互相之間難以建立起緊密合作的精神外，工作上產生一些誤會也在所難免。

某員工工作偶爾有些困難，向同事們討教幾句，也是減壓的方法之一。當然，光聊天而忽略了工作效率的人，會成為公司中的冗員，且大大影響公司的運作。為了使下屬懂得自律的法則，以身作則是最重要的。所謂身教重於言教，平日偶然跟下屬聊幾句，即投入工作正題，聰明的下屬一定會明白你的要求。

允許下屬在上班時間片刻的聊天，是一種關心和理解員工的有效手段。何況在當今網路時代，你若一味地禁止員工聊天，他們的感情得不到

第三章　用感情凝聚人

宣洩時，可能會上網進行「無形」的聊天，那樣就讓你更加難以防備。因此，對於上班時適當的聊天，「疏」勝於「堵」

時間無情人有情

如今企業普遍實行的是 8 小時工作制，有的企業規定，員工遲到 1 分鐘或早退 1 分鐘就要罰款多少，這也未免太苛刻了！要知道時間並非一塊鐵板，時間無情，人卻是有情的。身為主管，在下屬工作時間這個問題上，不妨來一點彈性，只要完成了工作，晚來或早走幾分鐘沒有什麼關係。

試行員工彈性工作時間，未嘗不是一個好建議。由於城市規模越來越大，員工住處離上班地點也會越來越遠，交通擁塞已成為上班一族每天的老話題，也的確是苦不堪言。

明智的主管，應為員工制訂非繁忙時段的上班時間，例如將上班時間定在 9 點鐘，除了稍避擁擠外，也同樣能收到高效率。

至於午餐時間多定在 1 點整，除了找不到座位用餐外，餐廳的員工忙亂間所做出來的食物，往往水準稍差。如果將用膳時間定在 12 點，或乾脆延至 1 點半或 2 點整，情況就大大不同。員工既可享受一頓美食，減少擠座位的緊張，情緒還可得以放鬆，對工作就能較易應付和投入，工作效率自然能有所提高。

早上匆忙起床梳洗，來不及吃早餐，已是都市人的普遍習慣。許多公司不准僱員在座位上吃東西，以致不少人因飢餓而顯得無精打采。身為主管的你，不能因為鼓勵下屬養成吃早餐的習慣，而放任他們在座位上吃東西，最佳的方法是在辦公室一角設茶水間，以及允許員工叫外賣食物。

有些領導以為設立茶水間，僱員會借進食或飲水為名而躲避；事實上，他們餓著肚子工作的效率和身體狀況會更差。事事替下屬著想，這種管理方式並不是要代替制度管理 —— 兩者結合也許是最好的管理模式。

讓制度活起來

很多時候，過於苛刻的制度令下屬感到不安。有時，主管也一時無法改變現有的制度，但至少可以在你權限許可的範圍內讓制度活起來，以消除下屬的不安。

嚴格地說，「安人」是管理的最終目的。

制度雖然很重要，但是制度以外的事項，影響也相當重大。例如制度不可能規定主管必須關懷下屬，給予及時的輔導、認可並讚揚下屬良好的績效等等，但是這些制度沒有規定的事項，對下屬往往具有很大的激勵作用。

希望下屬把工作做好，首先就要解決他的實際問題。下屬的問題，來自他的慾望，而人的慾望是不斷升級的，因此主管替下屬解決問題，也是水漲船高，好像永遠沒有終了。安人是普遍性的，安人之外的具體要求，則比較屬於特殊性的，可另外解決，這樣才會產生不同的激勵效果。

主管站在下屬的立場來了解他的感受、要求以及苦惱，下屬才能夠接受主管的關心，並且給予相當的回饋。有些人一想到「將心比心」便認為「要求對方的想法和我一致」，或者「放棄我的觀點以便接受對方的想法」。這兩種觀點都是不正確的。真正的「將心比心」是「和而不同」，了解他的感受，卻未必要接受他的感受。同情不一定同意，使雙方達到認知上的一致後，再著手影響他。

第三章　用感情凝聚人

　　主管認同並讚揚下屬良好的業績，下屬開始信賴主管，向主管伸出友誼之手，主管再給予適當的啟發或指點，下屬就會更進一步，貢獻出自己的智慧。讚揚下屬的業績，不僅僅是讚揚他本人，這件好事值得讚揚，他就會繼續去做，別人也會跟著做好事。

　　公正的晉升或調遷，是有效的激勵政策。關鍵在大家的認知，究竟是否公正？所以主管的決定，是眾人信服與否的焦點。大家認為公正，就會產生很大的激勵作用，如果認為不公正，再怎麼宣傳和說明，也無濟於事。

　　下屬對工作或工作環境有所不滿，或是升調不如意時，事前的溝通和說服顯得非常重要。根據每個人的個性事先溝通，是尊重他的表示。

　　事先溝通無效，或者事情鬧成僵局，如果還有時間，就不要忙著決定，可再進行溝通，如果是時間急迫，可以決定，但是事後仍要溝通，讓他比較有面子，這樣他才會逐漸平息下來。事先事後所花費的時間，看起來是一種浪費，實際上相當有助益，把它看成心理溝通和思想建設，便知道不可大意。

　　制度是死的，人是活的 —— 記住這一點，對於你的領導工作很有幫助。

行走於制度與感情之間

　　美國國際農機商用公司創始人，世界第一部收割機的發明者西洛斯‧梅考克，人稱企業界的全才，在他幾十年的企業生涯中，歷盡起落滄桑，但是他以超人的素養，屢屢贏得成功。

　　身為公司的負責人，梅考克雖然掌握著公司的所有大權，有權左右員工的命運，但他卻從不濫用職權。他能經常為員工設身處地的著想，在實

際工作中，既堅持制度的嚴肅性，又不傷害員工的感情。

例如，有一次，一位老員工違反了工作制度，酗酒鬧事，遲到早退。按照公司管理制度的相關條款，他應該受到開除的處分。管理人員作了這一決定，梅考克表示贊同。

決定一公布，這個老員工立刻火冒三丈，他委屈地對梅考克說：「當年公司債務纍纍時，我與您共患難3個月不拿薪水也毫無怨言，而今犯這點錯誤就把我開除，真是一點情分也不講！」聽完老員工的敘說，梅考克平靜地說：「這是公司，是個有規矩的地方……這不是你我兩個人的私事，我只能按規定辦事，不能有一點例外。」

梅考克事後了解到，由於這個老員工的妻子去世了，留下了兩個孩子，一個跌斷了一條腿，一個因失去母親而終日啼號，老員工是在極度痛苦中，借酒消愁，結果耽誤了工作。他安慰老員工說：「現在什麼都不要想，趕快回家去，處理好你老婆的後事，照顧好孩子們，從感情上我們仍是朋友。」

說完，梅考克從包裡掏出一疊鈔票塞到老員工手裡，老員工對老闆的慷慨解囊感動得流下了熱淚，哽咽著說：「想不到你對我會這麼好。」梅考克卻認為，比起當年風雨同舟時員工們對自己的幫助，這件事情不值一提，他囑咐老員工：「回去安心照顧家裡，不必擔心自己的工作。」

聽了老闆的話，老員工轉悲為喜地說：「你會撤銷開除我的命令嗎？」

「你希望我這樣做嗎？」梅考克親切地問。

「不，我不希望你為我破壞了公司的規矩。」

「對，這才是我的好朋友，你放心地回去吧！我會安排的。」

事後梅考克安排這個老員工到他擁有的牧場當管家。

第三章　用感情凝聚人

西洛斯·梅考克處理工作從不感情用事。例如，有幾個與他一起工作多年的員工，曾在公司遇到困難的時候背離了他，幾年後，公司狀況得到好轉，這幾個人又找上門來了。

對於這樣的人任何人都是難以容忍的，即使在當時，梅考克也為此深感痛心，並氣憤地說：「我希望永遠不再見到你們！」後來，公司興旺發達，事業大振，梅考克早已把自己的誓言放在腦後，他欣然接受了這幾名員工。這件事使這幾名員工深受教育，從此以後，他們與西洛斯·梅考克同心協力，為國際農機商用公司的繁榮而盡心盡力。

拆掉那堵牆

「人心隔肚皮」是描述世風日下，人心不古的俗語。一般來講，領導者和下屬之間很容易產生隔閡，原因是距離。這個「距離」有身分之間的距離，能力之間的距離，還有領導者故意留下的空隙。前兩種距離是客觀存在的，不可改變的，但是第三種距離完全可以透過領導者自身的努力縮短它，甚至讓它完全消失。

公司領導者的辦公室和下屬的工作室之間，大都隔著一堵牆，領導者和下屬隔牆對話，隔閡就這樣產生了。

高明的主管會拆掉這堵牆，主動走出辦公室和下屬面對面談話，拆掉實際上橫在他和下屬心靈之間的那堵「牆」。

身為領導者或主管，切記不要和下屬隔牆對話，從而產生隔閡，而要和下屬多談心多溝通！

領導者每天都必須和下屬、上司以及同一部門的人相處。為什麼有些人顯得魅力十足，受到大家的歡迎和敬重，而有些人卻令人生厭，大家避

之唯恐不及？成功和失敗的分水嶺在哪裡？為什麼有些領導者能與夥伴們同心協力、共同奮鬥，成績總是令人欽慕，而有些領導者卻常常為表現平平而憂心喪志？

對深入研究領導的人來說，成功的領導者都有一個顯而易見的共同特色 —— 卓越的溝通能力。

所謂成功的企業領袖，他們除了擁有豐富的專業知識、無限的潛力、願意冒險、勇於負責等特質外，他們的所作所為，源於他們自身所擁有一套願意與所有的員工不斷「溝通」的管理哲學。他們十分了解溝通的重要性，無論在社交活動裡，在家庭中或在工作職位上，他們經常盡情地發揮本身特有的與人溝通的藝術和能力，巧妙地得到別人對他們的喜愛、尊重、信任和共同的合作，從而開創了人生的豐功偉業。

身為經理人是很難靠一己之力克盡職責的。他必須經常依賴他人的大力支援和合作，才能完成使命。因此，他本身成功與否，完全取決於其與團隊成員、上司、下屬、與顧客「溝通順暢」的能耐和功夫。

只有多和下屬溝通才能打破隔閡，拉近主管和下屬間的距離！

感化下屬的方法

如果你的下屬對你的主動溝通有所疑慮，因而毫無反應，這時，你就必須努力去說服，使他打消疑慮。畢竟，主管和下屬之間的堅冰並不是那麼容易融化的。

說服是人與人溝通技巧中一種相當不可思議的工具，如果你希望能和下屬相處融洽，並讓他們為你效力盡忠，你除了要了解如何下達命令、陳述傳達你的理念、目標和計畫之外，還應該學會如何說服他人的基本策略

第三章　用感情凝聚人

和一些實用的技巧。

懂得如何說服下屬，可以使彼此互相了解、親近，也可以使彼此互助合作，凝聚出風雨同舟，眾志成城的巨大力量，你如果能善加運用的話，一定會藉此得到更意味深長的團隊夥伴關係。

以下是四個可供你運用的說服策略。

■ 投其所好

引出對方的興趣是成功說服的第一個步驟。「真心誠意對對方和他們所討論的主題有興趣的人，才有資格稱為優秀的領袖。」比爾‧伯恩在其著作《富貴成習》一書中指出了上述的見解。

在談話之前，你必須透過調查來掌握對方的興趣所在。每個人都有自己的興趣、嗜好，若你起頭的重點和對方的趣味相合，一定會越談越投機，一拍即合。因為你的目的是要說服別人，用對方最感興趣的措辭，提出自己的構想、建議，就比較有機會達到目的。

要成為有技巧的溝通者，還要做一件事，即運用你的肢體語言，讓對方知道你對他和他所表達的事物興趣十足。譬如：點頭、向前傾身、面帶微笑……都是很不錯的方法。

■ 動之以情

情緒可左右人類的行為。在一本名為《如何鼓動人們為你效力》的書中，作者羅勃‧康克林說得好：如果你希望某人為你做某些事，你就必須用感情，而不是智慧。談智慧可以刺激一個人思想，而談感情卻能刺激對方的行為。如果你想發揮自己的說服力，就必須好好處理個人的感情問題。康克林提出了「動之以情」的方法，他說：「要溫和、要有耐心、要

有說服力、要有體貼的心。意思就是說，你必須設身處地，為人著想，揣測別人的感覺。」

請銘記在心：不要老是想到我的見解或觀點有多麼重要，要先設身處地想一想，如果別人要說服你時，你會重視他給你講的什麼內容；如果你知道了這些內容，你就知道如何著手對別人動之以情了。

■ 搔到癢處

說服別人並不是僅僅了解別人的感情而已，當你對他的「了解」還無法改變他的觀念、調整他的態度，從而贏得他的合作和支持時，你必須更進一步搔到他的癢處。當你開始陳述、說明你的意見、想法時，就應該抓住與對方切身利益有關的事物。你要說動他，直接以他關心的「利益」和他溝通，你要真正了解他需要什麼，他如果有困擾的事情，也要讓他知道你將如何有誠意幫他解決問題。

說服別人應該是千方百計幫助他們得其所欲。你的說服策略要擺在如何發掘、刺激並引爆他渴望追求的事物。至於如何探知對方的慾望，進而刺激其慾望呢？「詢問」是最簡單的方法。當你了解他關心的事物之後，再想辦法滿足他。

■ 要有實證

你可以在說服時運用一些視覺器材，如投影機、幻燈片、影片、掛圖、模型、樣品等道具，來強化你要說明的內容。但是，比較高明的領導者都擅長用官方的統計資料、專家的研究報告、實例等「具體的證據」來證實所言不虛。

一個證據勝過千言萬語。別人之所以不受你的影響，缺乏「證據」最

常見到的，也是最主要的原因之一。在說服別人之前，不妨先準備好各種適當的證據，在陳述解說過程裡，讓證據替你說話，必會收到事半功倍的溝通效果。

只有說服下屬，下屬才能完全拋開思想負擔，和你輕鬆地對話、溝通，否則，你和下屬之間始終存在著隔膜，你們的溝通就是不完全的。

「激勵大王」的人格魅力

你要盡最大的努力去爭取周圍人們的心。假如你能做到這點，你不但能成為成功的管理者，而且也能達到所有的目標。

在美國賓夕法尼亞州西部，有一家名為奧伯格工業的工具及模具公司。公司的主管名叫杜恩·奧伯格，工業雜誌上曾有一篇文章稱他為「激勵大王」。

賓夕法尼亞州是美國工會勢力最大的地方，可是這家公司卻沒參加工會，這並不是因為工作環境特別好。奧伯格公司一週工作 50 個小時，中午只有 15 分鐘的午餐時間，而且管理階層和工人都是一樣。

另外還有一些有趣的事，最近幾年來，大多數的工具及模具公司的年銷售額平均在 200 萬美元，而奧伯格公司是 2,700 萬美元；該公司每位員工平均的營業額比別人高出 30%。說來你也許難以相信，有一年並沒有經濟衰退的現象，但這家工廠在報刊上登出了 30 個職位的缺，卻有 1,600 個人去應徵。

這是為什麼？是因為奧伯格公司的待遇好？當然是。不過，有件遠比報酬更重要的東西，奧伯格雖然要求嚴格，但他卻能培養所有員工都具有一種信念，只要在奧伯格公司工作，你就是最好的人才。此外，每位員工

也都明白，最高階層的管理人也都在賣命工作。因此奧伯格公司在同行業中一直鶴立雞群，而且大家都搶著進這家公司工作。

關心弱者

健康的人總是缺少對體弱多病者的體貼。即使心存同情，但往往沒有付諸實際行動，因此常使體弱多病者的心靈受到創傷。

40多歲的老段是鋼鐵公司的處長，是一位充滿青春活力的體育愛好者。他時常鼓勵部屬打羽毛球，打籃球，跑馬拉松等等，還兼任好幾個運動隊的隊長。的確，平時常堅持運動的人，身體比較強壯，也比較開朗。由於段處長推行體育運動，所以讓公司充滿了朝氣。

但是同時也產生了一個問題。那些身體較差，年齡較大的部屬，由於體力根本適應不了，因此就被疏遠了。不過，也可以說是那些柔弱者自己遠離身強體壯的人，而不是老段他們有意排擠柔弱者。不論如何，造成這些人的脫隊總是一個不可否定的事實。

平常那些活躍的員工，他們的氣焰掩蓋了體弱多病的人。但是當連續有兩個人因生病而脫離運動隊時，問題就出現了。其中一位是因為不當的登山行程而造成過度疲勞，並且引起感冒。另一位則是因為高血壓而造成眼睛不舒服。

這些事雖然都和老段無關，但是他完全不關心那兩位生病的部下，依然一味地積極進行工作與運動同步發展的策略，結果運動隊裡的成員越來越少，運動隊也越來越沒落，他的部下都異口同聲地說：「總不能為了和處長保持良好的關係，而把自己的身體弄壞了。」

老段卻認為無法堅持運動是另有原因，所以依然我行我素，根本不想

第三章　用感情凝聚人

改變策略。

　　老段的覺悟是在幾個月之後的事。當時他不小心扭了腳踝，有了切身的經驗後，他才開始反省。當他的腳裹著石膏，身體不能動時，又沒有人幫他，就這樣過了好幾個月。他才知道自己當初是如何地不體貼體弱多病的同事。當初他雖然心存同情，但只是單純的憐憫，根本沒有站在體弱者的立場為他們著想，並幫助他們。

　　幾年之後，老段調任廠長，每年到了中秋節和歲末，他一定會去探望正在療養的員工，聽聽病人的心聲。在「五一」勞動節，他都會召集那些患高血壓、糖尿病或有其他疾病的員工，傾聽他們的意見或心願，以便充分做好衛生保健工作。特別是醫生安排的衛生保健工作，他總是熱心地帶頭去做，目前老段給別人的印象遠勝過當初當體育愛好者時的形象。

尊重他人必有回報

　　你無法對信用定價。你必須永遠把事情做對，無論代價是什麼。

　　美國阿姆斯壯機器製造廠，需要另一個新的廠房來容納龐大的機械設備。經過詳細的研究和評估，他們設計了一座新穎的廠房，可以使新設備的搬運工作量減至最小，而且這個新廠房的位置緊臨現有的舊廠房。

　　整個規劃設計是再理想不過了，只有一個問題——他們必須把新廠房建在一棟私人住宅的土地上，而那棟房子屬於當時已70歲的該廠退休職員福瑞德先生。

　　解決方法看起來很簡單，他們只要將福瑞德的房子買下再把它拆掉，就可以在現有的製造廠旁邊蓋一座新廠房了。

　　經過更深入地了解情況以後，他們發現根本不必去買那棟房子，因為

它的所有權已經屬於他們了。於是廠房委員會去找公司董事長霍華德，請他批准拆除計畫。

但是，董事長卻否決了這項計畫。

「福瑞德在那棟房子裡住了一輩子。」他說，「他的孩子在那裡出生長大，那是他唯一認定是家的地方。我知道他很愛那裡。雖然在幾年前我們看出將來有可能擴建到他的土地上，而向他買下這塊土地。但買的時候，我答應過福瑞德，只要他喜歡，他可以永遠住在那裡。現在要他搬家會讓他很難過，說不定還會因此使他折壽。我們還是把新廠房蓋在廠區另一端吧！儘管這樣困難會更多一些。」

阿姆斯壯的管理者常說，要對現有員工和過去的員工一樣看重。把新廠房建在「廠區的另一端」就證明了這點。

尊重，代表了關心和信任。一位退休的員工應該得到與現有員工和客戶同樣的尊重。如果你善待員工，員工也會善待你。

阿姆斯壯對退休老工人的溫情，贏得了所有員工的一致擁護。還有什麼比贏得員工的擁護更重要的呢？

王永慶「五顧茅廬」

東漢末年求才若渴的劉備三顧茅廬，請諸葛亮出山的故事人盡皆知。而企業家王永慶效先人之行，五訪「茅廬」，方請得當今台塑企業集團的首席顧問丁瑞鐵先生。

丁瑞鐵就讀日本著名的東京商科大學，曾任中國生產力中心董事兼副總經理，不久，轉入大同公司任協理，在金融界頗有地位。

西元 1964 年，公司成立前夕，資金短缺，經已故的中小企業董事長

第三章　用感情凝聚人

陳逢源介紹，王永慶認識了丁瑞鐵。當時丁瑞鐵任大同公司協理，因而婉言謝絕了王永慶邀他到台塑的誠意。但是王永慶沒有放棄，他深知人才難得，於是效劉備之法，先後五次盛情邀請丁瑞鐵加盟。在他真誠的感動下，丁瑞鐵終於答應了王永慶，決定赴台塑效力。丁瑞鐵赴任後，他開了民營企業取得長期低息貸款的先河，就此解決了所需要的資金。在丁瑞鐵的鼎力相助下，台塑創下了纖紡織業第一名，民營製造業第三名的成績。

　　王永慶不僅鼎力尋求丁瑞鐵這樣的社會名才，就連街頭市井的普通百姓他也不放過，他甚至招攬了包青天的第 43 代子孫。事情是這樣的：有一次，王永慶在紐約遇到了一個研究生化的華人，直覺告訴他此人能有所作為，於是王永慶熱情地邀這個學生進公司工作，這個學生沒要求任何條件直接答應，王永慶見他面容黝黑，又姓包，於是想起宋朝剛直不阿的包拯包青天。王永慶說：「我在感動之餘，冒昧地問一下，您很像包青天的後代。」這個學生說：「我是第 43 代。」於是，這位秉性剛直的包家駒就成為台塑企業醫學院的首席研究員。

　　王永慶的例子說明應徵人才要不拘一格，不僅要招收社會名才，也要招收無名小卒，只要對我有用，就來者不拒。但最重要的是，一定要有招才的誠意。

　　人才是難得的，尤其是白手起家而社會關係不足的條件下更是如此。對人才的吸引力，主要表現為以誠待人。這個「誠」字體現在很多方面，對自己孜孜以求的人才保持耐心，始終不溫不火，以禮相待，相信總有一天會攻克對方心中的壁壘。

　　我們在前文「有瑕疵的玉」裡談到的「醉羅漢」洛特納，就曾讓一心想聘用他的費爾斯通費了一番周折。

　　一天早晨，費爾斯通在公司的門口等洛特納，但洛特納卻情緒低落，

不願和任何人交談。洛特納不理睬費爾斯通，直接進公司工作去了。

但是，費爾斯通卻一直等在公司的大門口。

費爾斯通從早上 8 點一直等到下午 6 點。這時，洛特納才走出公司，沒想到這次他一見費爾斯通的面，便爽快地答應了合作的要求。原來洛特納出來吃午餐時，看到費爾斯通還等在門口，便轉身回去了。但後來，他知道費爾斯通整天不吃不喝，在寒風中等了近 10 個小時之久，他終於動心了。

費爾斯通用誠意與執著打動了洛特納後，利用洛特納手中的專利技術，推出新的汽車輪胎產品，在市場上一鳴驚人。

抓住員工太太的心

日本麥當勞為了鼓勵員工，想到了一個很得人心的點子 —— 抓住員工太太的心。在員工的太太生日的時候，麥當勞一定會向花店訂一束鮮花，送給員工太太。

也許一束花並不貴，但卻成了無價之寶。

日本麥當勞除了幾個節日外，每 5 個月都要發一次獎金。這個獎金原則上並不發給員工本人，而交給其太太。員工們已經稱這種獎金為「太太獎金」，因為錢直接開在太太的戶頭之上。

在送上獎金之際，公司一般都致函一封給這些太太：「今天公司所以紅火，都多托諸位太太的福氣。雖然，在公司勤奮上班的是你們的先生，但他們不知有百分之幾十是太太的助力。因此，現奉上的獎金乃諸位太太所有，不必交給你們的先生。」

正如〈十五的月亮〉中所唱的：「軍功章裡有你的一半，也有我的一半。」天性儉良溫順的日本太太自然也有支持丈夫工作的功勞。

第三章　用感情凝聚人

日本麥當勞每年還會在一流飯店開一次聚餐會，招待員工夫婦，在席上必然會向太太們拜託道：

「各位太太，您們的先生在公司裡工作都很認真，我想拜託您們的只有一件事，那就是有關各位先生的健康管理問題。我有心培養各位的先生成為世界一流的商業人，可是對於他們的健康問題卻無能為力。所以，這件事只有懇求你們多操心了。」

經此一說，各位太太沒有不精神為之一振的，一致高聲回答：「沒問題。」

日本麥當勞製造了如此溫馨的節目，在抓住員工太太的心的同時，也抓住了員工們的心。

加班宜少不宜多

身為領導者，有時讓下屬加班是迫不得已的，但不能經常這樣。然而有的領導者則不然，有事沒事都喜歡在下班前叮囑一句：「今天加班！」一句話把下屬的興頭全打沒了。這種加班的效果其實一點也不好。

偶然一次加班，可以刺激下屬的工作效率，但長期的加班，就會打擊他們的情緒，並不值得鼓勵。事實上，需要下屬長期加班，只會顯示出人手的不足和調配不當；加班只屬短期權宜之計，不能長期如此。如果你以為下屬會稀罕加班的額外收入的話，就未免太看輕別人了。

下屬經常加班，為他們增添了不少問題，除了家庭生活會受到一定的影響外，對工作本身並無好處。由於太晚下班，回家後還要處理私人問題，造成睡眠不足。睡眠不足，會使精神較難集中，以致影響翌日的工作情緒，效率和素養自然下降。

另外，有的領導者則喜歡在下班前交付給下屬工作，好像老師給學生安排家庭作業似的，跟上述的讓下屬加班並沒有本質的區別。

在午休或下班前交待工作，使下屬不能放下工作，影響休息和心情。加上勉強工作，也會直接影響其工作效率和素養。身為領導者，切記不要總是讓下屬加班，也不要在下班前給下屬安排工作。

別把員工當機器

美國哈佛大學教授賴文生說：越是富於人情味的人聚集在一起，就越能做出超人的事情。忽視人性的人，只能使工作陷入僵局。

在領導者眼中，下屬是人還是機器？這個問題直接關係到領導者採取哪一種管理方式，並能取得怎樣的效果。對此，大多數領導者和主管的答案都傾向於前者，畢竟以人為本的概念已深入到這些企業管理者的心裡了，但是也有一部分人例外。

有的主管認為下屬像一部機器，啟動它的時間應由自己做主，要它什麼時候停就什麼時候停，絕對沒有一點商量的餘地。有這種思想的主管不會得到下屬的愛戴；另一方面，下屬長期處於緊張狀態，對於工作素養及效率都沒有好處。

在一家跨國公司的員工辦公室，氣氛猶如冰冷安靜的倉庫。一位在該處工作的年輕人稱，公司規定員工在辦公室時間不得交談非公事的話，去洗手間必須到接待處取鎖匙，茶水間外駐有一位員工，登記往該處喝水的人。

這使得本來言笑語歡的同事，一到辦公時間，得立刻換上冰冷的面孔，整個人猶如被公司買下來似的，沒有絲毫的私人尊嚴。值得注意的

第三章　用感情凝聚人

是，這間跨國公司的業績並不見得突出，員工流動量也很大。大部分離職的僱員都認為那間公司沒有人情味，甚至做了 10 年以上的資深員工在離開公司時，也沒有一點留戀。

那間公司最失敗之處，就是忽略了人性的生理法則。人和機器的區別在於人有感情、自尊等精神因素，而機器則沒有。所以，那些把下屬當做機器一樣管理、使用的領導方式已注定了會失敗，只有以人為本才是最理想的管理方式。

將心比心，設身處地

美國前總統雷根中年時，有一次患病去醫院打點滴。一位年輕的小護士為他扎了兩針都沒有把針頭扎進血管，眼看著針眼處出現瘀青。正當他痛得想抱怨幾句時，卻看到那位小護士的額頭上布滿了密密的汗珠，那一刻他突然想到了自己的女兒。於是他安慰小護士說：「沒關係，再來一次。」

第三針終於成功了，小護士長長地吐了一口氣，她連聲說：「先生，真是對不起，我很感謝您讓我扎了三次。我是來實習的，這是我第一次為病人打針，實在是太緊張了，要不是有您的鼓勵，我真是不敢再繼續扎啦。」

雷根告訴她說：「我的小女兒立志要讀醫學院，她也會有第一位患者，我非常希望我女兒的第一次也能得到患者的寬容和鼓勵。」

這裡，雷根想抱怨小護士時，想到了自己將要讀醫學院的小女兒，將心比心，他鼓勵小護士不要緊張，從而使小護士能夠成功地完成任務。

將心比心，是老百姓常說的一句善解人意的俗語。如果我們在生活中

多一點將心比心的感悟，就會對他人多一點尊重、寬容和理解；會使人與人之間多一些諒解，少一些計較和猜疑。

身為主管，對待下屬不能過度苛刻，不能雞蛋裡挑骨頭般挑剔他們的工作。應該將心比心，多想一下他們的處境，他們的感覺。在生活、工作中，有許多角色在不停地轉換，在工作中你是他人的主管，但在某些場合你也許又不如他，此時你可能是服務者，但彼時就可能是被服務者⋯⋯

你希望別人怎樣對待你自己，最好要先去那樣對待別人。你想讓下屬都服從你的主管，就應該設身處地地想一想他們的苦衷。

寬厚待人，受人擁戴

在主管與下屬的相處過程中，主管若能做到寬厚待人，就能受到下屬擁戴。

齊國有一名叫夷射的大臣，經常為齊王出謀劃策，齊王也因此把他當作近臣，非常寵他。

有一次，齊王宴請他。由於他不勝酒力，喝得有些暈，便站起身來往宮門走去，想到宮門邊吹吹風。剛巧，宮門的守門人曾經受過刖刑，是個無聊之徒，想向夷射討一杯酒吃。夷射對他這種人非常鄙視，便大聲斥責道：「什麼？滾到一邊去，你這個囚犯，你是什麼身分，我是什麼身分，你竟然最向我討酒吃？！」

守門人非常憤恨。恰好這時下過雨不久，宮門前剛好積了一攤水，守門人便萌生報復心理。

第二天早晨，正巧齊王出宮門，看見宮門前一攤其狀不太雅觀的水跡，心中很不高興，便喚門人問道：「是誰敢如此放肆，在此小便？」

第三章　用感情凝聚人

守門人一聽，機會來了，故意支支吾吾地說：「我不是很清楚，但我昨天晚上看到大臣夷射站在這裡。」

齊王一聽，十分生氣，便以欺君之罪，賜夷射死罪。

夷射只因對他人鄙視，卻丟了自己的性命。九泉之下的他，在怨恨齊王的暴虐、仇恨守門人的狠毒時，難道不應該反思自己的錯誤嗎？

宋真宗時候，有一個以寬容待人聞名的宰相王旦。

王旦有愛清潔的癖好。有一次家人烹調的羹湯中有不乾淨的東西，王旦也沒有指責家人，只顧吃飯，而不喝湯。家人很奇怪，便問他：「你今天怎麼不喝湯啊？」

他說：「今天只想吃飯，不想喝湯。」

還有一次，飯裡有不乾淨的東西，王旦也只是放下筷子說，今天不想吃飯，叫家人另外準備稀粥。

身為主管，在與下屬交往時，無論是工作中，還是生活中，都要寬厚一點，不要尖酸刻薄。你對下屬寬厚，下屬也不會無動於衷，他們肯定會對你所作所為表示感激，有時即使下屬嘴裡不說，也會存有感激之心。他們會因此而擁戴你，願意為你效勞。主管對下屬若是尖酸刻薄，他們也會因此而有意見，會懷恨在心，在以後的工作中不再對你忠心，不再予以積極的配合，甚至還會找機會來報復你。

真心的關懷才是上策

忙碌的公司常常是工作一份接一份地來。因此很多主管在交待下屬工作時，只是指示了一個又一個要點之後就不聞不問了。

「希望你明天早上之前寫好這份報告。」

「你那件案子和對方談妥了嗎？談妥了的話就馬上到市政府去申請核准。」

要注意，每個下屬都不會閒著，都在工作著，而且他們有他們自己的計畫、自己的進度表。如果你臨時又下一道指示，他們當然只得重新調整自己的計畫，重新刪減或增添一些工作。這種愛插手的習慣偶爾為之尚好，如果是經常愛插上一手的話，下屬們怎麼可能好好發揮呢？

一個真正會替下屬們著想的主管，不只是會下命令、下指示，他在安排下屬工作時態度一定也很客氣。

「真抱歉在你這麼忙的時候還……」

「雖然你是第一次接這種工作（或者是做過好幾次了）」

分派下屬工作時如果能夠順勢加上一兩句客氣一點的話，下屬們自然而然會做一點讓步，與其用命令的語氣，還不如用一兩句體恤一點的話更能調動他們的工作積極性。

但如果你只是說話時比較客氣，又隨時要插手指揮下屬做事，還是會有些問題產生的。而且如果你干涉的次數太頻繁，你這些安撫的話早就被當成口頭禪了。以後就沒人會真心相信你了，大家可能還會覺得不耐煩，心想著「又來了」呢！這樣子的話，上下級之間就沒有任何信賴關係可言了。

一個在業務非常繁忙的公司上班的主管，一定得花些時間做一份工作安排計畫表。例如：

★ 排定每位職員每日、每週、每月的工作進度，然後再作綜合性的調整。

★ 主要業務的進度、個人業績等，可用圖表標示或用電腦管理，然後貼在牆上或布告欄等處供大家參考。

第三章　用感情凝聚人

★ 主管必須隨時到場檢查加班的實際情形。

★ 視情況需要，檢查、籌備、支援或對外訂購、發包。如果進度仍然趕不上，可以考慮向上反映增加人手的問題。

★ 視下屬能力、工作變化、環境改變等不同條件，定期（至少一年舉辦 2 ～ 3 次）檢查工作量的分配問題。

　　許多有能力的主管都是這麼做的。而如果你沒做好自己分內的工作，一味只想用安撫的話支使下屬，可能就會產生很多問題。

　　不管你口頭上說得多麼漂亮，還是沒什麼用的。認真做事，發自內心地關懷下屬才是上策。

切勿冷漠對待新職員

　　新職員要適應環境，未必能在短時間內有所表現。主管應予以體諒，並幫助他儘快適應環境和新工作。

　　如果任他自行適應的話，可能使他產生被忽略的感覺，以為承擔的是一些可有可無的職務，失去了進一步求知的慾望。因此，在錄用了新職員後，首先必須要求他儘快學習新知識，並指定某些職員是其學習的對象。最重要的是，要負責指導新人。有些下屬喜歡排斥新人，故意要新同事做些大家不願意做的工作，從而打擊他們的意志而思退。

　　主管應按時詢問新下屬的學習感受，如果看見他欲言又止的態度，就應該心中有數，改由其他下屬指導，或安排他做另外的工作。許多主管以為包庇舊下屬是寬宏大量的風度，但此舉反而會影響新職員適應和學習新知識。

　　當新職員接受了指導後，別忘及時加以讚揚，一句「領悟力高」或「很聰明」，都能令對方心花怒放，他會更專心地學習下去。

安排新任的僱員接受短期專業培訓，有助於他們對該行業或本身的工作有更多的了解。下屬接受過培訓，必須給他們發揮的機會，除了使他們有練習實踐的機會外，也不會浪費公司的資源。

任何員工均有資格接受短期培訓。許多公司的主管挑選被認為有潛力的下屬接受專業培訓。然而，下屬是否有潛力，很難從表面的了解中得知。一些表現不十分突出的人，其智慧可能仍在發掘中；相反，許多表現良好的人，其實將潛力已盡露，難有更佳的發揮。由於上面的原因，主管派遣員工接受專業培訓，應公平地推薦所有員工。

身為主管，對新、舊下屬要一視同仁，不要有差別待遇。

日本三洋機電公司在岐阜「薔薇園工廠」建成以後，決定在新職員進廠的第一天舉行一次隆重的迎新儀式。內容包括兩大部分，一是新職員進廠歡迎大會，二是種植 3,000 株薔薇花苗。這天清早，公司負責人井植薰一早就趕到了工廠，檢查了這兩項活動的所有預備工作。然後，他讓籌建工程的主要負責人員陪他一起查看新落成的單身宿舍。他發現，宿舍的建築、室內裝修和各種生活設施基本上都符合設計的要求。但是，當他進入職員浴室轉開水龍頭時，發現因水管內壁生了鏽，流出的水十分渾濁。他馬上問負責宿舍施工的一個工程師怎麼回事？工程師回答他說：「新裝的水管，通水試驗後又很少使用，是會生鏽的。」井植薰立刻安排其他工作人員去打開浴室裡所有的龍頭，放掉濁水，自己則跑到水泵房去檢查水泵的工作情況。這時，他又對身邊的工程師說：「還有鍋爐裡的熱水，可能也有鐵鏽，你馬上讓司爐工把水全部放掉，等水清了以後再重新燒！」

事實上，新蓋浴室裡的水有點發濁，並不是一件很大的事情。但是，怎樣對待這件事卻是一個重要的問題。等他們把水都放完後，井植薰對他們說：「今天是新職員入廠日，來的都是些年輕的孩子，而且大部分是女

性。他們剛剛離開家庭，來到我們的工廠，心情一定非常複雜。我們做事就要站在她們的角度去考慮。如果進廠的第一天就碰到發渾生鏽的洗澡水，那麼，她們的內心就會留下一片難以抹去的陰影。所以，我不允許這種事情發生，更不允許你們對這件事採取無所謂的態度。」

井植薰的行動與語言，值得每一個企業的主管深思。

為要走的人開歡送會

企業主管強制留人，卻不知道也許你留得住下屬的人，留不住下屬的心。

有這樣一個典型案例：某廠技術科負責人郭某設計的產品曾多次獲獎，對廠內貢獻很大，廠裡獎勵過郭某一間套房。後來，廠裡懷疑郭某私下為外廠做事，便撤銷其科長職務，調到與技術無關的職位。郭某因為發揮不了特長，要求調到某關係企業，企業堅絕不放人，因為當時廠裡經營十分困難，專家團隊狀況不穩定，同意郭某調走將會使更多的技術人員外流。而郭本人去意已定，不願意繼續在廠內工作了。最後經勞資部門仲裁，郭某終於去了關係企業。

再如，某企業好不容易應徵到的幾名德語翻譯突然提出辭職，管理人員堅持不同意，因為合約未到期，放走幾人會跟著走一大批。問題反映給總經理，總經理指示很簡單：「凡是要走的員工都應該同意他們走，強制留人，心情低落，是做不好工作的。」他們臨走時，總經理特別開個歡送會，送給每人 1,000 元紅包，一張名片，表示以後有困難可以直接找他，願意回來也可以。一席話說得大家熱淚盈眶，後來他們果然又回到這家企業，並且還推薦了幾個人。猶如「塞翁失馬」的故事，不但失去的馬回來

了，還帶來了更多的馬！另外特別值得一提的是，本企業的人也從這個歡送會中體會到企業的溫馨，增強了團隊的凝聚力。

對於人才流動，首先要搞清楚人才流動的意義、作用和發展趨勢，人才流動是人事制度改革中的產物，對企業中傳統的幹部「部門所有制」、「員工服務終身制」是一大衝擊。人才合理流動有利於勞動力的最佳組合，充分發揮人才的潛力。

其次，對企業來講，人才流動也是好事，企業可以到廣闊的人才市場去挑選人才。然而，人才流動也會對企業產生較大的壓力，要留住人才，企業就要有凝聚力，就要重視人才，關心愛護人才，為人才成長創造一個好環境。

第三，對於執意要走的員工還要釐清他調離的動機。是因為和領導者、同事關係不融洽，離家遠，還是因為公司營收差？然後再說服下屬留任。如果企業在用人、關心人等方面確有失誤，可以坦率地承認錯誤並立即改正。如果做了很多努力對方仍然要離開，明智而現實的做法是開綠燈放行，因為強摘的果實不甜，留人留不住心，只會產生副作用。

強制留人，不但對下屬不利，對自己也不利，實際上是一種愚蠢的雙輸行為。

第三章　用感情凝聚人

第四章
用利益激勵人

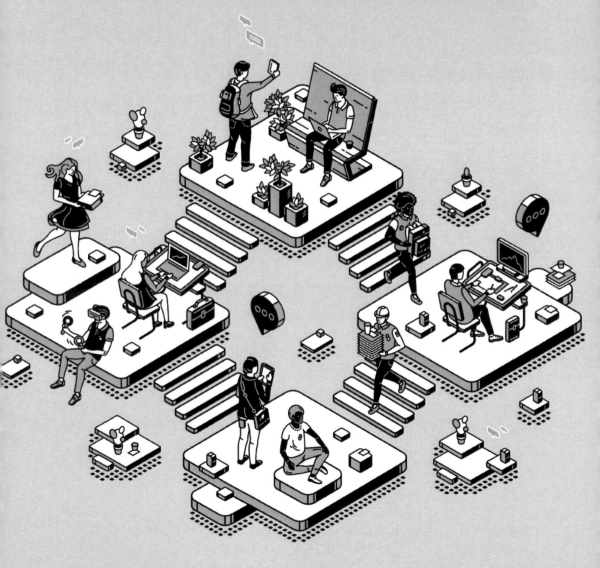

第四章　用利益激勵人

企業的薪酬高，獎金多，住房醫療全包，最好每月還有其他補貼，如果再加上工作輕鬆，那真是人人羨慕的最好福利。然而，這已經是過去式了，現代人會認為這樣的工作就像讓你吸毒一樣，會廢了自己的「武功」。這樣的工作環境不需要你提升自己的能力，不給你鍛鍊的機會，等你年齡大了，一旦離職，留給自己的將是無限的怨悔。因此，提供再培訓，讓企業員工擁有專業技能和知識，具備成功者的素養，企業給予他們的將是終生受用的無形資產，這才是最好的福利。

人類社會邁入 21 世紀，開始告別工業社會，進入資訊化社會，在這種經濟環境發生劇烈變化的時代，我們必須學會改變自己以適應工作環境的變化。

不要再以為企業員工在工作中所需要的絕大部分知識，光靠學校所學到的就夠了，現在進入了知識經濟時代，專家們認為，知識每五年更新一次。換而言之，五年前的大學生，如果不學習新知識的話，現在已經落伍了，因為五年前學到的知識，到現在已經被更新得差不多了。知識會折舊，人也會折舊。

員工再培訓在外國已進行多年，是眾多著名外資企業賴以生存發展的資本。正是憑著其規範、科學的培訓機制，他們方能在世界各地「攻城闢地」，占領市場。企業有了培訓機制，才能有效地保證每一名員工素養的一致性，員工與企業運作的協調性，才能保證企業內部穩定運行的每一環節能完美有機地銜接。但有些企業界管理者還未將管理訓練與考績、升遷、加薪、獎懲等人事決策適當的掛鉤，頂多只是將再培訓當做參考而已。而且公司與企業往往只注意短期培訓，忽略長期規畫。由於知識與管理技巧的日新月異，不論何時何地都應保持和經濟發展的潮流與時俱進，不斷接受不同性質的再培訓，規劃出長期統一、見木又見林的企業再培訓計畫。

據著名財經雜誌在一份對職業經理人的總體情況調查報告顯示，其中在企業福利的調查一項中，福利待遇包括了實際福利與培訓進修兩個方面。85.7%的經理人普遍反映，與醫療、住房等其他方面的福利相比，他們更看重培訓進修，培訓是最大的福利。

也許把再培訓工程比喻成防洪工程更貼切，投進去一些錢，看不出太大的效果，彷彿只是花錢，暫時創造不出直接的經濟效益；但如果省了這筆錢，隨著泥沙越堆越多，河床越來越高，一旦洪峰來了，造成潰堤，損失的可能是幾百個億、上千個億。當然，再培訓也不能偷工減料，空有一個不實用的虛架子，不但發揮不了實際效果，還賠上了時間成本和機會成本。

如何培訓你的員工

「培訓員工」無疑是領導者的主要職責之一，然而很多人在這一方面的表現都不及格，其所持的理由是：「唉，哪有這個閒工夫去教他們？」其實真正的原因是：「天哪，要怎麼去教他們呢？」有時候主管們會採取權宜對策，由公司出資將下屬送去受訓。這只是解決一部分的問題，某些時候還是得你親自和員工做一對一的講解或示範，比如當你準備要將某件工作交給他們的時候。

然而許多主管依然視之為畏途，因為這種一對一的教學方式確實很花時間。但要是你還想更上一層樓，這種投資是絕對划算的。因此你應該把這件工作列為重要事項，盡量在百忙之中抽出時間去培訓員工。

你是用自己的方式去培訓員工，還是只授權給他們就放手不管了？培訓是一門藝術，也是一種教別人的方法，並不是每一個人都擅於此道。如果你是主管的話，除了要有良好的學習能力之外，還要精通如何教導別人。

第四章　用利益激勵人

你是一個完美主義者嗎？你對你自己的期望有多高？如果你對你自己的期望很高，而對自己的錯誤又不能容忍的話，你也一定不會容許其他人犯錯誤。培訓員工以後就叫他們自己去做，是要冒很大風險的，你願不願意承擔這個風險，還得視這個錯誤對你部門有多少影響，以及得付出多少代價而定。這裡就牽連到另外一個問題了，那就是你的管理方式與控制方法到底需要多嚴格？有許多員工對自己的主管時時檢查他們、巡視他們、幫助他們、建議他們、抱著非常感激的態度；而另一些員工卻可能會有受到「傷害」而且「窒息」的感覺。要了解下屬到底是屬於哪一種人十分簡單，只要和他們聊聊，問問他們就可以了。每一個下屬都有他們自己的想法，並用這種想法面對一切事物。如果你頑固不化，非要強迫別人接受你的方式時，一定很容易和他們發生衝突；但如果你對一切事情都抱著無所謂的態度也不好，結果使你往往無法控制住整個形勢。所以你務必要客觀地了解你自己，看看自己有哪些不足之處，有則改之，無則加勉。

為了要成為一位成功的主管，你必須知道如何訓練你的員工，下面這些就是你應該具有的態度：

■ 事先應有所準備

首先要了解員工過去所接受的培訓，以及有哪些工作經驗，還有對他過去所負的責任也要透徹地了解，這樣才能借助他們已有的經驗來幫助他們接受新的培訓，把他們已知及未知的事情混合在一起教的話，會增加他們的學習速度。另外，培訓場所以及所需的設備，也一定要在他們報到之前先準備妥當。在培訓開始時，一定要分配點簡單的工作由他們做，這樣才能儘快讓他們感覺到自己是這個團體的一分子。

■ 多關心他們

進行培訓之前，可先打開話匣子聊聊天，問問他們上班搭車或開車方便嗎？搭乘什麼交通工具來的，再問問看看他們有什麼需要幫助的地方？還有放假、請假的相關規定也要一併告之。此外，還要指派某人或自己作為他的「監護人」，不管是公事或私事上的問題，都可以向你們請教，有時候私事也會影響工作效率呢！

■ 多指導他們

他們應該知道公司的哪些政策或工作程序？有什麼安全規則，作息時間，如什麼時候吃午餐、什麼時候休息等等也都要儘早告知。另外，哪裡可以找到文具？影印機在何處？如何操作？這些都是必須儘早告知的。

■ 讓對方隨時可以得到幫助

在他們整個學習過程中都要密切注意掌握培訓進度。要讓他們知道你預計多久檢查考核他們一次，以及要檢查考核什麼項目？這樣他們就可以知道工作的標準與要求在哪裡？期限是什麼時候？不至於事到臨頭驚惶失措。如果員工了解到你的檢查工作只是查看一下工作進度，或是提供他們極需的幫助時，他們一定會樂於接受的。有些人即使面臨困難都不願意（或不好意思）開口求助，因此你必須時時觀察、處處關心地問問他們，付出更大的關懷與愛心。某些有教育背景的人會認為求助於人是一種弱者與愚笨的表現，但在另外一些有教育背景的人卻視這為主動積極、有工作興趣的表現，這些都是你要掌握的事情。此外，要求員工不具名的表達自己工作的滿意程度，倒不失為一個可行的方法，但你事後一定要對員工的建議事項儘早給予解答，而且也要求所有員工都習慣這種做法。

第四章 用利益激勵人

要讓人「改頭換面」

培訓員工的最終目標，是讓被培訓者都能成功地完成其為企業人士的責任。也就是要讓實際使用某種知識和技能的人掌握得更為熟練和自覺。

所謂培訓，就是要改變對方，對於這種定義，我們要從結果來評斷其是否成功。如不管你多麼賣力地講解、傳授，而對方卻一點也沒有改變，那就等於完全沒有作用，當然也更談不上培訓了。

要讓對方改變，就是為了使受訓的企業員工儘快走上正軌。而改變的要點大概有三點：

★ **去除不良習慣**：對員工或新進人員的不良生活習慣或怪癖，要主動地去改變它，一直到自己覺得滿意為止。比方說，要是公司裡的員工聯絡欠佳，不能做好團隊的互動，也不做請示報告等，有很多需要改善的習慣，這時，你就應該設法幫助他們改善這些不良習慣。如果沒有改正這些壞習慣，不但會降低公司的工作效率和信用，周圍的人也將不再信賴。

★ **培養新的能力**：員工過去做不到的事情，希望現在能做到，而且這些要求每年都會增加。因為員工每年都會調薪，而且每個人又都期望有新的進步，所以，全部員工的能力，也都會逐漸提高。想判斷能力是否增加，應該以本人對這種新能力是否有自信，及一定的考核標準而判斷。

★ **改變態度**：新員工開始對事物的看法或態度，完全沒有概念或計畫，只是一味盲目地進行。而改變態度之後，不僅事前會充分地準備，即使臨時有事，也能非常快速而有效地處理。另外，如以前要他做某項沒有經驗的工作，他就會說：「我不會做！」等改變態度之後，就不

116

會說這種話了，反而會積極參與新的工作，並把工作當成新的挑戰。諸如這般情形，都是改變態度而造成的結果。

如果由這三方面來解釋培訓工作，那麼你是否已改變了員工或新進人員，就可以一目瞭然了。

心急吃不了熱豆腐

前面說了，培訓人才就像從事農業。這意味著培育人才是一件須花費時間的工作。如果「拔苗助長」，不僅對個人，對公司也會產生不良的影響。

工作和人的思想步調是不同的。工作需要用穩健的步調快速地進行；但人卻必須配合對方能改變的速度而進行。所以，人的前進步調總是比工作慢。雖然只是讓人做一點小小的改變，但起碼要花一個月的時間。而且就一般情形來說，培育人才的過程，有時需要花費半年或一年，甚至是好幾年的時間來改變一個人。因此，要想快速而表面化地改變，往往欲速則不達。

但是，常常有領導者認為，人改變的步調和工作的步調是一樣的，因此，一味急切地要求別人改變。然而，被要求者卻無法如此快速地改變。簡單地說，其實你只要回顧自己成長過程中的改變速度，就會知道一個人的改變並不是那麼容易的；同時也須了解，自己無法那麼快速地改變，卻要求別人要辦到，這實在是一件很不合情理的事。

例如，某員工有個不好的習慣，你已經提醒過此人應多加注意，而這個人也表示已經知道。但是，不久之後他又犯了相同的錯誤，你因而生氣地認為，提醒他實在是毫無作用。事實上，這種想法是不對的。

第四章　用利益激勵人

改掉不良的習慣，雖然比起培養新能力，或讓一個人改變態度，所花費的時間會比較短，但最起碼也需要一個月的時間，長一點的話，可能需要一年左右的時間，需要不斷重複地提醒他。所以，你為了員工一時無法改變的壞習慣而生氣，實在是毫無道理的。因為壞習慣已成為對方的生活習慣，所以，他只是無意識地做出這個動作，根本完全沒有惡意。這一點，你只要想想自己的情形，應該很容易了解的。

認為只須提醒一次，對方就可以完全改掉不良習慣，這種想法是錯誤的。平常，你如能心平氣和，用冷靜的態度重複提醒員工幾次，他的壞習慣自然就會消失。如果你認為現在他無藥可救，這就等於管理者本身的失敗。

培育人才是需要耐心的。工作和時間的基準不同，所以，耐心地等待自然的改變，是很重要的。一般的管理者都有性急的傾向，這對於培訓人才，是有百害而無一益的。因此，育才的成敗，取決於你是否能以時間為基準，而把工作和人分開。

育才就像從事農業生產，要花足夠的時間才能完成。同時，也要在各個季節，做各種必要的培育。最後，還要有耐心地等待它開花結果，一點都不能性急。也就是說，要心平氣和、不斷地培養，並且有耐心地等待植物茁壯、成長。用這種方法，因為須花費很多的時間與心思，所以看見開花時，就會特別的喜悅。同時，這種培養人才的寶貴經驗，是任何東西都無法取代的。

培養人才是無私的職責

　　何先生在部門負責人任內，就嶄露頭角，取到很高的業績，所以很快就升為董事。據說他很懂得培育人才的方法，所以一直被認為是公司未來的重要角色。但是，後來他在工作上卻沒有什麼表現，結果被派到某機關當幹部，不久他就辭職了。

　　後來，恰好有個機會，我聽到了當時的總經理談起這位何先生，他說：他是一個很優秀的人，智商也很高，只是培訓員工的方法值得商榷。他對聽話的員工特別寵愛，而對那些不順從的人非常冷漠，這種情形不僅很嚴重，甚至有濫用職權壓迫員工的傾向。

　　雖然公司覺得捨棄他的能力很可惜，但是，像他這種本位主義嚴重的人，實在也無法做個好的管理者。

　　培育人才的目的是什麼呢？是為了要提高被培訓者的能力，讓他成為一個有用的人，絕不是為了自己的利益，而訓練人才。

　　總經理又說，何先生就是為了擴張自己的權力和勢力，才積極地訓練員工。所以，就特別寵愛聽話的員工，而排斥不聽話的員工。

　　如果領導者採用這種方法，只是徒然造成一群唯命是從的員工，這樣，也會在公司裡形成派系，破壞整個公司的團結。屆時，你所關心的就不再是如何使他們做好工作，而是這個員工究竟是屬於那一派。如果形成這種局面，公司的處境就相當危險了。

　　像何先生這種人，絕不可以讓他當董事，甚至連第一線的主管都不行。事實上，員工對他的行為也都很敏感，且常常能夠一目瞭然，因此像何先生這種人是無法得到別人的信賴的，最後甚至連工作也保不住。

　　培育人才是無私高尚的職責。如果因為自己栽培某人，就要他聽命於

己，實在是一種很狹隘的想法。不求任何報償，衷心地希望員工和新進人員能有所進步，而拚命努力地傳授知識，這才是真正的育人之才。

不要擔心教會了徒弟餓死師傅

王先生是行銷部門的新秀，他在陳經理的高壓統治之下居然還能撐上半年，而且業務成績斐然。因此他也開始對自己充滿自信，希望他的經理能念及他那股強烈的上進心，助他更上一層樓。

於是在某天早上，他鼓起勇氣走進陳經理那間令人不寒而慄的辦公室去毛遂自薦。

「經理，我來這裡已經有一段時間了，也替公司拉了不少生意。既然我的表現不差，是否可以給我一些升遷的機會？」

「什麼？講這種話會不會臉紅呀？識相一點的話就快點給我滾出去，不然等到我發火就來不及了！」陳經理馬上變臉了。

王先生依然心平氣和地據理力爭，「我想上司提攜員工是理所當然的，既然我的業績一直名列前茅，那能否考慮讓我接一些大客戶呢？」

「哼，你夠資格嗎？這些大客戶都是我們的主顧，萬一把事情搞砸了你就吃不完兜著走吧！不跟你說這麼多了，反正這些事情還輪不到你來擔心。」

「我承認自己在這方面是個新手，但是我可以學呀！憑我的學習能力……」

「算了吧！等你學會了，那些大客戶早就被你趕跑了。」經理不耐煩地打斷了他的話，「俗語說的好，嘴上無毛，辦事不牢，這都是要靠經驗的。老實說，這些大主顧要不是看著我的面子，早就跑掉了，你居然還異

想天開，跑來我面前自吹自擂。還是乖乖做你自己的事情吧！」

面對這個不可理喻的上司，王先生也不願再自討沒趣了，一臉惆悵地回到了辦公桌前，思考下一步該怎麼做。

從這番短暫的對話，這位經理在管理態度上的過失可說是暴露無遺。他不願，也不敢放手去培養自己的員工，因為他內心中有太多的顧慮，認為手下都是廢物，擔心傳授專業知識與心得給員工後，會動搖他的主管地位；擔心派手下出馬後，會砸了他的金字招牌；又擔心他們做得太好會讓他鎮壓不住。總之，他根本無心去栽培員工。

給企業永遠的生命

每年都有新人進入企業界，在各種工作職位上從事各類任務，同時，又有老職員退休離開企業。雖然這些人離開了，他們所工作過的公司仍然會留下來，在社會中繼續燃燒著公司生命的火花。

在時代飛速發展的歲月中繼續存在的公司，自身的結構和業務內容都會改變。自己當時花費心血所做的事情，早晚都會成為毫無重要意義可言的事情。而且，很可能連我們一生在公司所從事的工作，都會變得毫無意義。

但是，我們能把一件事永遠留在公司裡 —— 那就是培育後輩，把他留在公司裡。

有一種想法認為人、物、金錢等，是企業經營的基本條件。這種想法我認為有問題。因為它把人視作和物質、金錢同樣的東西，都當做是一種經營的手段而已。事實上，經營是因為人而存在的，如果這個人的能力高，就能自由地創造物質和金錢。

第四章　用利益激勵人

現在的經營需要研究開拓發展，開發市場的能力，產品技術、品質繼續提高的能力等各種廣泛的能力，以及統籌安排這些能力的力量。而這些能力都是人創造出來的。

雖然我們人已經離開在那裡工作一輩子的公司，也應該要有能留下來的東西，以便用它來證明自己的努力，這是人之常情。如果在長年的企業生涯中，只是為了生活費用，撫養妻兒老小的話，可以說是非常庸俗無奈的事情。

而培育人才，就是把自己永久的生命留在企業裡面。想一想，我們共同培育下一代，而下一代重複我們的工作；這樣，自己所用於培育人才的努力，就會長久地被流傳下去。

事實上，培育人才就是把自己的生命種在企業中，同時也是一件最高尚、最有意義的事情。

在年輕的時候，可能不太會感受到這種感覺，但是到了某個年齡段之後，就特別會產生這種感覺。當那些被大家認為無藥可救的人完成標準工作的時候，或是確認出對方想法或行動有改善的時候，以及自己所培育的人完成了能使企業發展、進步的大事情時，自己所產生的那種喜悅心情是任何獎勵都無法取代的。

培育人才，就表示要做長期踏實的努力，而且這件事的成果不一定經常能獲得別人好的評價。不過，別人的評價並不重要，重要的是自己究竟給公司留下什麼東西？

依照自己的信念，不論別人欣不欣賞，都把這個信念留在公司裡，可能就是培育人才的本質。

工作場所是培育新員工的沃土

剛被錄用的新進員工，一般都會先接受幹部的訓話，或接受對整個企業應有的知識教育；或是到工作場所去實習、做團隊訓練等綜合培訓。然後才正式分派到各個工作部門去。這種在人事部門所接受的培訓，短則一個星期，長則要做 6 個月到 1 年等不同的期限。

有些人對新員工的這種綜合教育有很嚴重的錯誤理解，認為經過新員工培訓之後，新人就算接受了十分完整的教育。所以在對新員工的教育結束後，就把新人分派到各個工作場所去，開始加以使用，這種想法實在是非常錯誤的。要知道，對新員工的訓練，是在分派到工作部門之後才開始的。事實上，工作部門才是正式教導新員工的地方。

新員工綜合培訓，是教導新員工成為一個企業人所應知道的事情。它的主要目的是要讓新員工適應企業的各種關係，並讓他們獲得基本的體驗。這種培訓本來是在新員工分配到各個工作部門之後，由老職員、主管所做的事情。但因為是企業團體，所以需要做統一的入廠教育，同時，比單獨培訓經濟得多，所以才採用這種綜合培訓方法。

綜合培訓都有限度，因為這種脫離了工作場所的訓練，不能直接指導工作。同時，不管綜合培訓有多麼周到，接受培訓的人過多，也無法改善不符理想的習慣或想法。

簡單地說，企業團體中要培育新人的地方，就是他們被分派去的工作部門。所謂的綜合培訓只是一種輔助的手段，是為了讓各個工作部門都能順利地從事本職位的工作才設立的。

但是，隨著綜合培訓體系的擴展，許多人就認為培訓是人事培訓部門應該做的事情。他們認為工作場所只是用人的地方；但是由於受到人事部

門委託訓練新員工，才在用新員工工作之處，給予一些教導。

　　新員工被分配到工作部門那天開始，工作部門就要負起一切培訓的責任。綜合培訓不過是助跑，只有經由具體工作職位所進行的培訓，才是真正的教育。在這個工作的職位上，新員工才能培養出具體的工作能力。要了解，工作就是培訓，培訓就是工作。

　　每一個人的情形都不盡相同，所以，同樣的培訓無法使每一個員工都成為人才。在此情況下，最重要的是把每一個人分別看清楚，並分別對他們做適合個人的指導。而這件事情，只有工作部門的主管，老職員才能做到。

並非培養接班人

　　對於培育員工的問題，有人認為是要栽培自己的接班人，甚至有人認為做培育人才的工作，會喪失自己的主導權，最後連工作都難保。正因為這種不安的心理，所以有些人口頭上說要育才，而事實上卻暗暗地扼殺人才的形成。

　　這些想法當然都是錯誤的。如果各部門都是分別培養自己的接班人，那豈不是意味著，新進人員只要一進某部門，就得在該部門待一輩子了嗎？事實上一家公司在幾十年之中，會產生許多變化，而人事上的變動更是不可避免，所以那種情況是絕不會發生的。

　　培育人才的工作，是同期的領導者們應該共同參與的重要工作；對象則是所有在職的員工和新進人員。同時也要認知到：自己所培養的員工，有可能在自己負責的部門待一段很長的時間，也可能隨時會被調到其他部門去工作。

　　簡單地說培育人才是為了讓他將來能勝任公司的各種職位，而且，老職員更應齊心協力，以培育出能承擔將來公司業務的人才。

一般來說，即使是同樣的一個職位，現在所做的工作一定比十幾年前所做的，會有很大的進步。因此，即使自己所培養的人跟自己在同一個部門工作，仍然應該具有與自己不同的能力。同時，如果這個接班人只是先行者的翻版，那就會完全喪失其獨立的性格，一旦被調往其他部門，他的這些才能可能就完全無法發揮了。

那麼，共同培育下一代，是要使他們具有什麼能力呢？簡單地說，就是要培育出一種全面的人才，讓他們不管工作條件如何改變，職位如何變遷，都能游刃有餘並用自己的方法處理問題。也就要培養出一個通才，能克服現在主管所沒經歷過的新問題。從另一個角度來說，就是要培育出能力比自己強的人。

所謂共同培育下一代，就是說如果員工已能在自己的培養教育下，順利地發展提高工作能力，那麼，就該把員工派到其他領導者那裡去，學習尚未學過的本領。也就是要讓他從不同角度發掘潛能。同時，如果認為員工在自己部門已經沒有任何事情可以學習，那麼，也應該要讓他到企業內的其他管理者那裡，學習更多的知識和技能。

員工並不是私人物品，且最重要的是要提高每一位員工的思考和工作能力，同時有能力處理過去辦不到的事情。因此，共同培育下一代，其重要的意義就在此。

農業型的培訓是很好的辦法

美國有一段時間常流行幹部培訓計畫 —— MDP 的活動。這項計畫首先明確地規定，各種職位的員工所需要的才能，同時，每種職位都設有好幾個候補人選。然後，比較候補人選的能力和職位所需要的能力，找出其中的差距。最後，針對這些人所缺乏的能力，派到特定的職位上接受特別

第四章　用利益激勵人

的訓練。

這個方法雖然很有趣，但是我懷疑，這不就是把人和物一視同仁了嗎？事實上，這種方法就是把員工當成工廠生產的產品，而將有缺點的部分加以修改或加工，然後稱之為培育人才。

人是不同於物的，不管誰都會有優點和缺點。因此，創造符合某種規格的人，並不是讓這個人充分發揮能力的最佳方法，而是讓這個人的能力獲得提高，才是最好辦法。

人與物之最大的不同點，就在人本身會有想進步的衝動和意念。所以MDP 這種方法只是一種工業型的觀點，其實是大有問題的。

所謂的人才培訓，應該具有農業型的觀點才更為貼切。也就是說，播種原來就有生長能力的種子，等它發芽之後，再適當地澆水施肥幫助它成長。在幼苗時期，要小心預防風害，以免被風吹折；再長大一點要及時剪枝，以免它往不該生長的方向延伸。簡單地說，就是要重視這個人本身的成長潛力，以有助於他茁壯成長方式來幫助他。

但是，這並不是要對他施加壓力、讓他改變自己的喜好，而走上不喜歡的道路。最重要的是，要創造出能讓這個人充分成長的環境，讓它很順利地開放出鮮麗的花朵，結出豐碩的果實來。

用這種方法培訓經驗豐富的老手，可能比培訓年輕人更適合。同時，它對於培訓技術或者專業等自我意識高的人也非常重要。

對年輕而有經驗的人，要先指導他做好基礎工作，並嚴格要求，希望他如何做，並要隨時指正他的錯誤。

對於有相當經驗並且相當自信的人，使用農業型的培訓方法，可以說是最好的方法。

如果你的員工太年輕，而你使用農業型的培訓法，或者員工經驗已非

126

常豐富，而你用工業型的方式必培訓，這都不太適宜。

一定要結合對方的具體情況，而決定主要的培訓方法。

魅力無窮的卡內基訓練

到目前為止，除美國和加拿大外，全球有 68 個國家和地區設有卡內基訓練機構，畢業學員已超過 300 萬人。亞洲的日本、菲律賓、新加坡、馬來西亞、印尼和香港等國家和地區都有卡內基訓練的分支機構。在美國，每年在這方面的投資已超過 400 億美元。這種把朗誦兒歌也納入其內容的訓練，為何有如此旺盛的生命力呢？因為，員工個人的工作能力固然是事業成敗的主要因素，但在企業，一項任務的成功完成往往是團隊工作的成果。一個人無論能力有多強，仍需要上司與下屬之間的相互合作，群策群力方見成效。因此，同事之間的融洽相處，部門之間的和睦，亦是成功的重要因素。卡內基訓練就是幫助你把員工訓練成能夠正確地表達自己的想法，並能與上司、同事和下屬溝通的人。

卡內基訓練與一般企業管理課程的不同之處，就在於它很少長篇大論，每個學員都要參與討論，扮演角色，作簡單演說，課後還要將所學的方法反覆練習，下次上課時，報告練習情況，交換心得。

這種訓練方式很奇特，你必須當著眾人的面，表露自己內心的感覺，包括喜怒哀樂；你必須在一分鐘內明確闡述一件事，就像站在上司面前談論你的未來規畫一樣；你還要學會在某些場合不說話，多聆聽，讓對方感覺自己很重要；你要學會對所有的人，包括朋友、同事、上司、顧客和家人，一視同仁地微笑。透過這些訓練，即使是最內向的人，也會向人敞開他的心扉；使只考慮自己的人，也會開始學會為別人著想。

第四章　用利益激勵人

很多企業的老闆表示，員工接受卡內基訓練之後，最大的收穫是企業內部氣氛變得和諧，以往各部門主管因工作性質形成的對立關係漸趨緩和，各部門之間能合作行動，取得事半功倍的效果。世界最大乳品超級市場老闆雷納說：「即使出 100 萬，我也不會交換在『卡內基』所學的東西。我們做什麼事都以它為標準。」在號稱美國紡織界領頭羊的密立根公司有這樣一條規定，除非你接受過卡內基訓練，否則別想升遷。對這家公司的員工來說，最重要的兩點是，了解自己的價值和團隊合作的重要性，而卡內基訓練能幫你做到這兩點。

溝通與人際關係是卡內基訓練最主要的課程，此外還有管理、銷售、顧客關係、策略簡報、主管形象等訓練，主要特點是灌輸正確的觀念。學會和掌握卡內基訓練方法，對培養出訓練有素的員工和管理人員非常有效，老闆也應以這種訓練方法來提高自己的素養和管理技能。「卡內基訓練」具體包括下列內容：

★ **真誠地讚美**：受訓者應學會在 15 秒鐘的時間內說出對一個人的欣賞之處，但絕不是討好，不需要證據來支持。在雷納或密立根公司，「好事不出門」也會受到獎勵。雷納公司每月要選出一位「當月之星」，給他一面獎牌，每一位主管都會向他祝賀。密立根公司當月得獎的員工在 30 天時間裡，可享受在本公司的停車場裡任意停車的獎勵。

★ **真正地關心他人**：受訓者應該像迪士尼樂園的員工那樣，必須記住每個人的名字。學會鼓勵他人多提供建議，並採取行動。密立根公司的員工平均每人每年會提出 20 項改進工作的意見，其中 85% 會被公司採納。雷納公司的員工在接受了訓練後，每人都得提出一個能為公司在一週內節省 20 元的點子。

★ **不批評、不責備、不抱怨**：受訓者應學會避免批評、責備和抱怨，因為「批評常徒勞無功，批評會逼人為自己辯解、為自己尋找藉口」（卡內基語）

★ **幫助領導者進行管理**：受訓者應學會突破自我，幫助老闆改善管理，清除部門的障礙，懂得「一個很有才華的人，如果他無法將自己的構想說給董事會或委員聽，實在是件遺憾的事。」（李・艾科卡語）

★ **學會站在別人的角度看問題**：在雷納公司超級市場，員工們穿著牛、雞、鴨的戲裝接待顧客，就像在迪士尼樂園一樣蹦蹦跳跳，以保持積極的工作態度，同時也暗喻著人應站在不同的角度看問題。雷納公司的老闆經常讚美每一個人，並用對方的眼光看待問題。對他來說，也就是站在員工的角度看問題。

★ **培養決斷力**：無論是誰都需要有決斷力，大到對市場變化的快速反應，小到對失去控制機床的緊急處理，都能看出一個人的應變能力。受訓者需在各種模擬條件下，做出自己的判斷和處理，他們有時開著失控的汽車，越過設置好的障礙，以培養應變能力。

成功培訓計畫的十大特點

　　制定成功的培訓計畫非常重要，它是有計畫、有步驟地實施全員培訓的關鍵。成功的老闆會把制定培訓計畫納入自己的工作規畫中，並去逐步地實現它，而著眼於未來的成功的培訓計畫，都有下列特點：

★ **制定培訓計畫要有本企業的特色**：國外的一些企業在制定培訓計畫時，十分重視創造出具有自己獨家特色的技能。有的企業注重禮貌和交際能力；有的企業用本企業的遠大目標激勵員工；還有的企業在規

第四章　用利益激勵人

範行為和營造良好氛圍方面進行培訓，提高為顧客服務的技能；有的運輸企業培訓為顧客服務的員工，教他們如何應付愛挑剔的顧客等等。

★ **把所有員工都當做可能的終生員工進行培訓**：從內部提拔管理人員，應作為企業始終如一的政策，而提供培訓是與員工自身發展相連繫的。在失業率高、人員流動頻繁的條件下，很容易使企業產生培訓不合算的想法。然而從長遠利益來看，只要重視長期培訓，就會獲得利益。如美國的服務能手、零售商諾德斯特公司通常把每個員工都看成是將在公司終生服務的人。英國皮靴有限公司的員工大多非常年輕，公司也知道他們中的一些人會跳槽，但仍為培訓他們作了周密的長期計畫。

★ **進行定期的培訓**：這是一項必須做的工作，而且不斷提高技能應成為每個員工的目標。一般來說，培訓後的員工在一段時間內的工作中，能夠發揮非常重大的作用，但是，隨著技術和市場的變化，員工已有的技能已遠不能適應變化的要求，這時必須對他們進行再培訓。不少企業就制定了必須在每年對員工進行再培訓的計畫。

★ **要捨得花費大量時間和資金**：在制定培訓計畫時，不要當吝嗇鬼。保證充足的時間，提供固定的場所，投入一定的資金，都表示出對員工的關心和對培訓的重視。培訓費用多多益善，大量的投資是不過分的。至少在培訓方面，無效投資的可能性非常小。對培訓應採取這樣的態度，如果把培訓預算翻一倍或增兩倍能獲得多大成績？如果你對投入還有疑慮，不妨看看美國奇異公司，它的效率和效益都是極高的。這家公司在開工前對每個員工的培訓費超過 3 萬美元，而且培訓總開支達到了 6,300 萬美元。需要強調的是，企業在某些問題上大把花錢總是明智的。不管是花在培訓、自動化，還是基礎研究上，都是

如此。在培訓工作中需要以品質為目標，只要大膽放手做。

★ **重視在職培訓**：這種培訓大多都不是在課堂上進行的，受訓者必須隨時得到管理者的幫助。有些零售企業的培訓，就是在銷售現場「超量配備人員」—— 銷售和經理。現場總有一名經理隨時準備幫助僱員。企業鼓勵每個員工從一開始就扮演教練，能否成功地做到這一點，也是評價考核員工的一個方面。從而把整個企業辦成為一個朝氣蓬勃的大課堂。這種現場指導比課堂授課更有效。

★ **人人都能培訓成功**：培訓雖然有一定的難度，但應該堅信所設置的每個訓練項目都能為員工接受。有的企業對所有的員工都進行相同的課程培訓，甚至讓每個人都啃一下枯燥的經濟學，或者向所有的受訓者講授處理複雜問題和統計過程的課程。實踐證明，很多技能都可以有效地傳授給企業的每一個人。

★ **培訓可以成為企業推進新的策略性的先導**：在西元 1960～1970 年代，奇異公司運用培訓作為公司實踐策略變化的先導；在 80 年代初期，惠普公司在製造、銷售及策略計畫方面也成功地採用了同樣方式。這說明，在適應未來發展和實施新策略方面，培訓是最有效的方法之一。

★ **在危機時期尤其要加強培訓**：在不少老闆看來，當企業面臨危機時，應該採取各種手段應付危機，以度過難關，哪還有時間和剩餘資金做培訓。他們常常忽視了培訓是應付危機的最重要的手段之一。在技術變革和激烈的競爭中，企業轉變經營方向時，要進行大規模、長時間的再培訓，以利於重新調配勞動力，這是重要的一個方面。也許運氣會使你度過難關，但你應該明白，並沒有從根本上消除危機，也許新的危機即將來臨。因此，你必須設法從根本上加以消除，這就是適

應新環境的變化，對員工進行培訓。一位在度過危機後反而翻了船的老闆痛心疾首地說：「當危機降臨時，切勿削減培訓預算，要增加它！」

★ **不要忘記培訓你自己**：大多數管理者都會認為，在現實中，無法透過培訓造就一名新的管理者。這足以使管理者們不重視培訓自己，他們的最大讓步也只會是對員工進行培訓。每當危機來臨時，他們總喜歡怨天尤人，但從不反省自己。大衛·富裡門托說：「要想成為超級主管就要作大量的自我訓練。」這不僅是從危機中得到的經驗，也是對一個管理者的基本要求。

★ **培訓要用來傳授本企業的理想和價值觀念，透過對員工進行理想和共同的價值觀念的培訓，有助於實現未來的「控制」和「管理」目標**：最好的培訓計畫將是無論在什麼層次，無論是為新員工培訓、還是為老員工再培訓，都必須將其看成是傳播本企業價值觀念的重要機會。管理者必須以教員身分參與制定和實施每項培訓計畫，利用這個機會探討和傳播企業的理想。

實行職務輪調

職務輪調制度，是企業有計畫地按照大致擬定的期限，讓員工輪調承擔若干種不同工作的做法，從而達到考察員工的適應性和發揮員工多種能力的雙重目的。早期出現的職務輪調是以培養老闆的血緣繼承人（例如老闆的長子要繼承父業等）為目的，並不是制度化的管理方法。而在現代企業管理制度中，這一方法已被推廣運用到更大的範圍，成為能力開發系統中的一項重要制度。

　　日本豐田公司重視把第一線職位上的員工培養和訓練成全方位的能手，採用工作輪調的方式來進行訓練，提高員工的整體作業能力。透過人員輪替的方式，使一些資深的技術人員和生產核心把自己的所有技能和知識傳授給年輕職員。豐田公司則對各級管理人員，採取 5 年輪調一次工作的方式進行重點培養。每年年初為企業變動日，輪調的幅度在 5% 左右，輪調的工作一般以本單位相關部門為目標。對於個人來講，透過實行職務輪調，有利於成為一名全面的管理、業務人才。其職務輪調主要適用於以下幾種情況：

★ **新員工巡迴實習**：新員工在就職訓練結束後，根據最初的適應性考察，被分配到不同部門去工作。在部門內，為了使他們儘快熟悉工作全貌，同時也為了進一步進行適應性考察，並不急於確定他們的工作職位，而是讓他們在各個職位上輪流工作一段時間，親身體驗各個不同職位的工作情況，為使以後工作中的合作更加流暢。過程通常需 1 年左右。

★ **培養「全方位」員工**：企業為了適應日益複雜的經營環境，都在設法建立「靈活反應」式的彈性組織結構，要求員工具有較全面的能力。當經營方向或業務內容發生轉變時，能夠迅速跟上變化，否則，關鍵時刻一旦出現大批員工不能適應工作的情況，企業將會面臨十分被動的僵局。

★ **培養經營管理核心**：對於高級管理人員來說，應該具有對企業業務工作的全面了解和對全局性問題的分析判斷能力。培養這種能力，必須使幹部在不同部門間橫向流動，開闊眼界，擴大知識面，並且與企業內各部門的同事有更廣泛的交往接觸。這種輪調以基層管理者為最多，輪調週期也較長，通常為 2 ～ 5 年不等。

第四章　用利益激勵人

不讓任何員工掉隊

日本 TDK 集團在總經理素野福次郎提出的進行全員培訓、不讓任何員工掉隊的原則基礎上，貫徹對新員工的教育制度。

新員工進公司後必須先集中學習半年，然後跟隨育人有方的科長接受兩年半一對一的教育，在第三年最後評定其是否合格。最初半年的集中學習是全體人員進入技能研修所。大家同吃同住，在軍營式的嚴格教育中，自己親自動手加工零部件，製造產品，然後再集體到全國 27 處磁帶營業部進行推銷實習。

經過集中學習的新員工，不是分配到人手不足的部門，也不採取委託給股長或老員工的方式，而是在善於培養人的科長的直接指導下再工作兩年半。除了要求新職員每半年寫一次總結報告外，還有連續三年每年一次把全體新員工集中兩天進行的年中教育。主管人事工作的常務理事佐藤還每年接見一次全體新員工。進公司後三年中要完成這麼多項目，工作的緊張程度可想而知。這些工作都完成後，還需要對大約 10% 的人進行特殊項目的補課。

錄用新員工時，由 10 名事業部部長和以總經理為首的 5 名公司高層主管一起進行面試，每人以平等的投票權投票評分決定錄用者，但理事們有重視具備獨特才能的人物的權力，在可去可留的情況下，可以替員工加分。錄取的人員的資料要存入電腦，如果有人經過三年培訓後，還需要進行特殊項目的補課，那麼就要考慮將給其評分過高的面試委員退出面試委員會。TDK 以這樣的形式將對全體員工的「全員培訓」作為目標，以個人成長的自我負責為基礎，高度重視在工作職位上育人。除此之外，人才培養方面的另一個問題是促進公司思想統一的教育進修制度。

教育進修計畫是中期計畫的一環,「儲備人才資本」是這一計畫的方針。作為人事與能力開發的職能部門,人事教育部目前以貫徹 OJT(On The Job Training)方式重新制定人事管理體制強化職務輪調制度,以開展中期教育進修為重要事項,建立了分為 4 個領域 7 個層次的高密度進修制度。

上述做法,儘管由於要貫徹「落實到個人」而費時費事,在擔負人事、教育兩項任務的人事教育部,在部長以下只有科長 1 名、股長 1 名、科員 10 員,總計才 13 人,但他們不分人事和教育,全體人員工作績效都十分出色。

注重培養與教育人才

三星集團投入巨額資金建立起來了一個完善的再教育體系,幾乎把集團的每一個人都培養成了遵守道德規範、勇於開拓、身懷絕技的菁英。世人稱三星集團是「人才的寶庫」並非誇大其詞。

三星集團每年用於培養和教育人才的費用高達 5,600 萬美元,相當於日本同類企業的二倍,美國和歐洲同類企業的三倍。三星集團不僅辦起了一系列職業教育培訓中心,還擁有培養高級人才的大學和研究院,規定從董事長到普通職員,每年都要接受至少一次以上的培訓。

在三星集團的培訓中心,職員首先接受的「愛三星」的教育,以培養職員熱愛三星,為三星忠誠服務的思想,建立「我就是三星,三星就是我」的信念。這是三星人的入門必修課。同時進行「三星經營理念」教育,也就是進行「人才第一」、「合理追求」的教育,使新職員具備三星要求的事業觀。入門教育中還有一項叫「客觀的真實性」教育,其目的是

第四章　用利益激勵人

教育員工客觀、全面地觀察和分析事物，以便做出正確的判斷，為本公司創造利潤。

第二項教育是員工職位互換教育。進入培訓中心的員工，凡是在同一個教室裡學習，又同在一個宿舍裡起居的，經常來個角色互換，顛倒領導與被領導的關係，下屬可以領導上司，科員可以支配科長。透過這一培訓，下屬可以體會到當上司的尊貴和榮耀，從而培養了自信和勇氣；上司也可以體驗到下屬被支配的滋味和苦衷，從而產生了能夠體諒下屬的民主作風。培訓結束後，大家仍能以「角色互換」的心情看待對方，使彼此的關係變得平等和諧。

根據經濟發展的需求，三星集團還開辦了「總裁學校」。建立這所學校的目的，就是要使集團的 850 名高級管理人員接受 6 個月的培訓：前 3 個月在本國接受訓練，後 3 個月在國外學習外語並了解當地情況。透過這一培訓，致力使員工具有國際眼光，適應國際競爭的需求，以在國際競爭中獲勝。

經過教育之後，不少員工都感到，最大的收穫就是對自己產生了強烈的自信。一位受過培訓的保全人員說：「身為一名普通保全人員，居然能受到這麼好的教育，能夠聽那麼多優秀的導師講課，這真是平生用錢也買不來的機會。」

除此之外，三星集團還有其他教育訓練，課程繁多，內容豐富。例如大學畢業生的入門指導，外國機構員工家屬教育，外國職員教育等課程。單是這些教育課程的名稱，就足以令其他企業自嘆不如。這也是三星比別的公司擁有更多人才的原因。

快速培訓幹部的方法

　　培養稱職的管理幹部一直是企業教育培訓的重點。其中慎選候選人、注重精神和體力培養、加強自身修養及培養管理基本技能，都是企業快速鍛造出管理幹部時不容忽視的。

　　在這個講究速度的時代，企業已經沒有辦法像過去一樣，用那種以時間培養智慧，用空間歷練本事的「多年媳婦熬成婆」模式來培訓管理幹部了。如何用最有效率的方式培訓出稱職、成為企業競爭致勝關鍵的核心幹部，是許多企業教育培訓工作者所關心的重要議題之一。

　　為了快速培養出優秀的管理幹部，應掌握下列 4 項要點。

■ 慎選管理幹部候選人

　　有些企業和主管視管理幹部的職位為激勵員工努力的工具之一。也有很多人視擔任管理職位，是對自己工作表現的重要肯定，甚至是唯一的肯定。這個觀念的形成雖然有其傳統的合理性，但是已經越來越不適合現代知識經濟的要求了。在知識經濟時代，管理者的角色已經從過去單純的規劃、控制、監督及考核的角色，轉變為設定願景與目標、提供及時回饋、協助員工解決問題、給予員工激勵及肯定的角色。管理幹部的責任不只是要完成任務，更要使員工能在態度、意願、情緒都維持正常的情況下，保持優良的績效。所以管理幹部不能只是會做事的人，更要成為會帶人的人。會做事的人，是「優秀」，但是不一定會帶人。所以要快速培訓管理幹部，一定要慎選候選人，選對人，事半功倍；選錯人後，再來思考如何快速培養，絕對事倍功半。

　　如何慎選候選人？常見的人才管理評鑑中心是一個不錯的方法，但不

是唯一的方式。有許多管理顧問公司都提供各種的建議，但其費用通常不會太便宜。如果企業沒有足夠的資源，至少要做到不能單純從做事能力的角度來遴選管理幹部候選人，必須考慮其與人合作、激勵士氣的能力。

■ 協助被培訓者修身

管理者的關鍵職責之一是帶人。帶人要帶心，而要帶到員工的心裡，管理者必須先要有涵養，有肚量，能以寬廣宏遠的胸襟容人不足，諒人失足，誇人成就，賞人秉異，言所當言，行所當行，識大禮，輕己利。管理者在修身的過程中，和員工的互動關係是互補的，是互相尊重的，是相輔相成的。如果管理者舍修身而修「技」，則管理者和員工的互動關係是競爭且相互計較的，在那種情況下，管理者如何能帶好員工的心？

但是修身是不容易的，很多管理者沒有注意到自身的修養，是因為他們沒有意識到努力提高自身修養的重要性，也有可能是因為他們受限於自己的盲點，不知道自己有修身的必要。

修身不是可以立竿見影的。正因為如此，越早開始「修」越好。為了快速培訓管理幹部，培訓部門就應該設法將所有非結構性的、隨機而遇的、初露端倪的修身過程，整合成一個結構清楚，有集中效果的計畫。培訓工作者可以透過領導與管理部門的評估問卷，來協助管理者辨識自身的盲點，進而激發其修身的意願；培訓工作者也可以透過人物傳記或勵志書籍，協助管理者學習如何修身；有的公司則從公司前途、發展價值觀與期望管理者應表現的行為著手，要求管理者自覺修身。

■ 協助管理者鍛鍊身體

管理者必須有健康的身體才能有精神、有力量，面對日常多如牛毛的事務，仍能精神抖擻，鬥志高昂。台塑王永慶親自帶領集團高級主管跑 5,000 公尺，就是一個最典型的例子。為迎接來自四面八方的挑戰和要求，管理者須有足夠的精神和體力，一則才有力氣完成工作目標，二則才可能成為員工的精神領袖。一個管理者如果成天無精打采，毫無生氣，我們如何期望他能成為一個稱職的管理者呢？

有很多企業已經注意到高層主管身體健康的重要性，所以提供高層主管定期進行全身體檢或贈送運動俱樂部會員資格。對於大多數中、基層的管理幹部，企業鼓勵他們加強鍛鍊提升體能。但是為了快速培訓管理幹部，企業應該採取更多辦法協助管理幹部候選人鍛鍊身體，培養強健體魄。培訓工作者可以透過推行如健身計畫或健康講座等方式，以強制性或非強制性的方式協助管理者鍛鍊身體。為達到效果，也可以訂立目標，例如管理者若能在一定時限內跑完 3,000 公尺，就給與某些獎勵，以激勵管理者更自覺地鍛鍊身體等。

■ 注重管理基本技能要求的訓練

管理的基本技能要求包括溝通（包含簡報）、主持會議、問題分析與決策制訂、預算編制等不一而足，各企業間的定義會有些許出入。這裡的關鍵觀念是管理者必須能不假思索地就能完成管理的基本技能要求。當管理者的管理技能達到這個境界時，一旦面臨各種變化，管理者就不必費力氣在基本技能的執行上，而能將精力全部投入到應變上。因此，培訓工作者應設法為企業定義或制定管理基本技能要求的標準，而後分別規劃培訓方案，持續提供培訓。

第四章　用利益激勵人

給新員工做顧問

日本豐田汽車銷售公司認為，與商品的好壞一樣，影響左右銷售總量的另一關鍵因素，就是業務員。有人說：「豐田不僅出汽車，也出人才。」神谷正太郎總經理曾在東京豐田汽車銷售中心率先錄用大學生，把他們送到行銷部門。為了迎接家庭用車的到來，他為新業務員迅速描繪出了做人的態度，並下決心要培養有知識涵養的業務員，來消除汽車銷售上各種難以預測的因素。

神谷正太郎的銷售理論是「汽車的需求是創造出來的」。接受這個理論的總經理加藤誠之則主張：業務員不是天生的，而是「培養教育出來的」。頗具學者風度的加藤，為把培養業務員的教育更加科學和系統化作了很大的努力。當一個訪問者感嘆豐田進修中心的規模時說：「多麼宏偉壯觀的教學場所呀！」加藤誠之回答說：「在這裡進修聽課的人，是將成為第一流業務們，他們即將奔赴推銷汽車這種現代化商品的商業戰場，讓他們在一個狹小的環境裡，是湧現不出來快捷準確的判斷能力和為克服面臨的困難而積極尋求可能性的精神的。所以，有這種規模的設施是理所當然的。我們對待平常為行銷而戰鬥的人們，不應有失禮貌。」

豐田汽車銷售公司進修中心建成於西元 1974 年，在這裡授課的指導技師，全部都是從汽車銷售公司和豐田銷售據點挑選出來的具有銷售經驗的人來承擔。為了經常吸收新的市場銷售資訊，防止重複老套，使講課有新的內容，選任講師採取二年輪替制。使用的教材是日本經營管理協會、能源協會、講師團、豐田汽車研究中心合作編寫的教材。該教材緊密結合汽車市場的實際情況和需求，更具科學合理性，它已成為豐田汽車銷售公司培訓教育的核心。

　　進修的學員，一次 25 人為一個班，從全國的銷售網點招收。從一般業務員到管理人員和經營者，分別聽各部門的專業化講座。還有以研究學習的形式進行的研討會，即「企業高級管理人員講習」，在這裡主講的是某大學的三名教授。每年陸續招收銷售據點的高級管理人員 24 名，採取四天的集中訓練，用案例研究法進行學習。每年約有 1.5 萬名左右的管理人員輪流集中在這裡接受學習教育。

　　豐田公司培養業務員的做法是，每年 4 月，日本全國的豐田銷售店招募大約 3,500 名新的業務員參加公司工作。由在進修中心學完了「訓練人員講座」的人負責對這些新員工進行教育訓練，他們被稱為訓練員。他們都是工作職位上的副課長或股長，兼任這裡的業務指導和教育工作，訓練員一面在工作職位上從事實際業務，一面積極從事銷售技術和銷售態度經驗的教育。新參加工作的員工，在進公司之前，首先要進行基礎理論課的學習，要學習銷售理論、銷售的社會作用、業務員的立場和資格、舉止動作的禮儀、商談的一般規則等銷售學的基礎講座。另外，東京豐田汽車銷售中心還有 B 制度。B 是兄弟（Brother）、S 是姊妹（Sister）的意思，這就是說在同一工作職位，已參加工作 1 ～ 2 年的前輩，要與新參加工作的人結成一對「兄弟」或「姊妹」，不僅在工作上，而且在日常生活上為新進者做顧問，大約以一年為期限，然而，實際上長期保持這種關係的也不少。

　　豐田公司的銷售原則是：

★ 業務員首先應推銷自己的人格，取得顧客的信任，從而創造一種能夠親熱交談的氣氛。

★ 為了使顧客對不同風格的車感到有興趣，業務員要說明車的效用，大力宣傳商品的優越性。

第四章　用利益激勵人

★ 推銷出售價格，如果前兩個重要條件能很好地被顧客理解，那麼，按適當的價格出售是能夠做到的。

在日本銷售汽車是以「訪問」為主。透過訪問活動，對不太想買車的人，積極地說明車的使用效能，以便使他感到有買的必要。這種活動叫做「訪問銷售」。因此，訪問技術則成為訓練的第一步。豐田業務員的工作特點是，根據訪問實行計畫銷售，每天辛辛苦苦反覆開展的訪問工作，正是為了落實銷售計畫。

銷售計畫是在下列條件的基礎上制定的：

★ 商品：銷售車的種類、競爭對手的其他車種；
★ 銷售地區：負責推銷的地區；
★ 買主：負責推銷地區的所有顧客。

在調查這三個要素實際情況的基礎上，制定銷售計畫。由於訓練員熱心地傳授這套業務技能，所以不需要多久時間，業務員就可以自己制訂計畫。為推銷出每月分配的輛數而制定的「訪問計畫」，要訂出一天、一週、一個月、三個月、半年、一年的計畫方案。也就是說，一天的訪問計畫是基礎。業務員一定要填寫關於訪問經歷和結果的銷售報告。在分析研究這些報告之後，再預測今後銷售的可能性。此外，還要仔細地考慮顧客的特點。在這些實際情況的基礎上，確定下一次機率高的銷售計畫。

既教別人，也教自己

一個企業如果長盛不衰，我們可以斷言它必定是一個不斷學習的企業。從錯誤中吸取經驗、教訓，爾後不斷進取；認真對待各級員工的意見回饋；傾聽客戶的意見，把客戶的意見體現在產品的研發和企業的管理

中；鼓勵員工之間的公開討論和通力合作；為各級員工提供個人和職業發展的機會。所有這些都是一個學習型企業的基本特點。

　　巴西的一家健康保險公司保持每年以 40% 的成長速度持續發展的良好業績。公司商業策略的核心是透過學習不斷提高員工的素養。舉個例子，公司開設 MBA 課程，並對非本公司員工開放。該公司 MBA 專案共開設 16 門課程，每年有多達 150 名本公司員工申請學位，而名額只有 60 個。就讀員工每週有一個工作日脫產學習。公司的經理們給學員上課，他們一年用於授課的時間多達 100 小時。公司總裁安德森更是把 90% 的時間用在教學上。他的邏輯是：對公司的未來來說，沒有其他的工作比對員工的教育更重要了。他說：「學習的最佳方法是去教別人。」員工的學習是有計畫及步驟的，他們和安德森一起討論、制定每個人 5～10 年的發展計畫，包括具體執行步驟。該公司的員工團隊學習、討論一些尖端的管理理論，然後在公司的具體管理實踐中運用。公司定期在週日早晨舉行學習討論會，內容是在實踐中遇到的具體商業問題。員工有時還被派到社區去鼓動巴西人多受教育。

　　公司鼓勵員工參加各種職業技能培訓課程。並制定相應的激勵機制，包括投入相當於基本工資總額 40% 的獎金。當然，最有效的激勵手段往往並不是金錢。人總是希望得到別人的承認，該公司給它的員工提供了很多這樣的機會，公司經常為個人或團隊舉辦慶功會，慶祝的原因也總是圍繞著員工的個人和學習這個核心。安德森說：「一個國家的國力的增強完全取決於國民素養的不斷提高。」到該公司的外界人士很難說清這是一個保險公司，還是一個教學機構。

第四章　用利益激勵人

不要用「霰彈槍」代替「來福槍」

有位負責幫客戶安裝煤氣管道的服務人員，常常接到客戶抱怨的電話，他的經理覺得他還需要再訓練，於是又把他送到相關部門去學習。

兩個星期後，他受訓回來了，但是情況依舊沒有改善。

他的經理覺得十分納悶，實在不知道該怎麼辦才好。他已經盡了最大的努力，還是沒有辦法使他的員工變好。更糟的是連其他的服務人員也都接到不少客戶抱怨的電話，經理也派他們去受訓，結果仍然不好。

最後，公司決定請一位專攻職員培訓方面的心理學家來診斷。他們方法就是針對培訓的實際需求做有系統的分析，並且特別集中在不足之處，然後想辦法加以克服，而不針對所有的項目一一進行培訓，因為相關內容員工早已經熟知了。

結果，這項培訓的效果非常好，只是因為這位專家找出最頭痛的問題，就是如何才能確定煤氣管道安裝後的調試品質把關問題。至於其他的作業一般的操作程序，員工早就知道得很清楚了。

公司後來發現，從派出第一位員工出去受訓到請來這位專家為止，公司一共花了 8 年功夫及無數的金錢，看來這些都泡湯了。自從這位專家對症下藥，公司雖然只花了80%的培訓經費。管道安裝好後，每位員工都能認真進行檢查調試，從此以後顧客再沒有打電話抱怨了。

這故事給我們的啟示就是：在訓練課程的安排方面，一定要針對不足之處，重點加以訓練，也就是千萬不要用目標分散的霰彈槍來代替目標集中的來福槍！

軟、硬兩手都要抓

哥倫比亞的卡文杰・伊沃森公司是由曼紐爾・卡文杰・維蘭塞和他的兩個兒子在 90 年前創建的一家手動印刷機工作的印刷和出版企業。今天，公司的員工超過 1 萬人，公司的技術完美無缺，有些技術更是自行研發的。公司在整個南美洲擁有大量市場，並以迅猛之勢向北美和歐洲拓展。

「創業宗旨聲明」這一術語在北美的商業界發明出來以前，卡文杰公司就起草了「我們的領導總則」，這份文件在 25 年後的今天，仍對企業具有指導意義。該總則中不斷出現「重視人的尊嚴」、「個人的成就」等字樣，其中，最重要的也許是「自我批評能力」。歸納起來，這些就是一個學習組織成功的關鍵要素。在卡文杰公司，這些高尚的詞句絕不僅僅是口號，他們更是以實際行動證明他們遵守了自己制定的原則。卡文杰公司認為，越是在生活、事業上注重實現自我價值的人，越是有能力、有熱情去幫助公司發展壯大。正是基於這種認知，他們成立了卡文杰學院，作為教育、培訓員工的基地。

為了從人文主義角度把公司的人力資源開發理論付諸實踐，卡文杰公司於成立了人力開發學院。學院在課程設置上具有策略眼光，強調對學員「軟」、「硬」實力的培養。所謂的軟實力包括領導能力、自我實現能力等；硬實力包括市場營銷能力，外語程度等。基於哥倫比亞的社會經濟現況，基本的讀、寫、算等技能也占有相當大的比重。與其他大多數低階員工培訓計畫不同，卡文杰的培訓目的是教會員工自己思考問題，給自己出難題。這樣做除了能提高企業的基本的管理和技術知識水準外，還能培養出大批具有將企業推向新市場、新領域能力的領導人才。卡文杰公司堅

第四章　用利益激勵人

信：在 5 名員工中，他們至少能培養出 1 名主管，4 名善於合作的員工。

卡文杰對企業學習和授權的推崇，甚至體現到員工的下一代身上。公司試圖給孩子們積極的影響；從小就讓他們接受教育並了解其重要性。公司為員工的子女開設了幼稚園，希望這些孩子長大後能像他們的父母那樣投入公司，從上班的第一天起就能融入到公司的學習氣氛中。基於當時的社會背景，卡文杰公司的追求尤顯高尚。即使不是北美和歐洲的企業首先發明的企業學習培訓的這一策略，也是他們把這一策略發展到了極致，像所有的管理創新一樣，企業學習已不分國界。

工作、學習一體化

企業學習是摩托羅拉公司的特徵之一，它把學習機制擴展到公司全部價值鏈中的每一個環節。現在該是企業打破各種障礙的時候了，包括部門間、行業間、與外部供貨商乃至客戶間的障礙。目前，摩托羅拉公司已實踐了公司對顧客、供貨商、甚至未來的客戶進行特殊的授課。基於對公司未來員工素養的考慮，公司積極與伊利諾斯、麻薩諸塞、佛羅里達等州的公立學校合作，使這些學校為公司培養菁英人才。透過對在校學生的未來就業指導、課程設置，公司與地方學校合作，培養學生的團隊合作能力、交流能力以及跨學科學習的能力，這些能力是未來勞動力所必須具備的。摩托羅拉的做法已遍及美國的一百多個校區。

摩托羅拉大學是公司企業學習基石。大學在世界各地擁有 14 個「校區」，每年的培訓經費預算達到 1.2 億美元，可以想見，公司的培訓和教育計畫不是紙上談兵。同時摩托羅拉大學所傳授的課程絕不僅限於表面，它更傳授一種文化，一種企業「黏合劑」，可以將企業分布在世界各地的

部門和員工凝集在一起。摩托羅拉大學絕不是「唯我獨尊」地傳授商業技巧和思想的工具。有時一項新的培訓項目很有可能在國外率先採用，而後才傳回美國。總裁杜克或財務長威廉‧韋茲等高級行政人員也安排時間為員工授課，促使公司把重點放在學習上。工人們有時因收到來自公司高層主管的獎勵或因他們的親自拜訪而感到驚愕，隨後可能要他們接受培訓。有一點是毫無疑問的：「摩托羅拉公司把員工的培訓和教育放在優先發展的策略位置上，我們認為在這方面花錢、花時間是值得的。」

和摩托羅拉大學同等重要的是其學習不侷限在教室裡。公司將學習融入工作中，邊做邊學，公司將這種學習方式叫做「寓學於做」。公司有時組成「駐外學習小組」，他們到世界各地學習最新的知識和最先時的技術，把他們帶回來以開展新的工作，比如在德克薩斯州建立世界一流的芯片廠。公司的另一種學習方式是採用學徒制，新員工在有經驗的老員工的指導下學習，當然學徒是帶薪學習。公司同樣為管理人員安排了「實踐學習」的內容。1990 年代初，摩托羅拉公司把所有的管理人員集中起來接受培訓，培訓的內容包括專案管理、解決實際商業問題，團隊合作以及經驗、資訊回饋等，確保管理人員有效地進行「雙環式學習」—— 學習如何學習、學習什麼，從而提高學習的能力。

不要讓員工無用武之地

某家公司結束職前培訓之後，就把新進人員分派到各部門去。高中畢業的小王，被分配到營業部的部長手下，做長期的內勤工作。

每次部長指示他做什麼事，他都大聲地答應，而且很快就去辦，所以部長認為自己獲得了一個相當優秀的員工。但是頗有滿足感的部長，不久

第四章　用利益激勵人

發現一個問題，小王雖然每次聽到指示就馬上採取行動，但是，他每次都沒有仔細聽懂部長的指示，所以經常做出跟指示不同的事情來。因此，部長利用提醒他的方法來改進，可是，每次都要讓他重新做好幾次才能完成，花費了不少的精神和時間。

　　為此這位部長大傷腦筋，於是找經理商量。他認為小王是個不善與人交際的年輕人，所以，最好不要讓他做聯絡性的工作，換到不太需要跟別人接觸的工作可能比較好。因此，把小王調到營業事務中心隔壁的業務科，做出貨傳票開票的工作。從此以後，小王就順利地工作了好幾年，再也沒發生過任何問題。

　　第四年的時候，公司人事調動時，他被調到工廠的生產部，擔任辦事員的職位。這個職務需經常聯絡很多業務，所以他很快就露出馬腳來了，雖然他性情很好，但是大家還是一直批評他辦事不踏實的缺點。後來，有一次因為他的聯絡錯誤，使得工廠裡的副輸送帶停止了一個小時。發生這個大差錯，小王受到很多的責怪，就不敢到工廠上班，因此受到革職的處分。

　　像小王這種「性情很好，但做事不踏實」的個性，上司應該經常提醒他，要求他仔細地聽取別人的話，同時要重複地指示他，等他確實已經了解了，才讓他去辦事。如此，他應該不久就能克服這種缺點了。但是，這兩位主管卻沒這麼做，只是像推掉燙手山芋一樣地，把他調到別的部門去。就是這種態度，才使得小王的人生發生了這麼大的變化。

　　領導者的行為有時足以左右員工的人生，如果管理不當，甚至會讓員工變得無能。所以，領導者應該要有一種責任感，做決定時不要忘記自己的決定是足以影響別人一生的。而這責任感也是培養部下時，最重要的一件事。如果沒有這種認知，就無法指導別人。

「該如何培育人才呢？」考慮這個問題以前，首先應建立絕不能讓員工變成無能的人的思想。

思科公司的員工培訓之道

處於世界企業前 500 名的思科公司，始終把員工培訓當做公司的頭等大事，即使是在它獨占鰲頭的現在，其領導階層依然為如何做好員工培訓，讓員工儘快一展長才而殫精竭慮。思科有限公司非常特別的一點就是十分注重員工的學習。

「Training is up to me」（訓練由我來決定）這個信念已深入人心，思科有限公司人力資源總監關先生對該信念的解釋是，員工要學會精進自己，明白讓自己得到訓練和發展是他自己的事情。他還說，員工接受公司的培訓尤其是關於網路知識和技能的培訓，如果他自己不多下工夫，那麼即便他在培訓課堂上坐一整天，仍然什麼也學不到。

■ 大力推動 E-Learning

據了解，公司的培訓整體區分為管理培訓、E-Learning（電子學習）銷售培訓、常用技能培訓。管理培訓是根據員工所處的管理階層相應地分為數級；銷售培訓的課程涉及專業的銷售知識；常用技能培訓則教會員工如何做簡報、學習法律知識、掌握會談技巧，等等。E-Learning 在公司的培訓體系中已越來越占據重要地位。思科公司是一家生存在網路世界的公司，它擁有一個龐大的 E-Learning 系統。透過 E-Learning，公司改變了對員工、銷售合作夥伴及客戶的教育與培訓方式。1999 年 11 月，公司初步推出了 E-Learning 課程及遠距實驗室設備，為全面的 E-Learning 方案打

第四章　用利益激勵人

下堅實的基礎。CCNA（Cisco Cetified Nerwork Associate）的準備工作也完全在網路上進行。思科公司遍布全球的 2,500 多個網路大學將全面實施 E-Learning 策略，包括透過 Web 發送的內容、電子化的管理及互聯網上的學習社群。思科系統公司宣布將在其網站上為思科 Interactive Mentor（思科互動顧問）建立一個學習社群。公司目前正在採用 E-Learning19 進行其企業效率領域的管理培訓。

■ 新員工的啟蒙培訓

思科公司對於新員工的培訓非常重視。每名新員工首先要接受一項名為 New Hire Work Station 的培訓，為期 30 天。而且，在開始工作的前 90 天內，新員工還要參加亞太區舉辦的員工教育訓練。當一位新員工進入公司後，公司會告訴他前 3 個月要做的事情。在第一個月，他需要寫一份關於主管對其工作所作的介紹及了解程度的報告，並對該報告進行認證。這樣，在 3 個月之後公司對該項工作做總結之時就有據可依。如果這名新員工有不足之處，那麼他的主管應該清楚掌握，若該主管到了第 3 個月仍然沒能在這方面使新員工有所發展，他就要承擔相關的責任。思科公司的員工培訓非常靈活，不像許多公司在年初做出培訓計畫，然後由主管經理簽字，一年內執行。思科公司認為，互聯網技術的更新速度決定了從事互聯網的企業不可能做出為期一年的計畫，因此，在一年內公司要作三次評估，不斷地重新擬定培訓計畫。在公司裡，員工的培訓時間是沒有嚴格限定的，完全由員工自己管理工作和培訓時間。這就像把員工放在一個開車的位置上，然後讓他自己來做決定如何開。公司也從不針對某個員工作重點培養，每個人都是潛在的經理，互聯網世界裡人人平等。思科公司靈活的培訓還體現在不到了員工離開之時才想到留人。幫助員工取得成功是使

每個人體驗成功的首要方法，因此，當團隊業績不斷上升時，就能留住
人。思科公司曾坦誠地說，儘管十多年來公司的資產增加不少，但最為可
貴的是人才的增加和技術隊伍的穩定。

■ 進入學校培養員工

　　思科公司開始迅速發展，它要求員工能很快獨當一面，故對應屆畢業
生使用得比較少。從 1999 年開始，這種情況改變了，公司在一些大學設
立了虛擬的網路學院（Networking A-cademy），透過提供一些設備和入門
課程，讓學生熟悉互聯網環境，還有一個關於 CCNA 認證的筆試，使他們
對互聯網有基本的了解。公司從通過測驗的學生中挑選一些人當實習生。
除此之外，公司還開始在學校培養一些助理工程師，這些學生很可能會在
日後成為思科公司正式的工程師。

　　如今，思科公司的成功已有目共睹，但其依然認為在員工培訓方面，
公司的工作做得還不夠。在決策者頭腦中有這樣一個想法，就是讓世界各
地的員工進行既快且充分的交流，到國外培訓一些員工，實現人才的跨區
域調度。

第四章　用利益激勵人

第五章
用發展鼓舞人

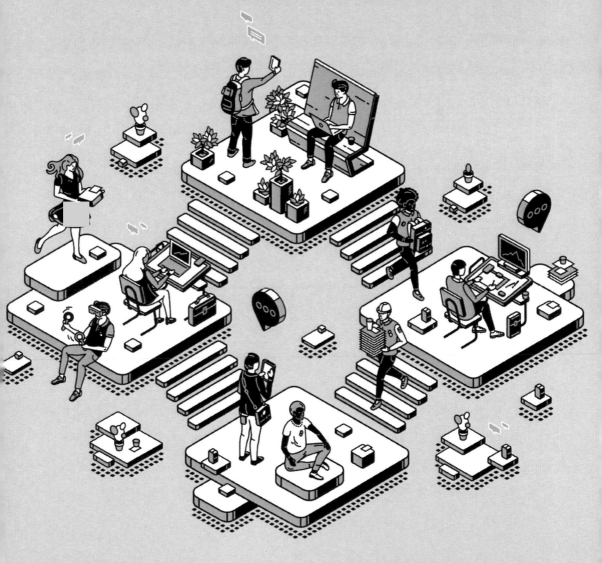

第五章　用發展鼓舞人

用目標吸引員工

　　樓梯的臺階不單是為了承載重量，而是為了幫助一個人的腳步達到新的高度。事業目標是企業對員工的一種利益吸引，也是對員工行為方向的一種界定。

　　在一家公司中，必須會有一系列的個人目標和企業目標共同存在。由於每個人對自己的成功都懷有期盼，那麼若想同時獲得成功時，該怎麼辦呢？此時，為了提高工作績效，個人和企業就有必要對所有的目標有清楚的認知了。

■ 連接個人目標與企業目標

　　上司應幫助其下屬制定個人目標，並理解個人目標與企業目標之間的關係。企業中有明確的總目標是理所當然之事，因為那些看到企業目標與個人目標直接關係的人們很容易產生一種強烈的工作慾望。顯然，這樣就更有助於企業目標的實現了。

　　誠然，這種個人目標與企業目標相互作用的理念，對於員工來說，常表現為一種被信任與自信的關係。可是被信任與自信不是一蹴而就的，它們是大家共處一段時間之後才會產生。不僅如此，還需要忠誠、同甘共苦這樣的品行。

　　把個人的目標與企業目標間的直接關係，用準確、精煉的語言寫出來，是一件很必要的事。員工應該看到怎樣取得成就與提高工作效率，會有助於推動企業目標的完成。同時，員工有必要去理解企業會以怎樣的回報或提供其他機會作為對員工個人付出的補償，以便幫助員工實現自己的目標。

■ 讓目標充滿樂趣

人們常常樂意付出更多的嘗試去玩一場遊戲，其投入程度遠勝過他們所做的工作，這是為什麼呢？原來這與遊戲中人們所喜歡的角色因素有關，每個人都知道只有怎樣去做才會贏。遊戲中，人們大多表現出異常激動和精力充沛。試想一場足球賽最後兩分鐘的場面，也就是雙方都沒有明顯優勢而成績幾乎每秒都可能發生變化的那種場面。

遊戲和競爭這種規則，對於一個企業的工作及挖掘企業中員工的潛力來說，則是一種非常可行的方案。

目前，很多企業正使用著這種方法。為了部門的整個工作水準得以提升，去運用圖表法、遊戲法和競爭的方法，使企業的行為充滿個性和樂趣，與之相應的回報也必定會是更高的效率產出及不斷成長的利潤。

在員工心裡樹起遠大的目標

遠見固然重要，有目標只是你領導行動的一半，另一半則是要要大家明白你的遠見和目標，還必須以溝通來使你的下屬與你目標一致。

惠普電腦公司的總裁約翰‧楊就根據這項原則設立了自己的印刷廠。他自籌款 10 萬美元，購買設備，訓練作業人員，找廠址，前後共花了 45 天的時間。他全靠和屬下充分溝通，讓彼此有一致的目標，事情就迅速成功了。他的看法是：「一個祕密的目標，無法得到參與者和其他的助力。而將目標解釋清楚，讓參與者全部都明白了，可以激發他們的熱忱，使得他們發揮最大的力量，這是靠壓迫所得不到的無限力量。」

假若你有遠大的目標，而又善於和別人溝通，雖然其他條件不佳，你仍然會成功。

第五章　用發展鼓舞人

在西元 1944 年 12 月 18 日晚，美軍第 51 空降步兵團團長朱利安・尤厄爾上校，率領他的部隊抵達比利時的巴斯頓。兩天以前，德軍就已開始他們的亞耳丁作戰。這是第二次世界大戰中，德軍所作的最後一次大攻勢，歷史告訴我們，這次戰役乃是戰爭結束前的反攻。艾威爾只帶了不到 1,000 人抵達戰場，而上級司令部無法告訴他敵情、友軍狀況……什麼情報都沒有。

但艾威爾有他的主見，並且和下屬作了良好的溝通。他告訴他們：「我們要攻擊德國人。」他們也就如此做了。他們阻止了德軍第 27 裝甲軍團 3 萬多人的進攻，迫使希特勒不得不改變亞耳丁作戰計畫，並且可能影響整個二次世界大戰的局面。

羅傑・斯通是位善於溝通的諮詢顧問，他曾經擔任過很多工商界負責人和競選政治人士的顧問。他說：「領袖氣質的要素，就是能顯示你對某個理想或目標的專注。」當然，對某個理想或目標的專注，也就是表示你有遠見，行為心理學家已發現，溝通和領袖氣質間有相輔相成的關係。

馬丁，路德・金就曾這樣說過：「我有我的遠見。」

假若你要別人跟隨你，你也必須有遠大的目標，而且要把這個目標建立在下屬的心裡。

變員工期望為具體目標

企業的領導者，必須能準確掌握大家的期待，並且把期待變成一個具體的目標。

大多數的人並不清楚自己的期待是什麼。在這種情況下，能夠清楚地把大家的期待具體地表現出來的，就是對團體最具有影響的人，就愈能有統帥力，能帶領大家一起前進。

在企業部門之中，光是把同伴所追求的事予以具體化並不夠，還必須充分了解部門的目標，準確地掌握客觀形勢的需求並予以具體化。綜合以上兩項具體要求，清楚地表示團隊的領導者必須率領員工完成企業的目標，這樣才能在團體之中取得主導權。

在進攻義大利之前，拿破崙不忘鼓舞全軍的士氣：「我將帶領大家到世界上最肥美的平原去，那裡有名譽、光榮、富貴在等大家。」拿破崙很正確地抓住士兵們的期待，並將之具體地展現在他們的面前，以美麗的夢想來鼓勵他們。

用人的本質並不是以強權來壓制和強迫人。如果是以強權或權威來壓制一個人，這個人做起事來就失去真正的動機。抓住人的期待並予以具體化，為了要實現這個具體化的期待而努力，這就賦予人們實現目標的動機。

具體化期待能夠賦予動機的理由，就在於它是個能夠實現的目標。例如，蓋房子的時候，如果沒有建築規劃就無法完成施工的目標，建築師把自己的想法具體地表現在藍圖上，再依照藍圖完成建築。

同樣的道理，團隊行動時也必須有行動的藍圖，也就是精密的具體理想或目標。如果這個具體的理想或目標規畫生動鮮明而詳細的話，部下就會毫無疑惑地追隨。如果領導者不能為部下規劃出具體的理想或目標，部下就會因迷惑而自亂陣腳，喪失鬥志。

善於帶領團體的人，能夠將大家所期待的未來遠景，繪製出豔麗的色彩。而且這些遠景經過他們的潤色後，就不再是件微不足道的小事，而變成了一個遠大的理想和目標。

或許你會認為理想愈遠大就愈不容易實現，也愈不容易吸引大家付諸行動，其實不然。理想、目標愈微不足道，就越不能吸引眾人的高昂鬥志。

第五章　用發展鼓舞人

　　這一方面，領導者如何帶領下屬就很重要。沒有魅力的領導者，因為唯恐目標不能實現，所以不能展示出令部下心動的遠景。因此，下屬跟著這樣的領導者，必然難以產生自信，工作場所也像一片沙漠，大家都沒有高昂的鬥志，就算是再小的理想也無法實現。

　　當然，即使是偉大的遠景，如果沒有清楚地規劃出實現的具體過程，亦無法使大家產生信心。因此，規劃出一個遠景的同時，還必須規劃出達到遠景的具體過程。

　　規畫是達到目標必經的過程，指的就是從現在到達到目標所採取的方法、手段及必經之路。目標是奮鬥達到的最終結果，由於要達到最終的結果並不容易，所以要設立為達到最後結果的前置目標（以此為第一次目標）。而要達到第二次目標也不容易，所以要設定達到第二次目標的前置目標（第三次目標）

　　要達到第三次目標也不容易……就這樣一步一步地設定次要目標，連接到現在。

　　為達到最後的結果就必須從最下位的基礎目標開始努力，一步一步地向前一位目標邁進，一直到完成每個目標。這一步一步展開前置目標的過程，就稱為「目標功能的進展」。

　　此「目標功能的進展」中，最下位的基礎目標必須設定在最接近目前的狀況，且盡可能的詳細而現實。也就是說，最下位的基礎目標是必須可以達到的。達到最下位的目標後，再以上一層的目標為目的。

　　這種達到目標的過程或手段，要規劃得愈仔細愈好。愈上位的目標，其過程或手段就愈概略，只要從下位目標一步一步地向上爬，最後一定可以達到。

　　像這樣把由跟前的現狀到達到目標的過程中，每一階段都規劃成一幅

幅的展望圖，這「目標功能的進展」若能一步步地實現，達到最終目標的
效果就愈顯著。

制定適宜的目標督促大家共同前進

　　企業的目標是吸引人才的強力磁場，所以經營者應該找出一個最適宜
的目標。

　　西元 1969 年 7 月 20 日，由三位太空人駕駛的美國太空船 —— 一阿
波羅XI號，成功地登陸月球，創下人類歷史上劃時代的偉大壯舉。在此之
前，登陸月球只是人類的夢想而已。這一次登月球的成功，可說是以美國
為中心的許多科學家和相關人士嘔心瀝血的結晶。

　　我們必須了解，這項偉大的阿波羅登月計畫，是從西元 1961 年美國
甘迺迪總統的聲明開始的。當時甘迺迪總統聲明：「到 1960 年代的末期，
美國一定要把人類送上月球」，從而確立了人類登陸月球的宏偉目標。由
於成千上萬的智慧和力量不斷地向著這個目標集中，最後終於憑阿波羅XI
號成功的登陸月球而實現，可見確立目標是一件很重要的事情。

　　對領導者而言，最重要的就是確立目標。主管本身不一定要具備對該
項事物的知識和技能。甘迺迪總統對於太空船的科學知識和技術也並不豐
富，像這種專業知識，只要有航太專家應付就可以了。可是，提出目標卻
是領導者的工作，這項工作除了領導者本身以外，不能靠他人來進行。當
然，目標必須切實可行，因此身為領導者，平常就要培養能夠確立目標的
見識。

　　目標確立之後，針對這個目標，有知識的人貢獻知識，有技能的人貢
獻技能。每個人貢獻自己的專長，匯聚各種不同的知識和力量，才能獲得
登陸月球的偉大成就。如果甘迺迪總統未曾揭示過登月目標，即使很有才

華的人，也有無從發揮之感，各種人才的力量也會因分散而削弱了。

　　所以領導者應該基於自己的知識或體驗，隨機應變，尋找出一個最適宜的目標，不斷地進行強化。也就是說，只有他自己能準確地做好這項工作。

德爾福的前途設計方案

　　不少很有才氣的年輕人常會有懷才不遇的感受，當他們覺得在現有職位上停滯不前時，就會用轉職以提高自己的價值。德爾福汽車公開有限公司的員工前途設計方案就是創造條件促進員工的成長，從而推動公司的成長。德爾福人力資源總監沈堅先生認為：「人才資源是公司發展的第一資源，如果用適當的方法加以引導，其價值將越來越大。」

　　德爾福的員工前途設計方案，衝破了傳統提拔人才的模式。公司透過對員工能力的評估，找出強項和弱項，並根據個性、興趣和特長，為其進行發展趨勢的設計，並採取相應的培訓使其揚長避短，最大限度地實現自身價值。

　　德爾福在選才之初，不僅考慮員工對應徵職位的適應性，更注重挖掘員工的潛力。應徵透過報紙廣告、網路查詢、員工推薦、就業博覽會，以及獵頭公司等渠道進行。應徵人員首先要通過某諮詢顧問公司提供的筆試測驗。沈堅先生介紹，筆試的題目並不複雜，主要是測評英文程度和相關經驗。面試則要分兩部分進行，業務部門的經理來面試有關該職位的專業程度，人事部門則要重點考察應徵人員的內涵，比如性格、氣質、言談以及以往工作的歷史與人際關係等，為今後員工前途設計方案的實施奠定基礎。

一個員工如果本職做得不錯，公司會怎樣獎勵他？獎金、表揚或是獎勵旅遊，這是一般公司的做法。德爾福考慮的是，他有沒有潛力做更高層級的職位，承擔更多的責任？如果有，哪些方面需要進行有目的的培訓？這便是員工前途設計方案的實質。部門經理根據員工的表現，向人事部門推薦有潛力的人選。由人事部門根據員工在「個人表現評定系統」中的指標，以及在日常交流中的表現，來為其前途進行設計。如根據員工現有的條件及差距為其設計培訓計畫，對英文程度稍遜的員工要考慮讓他到有語言環境的國外公司工作一段時間，對高層管理人員，則可以送到美國或在國內攻讀 MBA。

在德爾福公司，不論是從事何種工作的部門，其經理必須是 MBA。也就是說，身為管理人員，他不僅要具備財務、技術或銷售等方面的知識，也要懂得人力資源的管理，擔負選拔人才的責任。

「上司永遠壓著下屬」在德爾福是行不通的。他們認為：「如果一個部門經理所管理的下屬中，總是沒有能夠提拔的，那麼這個部門經理也就沒有升職的機會了。」

為員工提供深造機會，在德爾福看來是一種責任。員工素養的提升不僅可以使員工的滿意度提高，也會使公司整體的經營管理得以成長。在處於發展期的公司中，機會是無窮大的，員工不斷得到公司給予的機會，同時公司也會在市場競爭中不斷得到發展壯大的機會。

聯想的技術人才升遷體系

近幾年來，聯想電腦公司技術人員流動率不超過 5%，屬於正常流動範圍。聯想電腦的作法就是採取多種對策，營造一種適合技術人才發展的氛圍，其中對於技術人員的專業技術升遷制度就是一項重要舉措。

第五章　用發展鼓舞人

聯想電腦公司總裁室人員曾特地去美國微軟和英特爾等幾大 IT 企業考察，看到企業要想在市場中領先，就必須有技術驅動的道路，必須有自主技術型產品。這也更加堅定了聯想向技術驅動型企業的轉型。要做技術驅動型企業，先要有得力的技術人員團隊。聯想電腦公司實行專業技術升遷制度，就是為了給公司近千名技術人員一條發展之路，也是激勵和留住技術人才的一項舉措。

聯想電腦公司以前的升遷，技術人員有了成績，只能走經理、助理、副總這條行政級別。這種升遷形式對於缺乏管理能力，而技術能力又突出的技術人員難以適應，有其侷限性。

據負責這項工作的聯想電腦公司技術發展部的經理介紹，專業技術升遷制度跟我們熟悉的技術職稱完全不一樣，它是緊密結合聯想的實際業務，針對技術人員而制定的特別辦法。目前共有四個序列的技術職稱，即研發、工程、產品、技術支援。具體而言，這套專業技術升遷體系分為三大類八小級，初級工程師分為：技術員、助理工程師、工程師；中級工程師分為：主管工程師和資深工程師；高級工程師分為：副主任工程師、主任工程師、副總工程師。每一級在薪酬待遇上都跟行政級別有相對應關係。比如說，副主任工程師對應電腦公司二級部的副總經理這一級別。

為了進一步用事業感召技術人員，聯想電腦公司的技術升遷體系的薪酬待遇，又比相對應的行政級別高出一點。初級的差別不大，級別越高差別就越明顯。最後可能出現這樣的結果，技術人員業績突出被評為高級工程師，其薪酬待遇要比該部門的總經理還要高。技術人員完全沒必要只走行政級別這條獨木橋。這種作法無疑對留住技術人員產生好的作用，越是優秀的技術人才其薪酬待遇會越高，其他各種福利也會比較優厚，這樣會減少他們「跳槽」的可能性。

專業技術升遷體系最強調的是技術人員本身的技能和發現問題、解決問題的能力，這方面大概占到 80% 以上。一般來說，評價技術人員的技術成果比較容易考慮，但評價其技術能力和技術工作的組織能力卻是困難的事情，評得不好反而會在技術人員中引起負面作用。聯想電腦的做法，先要制定出可以描述並可以公開的標準，在這個標準上再制定更加細化的評價表。這個評價表把每一項都分出細項，如技術能力分為：知識和能力兩項，能力又分知識運用能力、學習能力、判斷能力等小項，透過對這些小項打分數，再根據權重可以最終得出一名技術人員在能力方面的價值。

專業技術升遷體系雖然一級一級定得很細，但對於少數能力特別突出的技術人員，公司會破格提拔。

多讓年輕人擔當重任

不少企業的人才分布總有這樣一個特點，那就是處於主管階層的、居於重要環節上負責任的，總是年齡大的人特別多。當然這一點與中老年人經驗豐富、閱歷廣泛有關係，年輕人好像只有做事和聽話的份，只能從較低的位置一點一點地往上爬。其實在實際工作中很多主管都有這樣的體會，單位裡某幾個年輕人著實才華出眾，對於這種年輕人，若不及時給他們一個擔當重任的機會，就會大大妨礙他們成才。

一般的主管，對於年輕人總懷有戒心，通常不給予重用。要知道，這樣是有礙人才發展的。

正確的做法是，對於真正有才華的年輕人，應該是一開始就把他們當成能獨當一面的人，委以重任，讓他們有機會表現自己的能力，即使任務稍重過頭，也無妨。萬一失敗了，就要求他們主動負起責任，查明相關原因，做好善後處理工作。總之，這一切責任都要由他們一肩挑起。如此，

第五章 用發展鼓舞人

才能促進他們儘快地成長。若是他們成功了，自然就給予其應得的獎勵。

　　年輕人大都有一個長處，就是對困難毫不畏懼，打不敗，壓不垮，初生牛犢不畏虎，有一股子勇氣。在他們的心目中，沒有哪一種失敗是不可挽回的。因此，他們從不推卸責任。所以，身為一個主管，應多讓年輕人承擔重任，給他們施展能力的舞臺，在磨練中迅速走向成熟。

　　當然，多讓年輕下屬擔當重任，也並不意味著自己責任可減輕，反而會增加自己的心理負擔。要知道，有時候輔導一個年輕人做成功一件事，可能要比自己單獨做花費的心血還要多。但是身為主管也不能因怕增加心理負擔和麻煩，而放棄讓屬下成長的責任。

不能總讓人才原地踏步

　　日本某設備工業公司材料部有位名叫山本的股長，因為能力優秀，科長因此分給他很多工作，而股長自己還有許多其他工作，諸如與其他部門合作，建立原單位的管理系統等。山本工作積極、人品好，深受周圍同事的好評。曾在該公司做過調查與採訪的富山芳雄認為山本很有前途。

　　然而，時隔數年，當富山芳雄再次到這家公司時，竟發現山本判若兩人。原以為山本已升任經理了，誰知他才是個小科長，而且離開了生產指揮系統的第一線，只當了一個材料部門的有職無權的空頭科長，沒有實質的工作內容，也無部下。此時的山本，給人的是一幅厭世的形象。

　　為什麼會出現如此讓人意想不到的變化？富山芳雄經過調查了解，才明白事情的真相，原來十年之間，他的上司換了三任。最初的科長，因為山本能力優秀，且十分可靠，絲毫就沒有讓他調動的想法。第二任科長在走馬上任時，人事部門曾提出調動提升山本的建議。然而，新任科長不同意馬上調走他，他回應人事部門，山本是工作主力，如果把他調走，勢必

要給自己的工作帶來很大的困難，因此造成工作的損失他是無法負責的，甚至挑釁地問道：「難道人事部門要替我的工作負責？」這樣，每一任科長都不肯放他走，山本只好長期被迫做同樣的工作，升遷之事只能不了了之。最初，他似乎能看得開，做得還不錯。然而，隨著時間的推移，他逐漸變得主觀、傲慢、固執，根本聽不進他人意見解，加之他對工作瞭如指掌，不願參考部下的意見，獨斷專行，盛氣凌人。結果，使得部下沒人願意在他身邊長久做任職，紛紛請調。而上司卻認為，他雖然工作內行，堪稱專家，然而卻無法適任更高的職務。正因為如此，使他比同期入公司的人升科長反而晚了一步。這又使他變得越來越固執，以致工作出了問題，最終被調離了第一線的指揮系統。

千萬不能總讓下屬原地踏步，特別是對那些優秀的下屬，更應信任他們，適時提拔。

每個人在某個職位上，都有一個最佳狀態時期。有的學者經研究提出了人的能力飽和曲線，身為主管，要經常加強「臺階」評估，了解下屬在能力飽和曲線上已經發展到哪個位置了。一方面，對於現在「臺階」上已經鍛鍊成熟的幹部，要讓他們承擔更有挑戰性的工作，或適時升遷到「臺階」上來，為他們提供新的用武之地，對一些特別優秀的幹部，要採取「小步快跑」和破格升遷的形式使他們充分施展才能。另一方面，對經過一段時間的實踐證明，對現有「臺階」鍛鍊適應不良的幹部，要及時調整下一級「臺階」去「補課」。如果我們在「臺階」問題上，魚目混珠，良莠不分，在任職時間上講求「平均主義」，必然埋沒甚至摧殘人才。如果該晉升的沒有晉升，不該晉升的卻晉升了，那就糟了。只要我們在臺階問題上堅持實事求是，按照人才成長的規律處理，就能夠造就一批又一批的優秀人才。

第五章　用發展鼓舞人

適時提拔有能力的員工

適時適度地提拔一些有能力的員工，不僅有利於企業的發展，還可以利用這些被提拔的員工，藉以了解其他員工的思想狀況，並據此有的放矢地做好員工的工作。

領導者所提拔的員工，自然會心存感激，至少應忠心耿耿。當企業遇到困難的時候，他們會主動伸出手協助領導者度過難關。當領導者的工作萬事俱備，只欠東風的時候，他們也往往能給予有力協助，造成示範的作用。

被提拔的員工往往比領導者更容易接近其他員工，而且他們之間的關係通常也比較密切。所以當領導者的某項正確決定不為員工理解而難以貫徹實施時，被提拔的員工一帶頭，大家也許就跟著一起做了。被提拔的員工如果向大家解釋領導者所做出決定的理由，大家可能會馬上理解。在這時，被提拔的員工無疑已成為領導者的得力助手。在員工之中選擇人才，加以提拔，並不是胡亂的選擇和提拔，務必要建立在一定的基礎上。

首先，被提拔的員工必須是德才兼備，令其他員工所信服的人。有些員工在業務能力、技術水準等方面的確高人一籌，出類拔萃，但是，如果他們缺乏起碼的職業道德，經常違反工作條例，不能夠給其他員工以好感，卻被領導者未加慎重考察地提拔上來，便很難說服其他員工，弄不好大家還會產生不滿情緒，為工作帶來麻煩。

還有一些員工善於拉攏人心，待人接物可圈可點，工作上從沒有違反過工作紀律，對同事、上司和其他人都一團和氣、八面玲瓏。但是，他們在實際工作中是水準低、能力差，工作任務勉勉強強能夠完成，且品質極差，對這種無才之人，儘管其他員工都給予一些好評，也絕不能提拔。如

果他真的被提拔上來，新的更重要的工作會使他招抵不上而敗下陣來，既影響了團隊的工作，又會讓被提拔者感到難堪。

更重要的是，儘管這種員工因為善於團結人而受到其他員工的好評，但是，如果他真的被選拔提拔了，那麼，其他員工就會有意見。他們會認為：這種人只不過人緣好，才能並不比別人高，甚至還要差一點，為什麼提拔他，而不提拔我們呢？再說，他根本就勝任不了新的工作。員工中存在這種意見，無疑也是有礙於工作的。

提拔人才須注重三種基本才能

一個團隊的最高領導者不可能事必躬親，因此，選拔任用各級各類管理人才，是一樁必不可少而又至關重要的事務。在選用管理人員時，首先必須重視、考察其是否具備管理者的基本才能，具體包括技術才能、人事才能和綜理全局的才能。

■ 技術才能

熟練掌握某種專業的技術，包括一系列方法、程序、工藝和技術等的專業活動。越是低層的管理者，技術才能越重要。對較高層的管理者，無須要求他熟悉掌握各種技術。管理者的技術才能一般是透過各種學校培訓出來的。

■ 人事才能

人事才能是指處理好人與人之間合作共事關係的一種能力。具有高度人事才能的人，很注意對待別人和團隊的態度、看法和信任情況，並了解這些感覺對工作是否有利。他能容忍不同的觀點、感情和信念，善於理解

第五章　用發展鼓舞人

別人的言行，並善於向他人表達自己的意圖。他致力於創造民主的氣氛，使員工敢於率直陳言而不擔心受到報復。這種人非常敏感，能判斷出一般人的需求和動機，並採取必要的對策而避免其不利影響。這種才能必須實實在在地、始終如一地表現在自己的言行裡，成為自己的有機組成部分。

對不同階層人的人事才能有不同的側重點：基層管理人員主要能讓員工協調一致地工作；中層管理人員則能承上啟下，聲息貫通；高級管理人員應該具有對人事關係的高度敏感性和洞察力。這種才能也和技術才能一樣，越是基層管理人員就越需具備這種才能。人事才能的培養，單靠在學校學習是不行的，還必須在實踐中不斷學習與體會。

■ 綜理全局的才能

這種把團隊作為一個整體來管理的才能，包括了解團隊中各種職能的相互關係，懂得一個部門內部的變化將如何影響其他各個部門，進而能看清團隊與行業、社會，乃至整個國家的政治、經濟力量之間的相互關係。這是成功決策的必備條件。

綜理全局的才能不僅極大地影響團隊內部各部門之間的有效合作，而且極大地影響團隊未來的發展方向和特點。實踐證明，一個高級管理者的作風往往對團隊的全部活動產生重大影響。這種才能是高層管理人員最重要的才能，它主宰著團隊的命運。

可見，在管理過程中，綜理全局的才能是一個統帥全局的因素，具有極其重要的意義。這個才能的獲得，必須靠長期在團隊中學習、實踐，並有領導者直接進行指導。

總之，這三種才能既互相連繫又互相獨立，是每個優秀的管理人員所必須具備的。

提拔人才不要跟著感覺走

　　人才提拔得當，可以產生積極的導向作用，培養向優秀員工看齊和積極向上的團隊精神，激勵全體員工的士氣。因此，領導者在決定提拔員工時，要做最周詳的考慮，以確保人選的素養條件。提升還應講原則，不能憑個人的喜好而濫用主管職權。

　　什麼是提拔依據呢？最重要的是務必要根據員工工作實績的好壞，其餘條件全是次要的。因為一個人在前一工作職位上表現的好壞，是可以用來預測他將來表現的指標的。切忌根據員工的個性作為提拔標準。提拔不是利用員工的個性，而是為發揮員工的才能。這也是最公正的辦法。這樣，不但能堵眾人之口，服眾人之心，而且能堵住後門，避免員工間的勾心鬥角。

　　儘管這個道理簡單明瞭，可許多人還是做不到，主要是因為他們跟著感覺走，被表面現象欺騙，以致失去了判斷力。

　　很多時候，提拔一個員工往往是因為他與領導者意氣相投，領導者喜歡他的性格。比如領導者是快刀斬亂麻的人，自然就願意提拔那些辦事乾脆俐落的員工；領導者是個十分穩當、凡事慢三拍的人，就樂意提拔性格審慎小心、謹慎萬分的員工；領導者是個心直口快的人，便不會提升那些說話婉轉、講策略的員工；領導者是愛出風頭、講排場、好面子的人，就不喜歡那些踏實，循規蹈矩的員工。另外還有一點，領導者普遍喜歡提拔性格溫順、老實聽話的員工，對性格倔犟、獨立意識較強的員工一般不感興趣。這樣提升的結果，便很可能造成用人失當。被提拔者很聽話，能順應領導者的脾氣，也「精明優秀」，但工作績效卻無法提升，而且還浪費了一批人才，致使一些性格不合領導者意，而又有真才實學的人卻報效無門。

第五章 用發展鼓舞人

升遷過快的弊病

論資排輩選拔只會壓制人才，鼓勵了撞鐘的和尚。可是，隨便打破提升的常規，提拔的人太多，升遷速度太快，也有弊端。

★ **無從考察業績**：明朝「中興之臣」張居正用「器必試而後知其利鈍，馬必駕而後知其弩良」，來說明人應該「試之以事，任之以事，更考其成」。考察員工的德、能、勤、績，應以業績為主。如果升遷太快，便無從考察。

★ **不利於員工的鍛鍊成長**：有的員工因升遷太快，沒有足夠積累知識和經驗的時間，也缺少一定的群眾基礎，不利於年輕員工的成長。

★ **不利於工作**：「打一槍換一個地方」，來不及掌握、積累工作經驗就升遷，還能有長遠打算嗎？其事業心、責任心能不受影響？

★ **刺激當官欲，助長職務上的攀比之風**：有的員工有心當官、無心做事，這山望著那山高，在一個臺階上還沒有站穩，就「吃碗裡看碗外」，甚至私下跑官、伸手要官。領導者要堅決杜絕這種狀況，嚴格控制超前升遷。

最後還須注意，人才晉升太快固然會產生不良的影響，太慢了也可能導致失望、人才流失而造成損失。因此在提拔員工時應把握機會，有個過渡期更好！特別是要掌握好破格提拔的「度」，不要由一個極端走向另一個極端。

不宜提拔的 5 種人

■「完人」

通常，才能越高的人，其缺點往往也越顯著。有高峰必有深谷。「樣樣都是」，必然一無是處，誰也不可能是十全十美。世界上不存在真正什麼都優秀的人，所謂優秀的人也只是在某些方面「優秀」而已。

■「複製品」式的人

這類員工的特徵是，以領導者的是非為是非，從衣著到日常小動作，都學領導者，簡直是領導者的複製品。

問題是，複製品終究比不上原本清晰，「複製品」員工即使被選為主管，至多做到循規蹈矩的地步，難以出現突破性的局面。

不過，有不少自命清高的領導者，都樂於見到自己成為員工的模仿對象，因為這能滿足他們的自大感。

其實真正有遠見的領導者，絕不會選擇和安排複製品型的員工做主管，因為這種人頂多能做到他們以前領導者的水準，很難攀上更高境界。

況且，面對著瞬息萬變的世界，管理、經營的手法、方針也需隨時改變，不可墨守成規。複製品型員工缺乏創新能力，只懂得按老皇曆辦事，很可能把整個團隊拖垮。

■「蜜蜂」式的人

這種人工作非常勤奮，好像一天四十八小時也不夠他們使用。別人上班前他已抵達辦公室，人家下班時他還在埋頭工作，甚至在假日時，他還放心不下，還要回到辦公室轉一轉。

第五章　用發展鼓舞人

相信許多領導者都喜歡這種類型員工。

不過，這些領導者可能把勤奮與效率劃上等號。實際上，勤奮工作的人不一定是有效率的人。

不知疲倦，如同蜜蜂一樣忙忙碌碌。對於這種人的工作態度和工作熱情，自然無可非議，問題是，選這種人做主管也許會產生許多負面的效果。這種人中的一部分做事不分先後、不分主次，只知道見工作就做，不知怎樣做更為合理、更為科學。因此常常是該辦的事情還沒辦，不那麼緊迫的事情卻優先辦好了。而且，這種人可能把勤奮與效率劃上等號，這也是他們致命的弱點。

身為一名主管，應該把主要精力集中到少數經過努力就能獲得突出成果的重要領域中去，他首先應做最重要的事情，次要的工作完全可以交給別人去做。集中精力是提高效率的關鍵，只有當他認知到集中精力辦一件事的重要性時，才能產出成果。他不應該為次要的問題而分散自己的精力。

總之，一旦選用這類人作主管，部門往往會處於嚴重的無政府狀態，甚至會使領導者辛苦建立起來的基業在短時間裡崩潰。

■「馬屁精」式的人

這種人不惜屈尊對上司吹牛拍馬，或是為了自己的升遷，或是為了環境條件的改善，或是為了自己的子女就業等，而所有這些都需要上司來成全。上司在他們的眼裡，完全成了他能夠達到自己個人目的的「希望之樹」，所以除了想方設法地吹捧上司外，別無他事可為。在他們眼裡，吹捧上司就會得利，而反駁上司的人只會吃虧。

這種人說的是一套，做的又是另外一套，表面上唯命是從，實際上暗

藏禍心。「笑裡藏刀」是這種人最生動的概括。若吹牛拍馬風盛行，勢必弄得真假難辨，是非不分，正氣不能發揚，邪氣泛濫成災，以致工作難以開展，職員的積極性受到壓抑。顯然，除非上司是一位典型的「昏君」，否則無論如何都不能選這種人為主管。可實際上，這種人在許多公司裡都很有市場。其主要原因不外乎兩個，一是這種人看透了人性的弱點（特別是上司喜歡聽奉承話），再加上他們吹捧的技術，所以能在公司裡風光一時；二是許多上司表面上說自己很民主開放，樂意聽取各方面的意見甚至批評，其實骨子裡最不能容忍下屬對他「挑刺」，因為他們覺得，這會有損他們的威信。

既然如此，身為下屬又何必去自討苦吃，乾脆從一併始就看上司的眼色行事說話，倒落得皆大歡喜。因此，要做到不選這樣的人做主管，上司也必須加強自身的修養。只有賢人才能選出賢才。

■「告密者」

在當今市場競爭十分激烈的環境下，告密型的人是公司最忌諱的。這種人的告密分兩種情況。一類是吃裡扒外，見利忘義，為了自己的私利不惜出賣公司發展的消息。這種人一旦掌握著部門的重要機密，並被安排在主管的位置上，對公司造成的損失將是無法估量的。另一類告密者就是在公司內部做小動作，打「小報告」，他們以向上司告密來博得信任和賞識。因此他們喜歡四處刺探員工或同事之間的祕密，連一句閒言碎語都不放過。為了表示自己的忠心，他們時刻不忘顯露出自己確實是眼觀六路、耳聽八方，有時甚至興風作浪，故意製造虛假消息，無事生非。

這類人能很容易贏得上司的歡心與信任，如果上司是一名精明優秀的老闆，他絕不會選用這種人做主管，因為這種人一般來說在辦事能力方面

第五章　用發展鼓舞人

不會太突出，才用這種手段來博得上司的青睞。再說，若委以重任，誰能保證他不告你或公司的「密」？另外，他的所作所為必定會引起員工的不滿，對整個公司的團結合作精神是一個嚴重的打擊。

第六章
用制度規範人

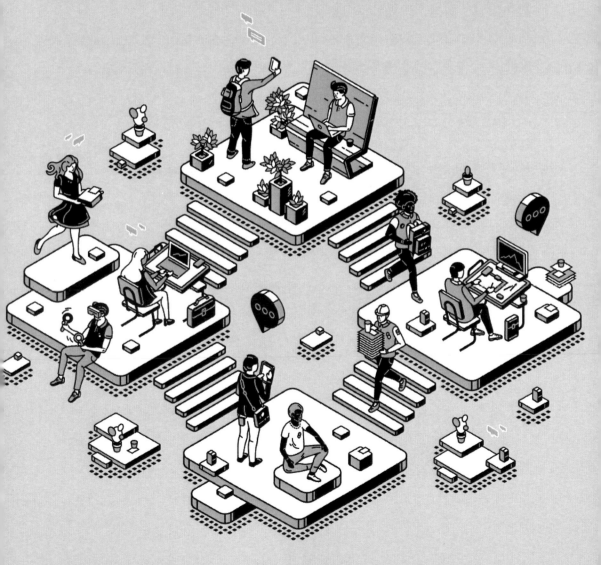

第六章　用制度規範人

制定規章制度必須符合實際

　　沒有規矩則不能成方圓。制訂規章制度，其目的是要人遵守，若是只空有形式，則毫無意義可言。因此，在制定規章制度之時，還要另訂立處罰違規者的規矩，以強迫他人遵守。

　　然而在某些企業中，有一些不合理的規定，這些規定若不加以改革或廢止，實難令人遵行。某電器製造廠有一條規定：工廠若延遲交貨，企業一律徵收違約金。但是一般情況下的延遲交貨多半事出有因，比如：不可抗拒的天災、人禍，或廠方耽誤造成的延遲交貨。故此項規定有名無實，應立即改正，擬一個折中性的辦法，以配合現實條件。如果是礙於面子，覺得剛制訂的規則馬上又要推翻，怕被員工笑話，那麼將來吃虧的仍是企業。

　　只有經過詳細了解實際情況，整理分析各種問題，然後制訂出來的合理可行的規章制度才有意義。與實際情況背道而馳的條文，則無疑於一紙空文。

　　只重理論的理想派主管，只知道一味地強調「勿××」的主張，比方：「凡企業員工一律閱讀企業簡報，不遵守的必須接受處罰。」假若企業簡報缺乏內容，詞不達意，有哪個員工會去看它呢？就算是強迫執行，也不會收到好的效果。

　　總之，若發現規章制度訂的不合理，須及早廢止，另做改善，或加以合理補充。千萬不能固步自封，否則這些規章制度將隨時日變遷而愈加脫離現實。

制定規章制度不可墨守成規

大多數員工往往會忽略所在企業的各項規章制度。

因此，管理者要經常詢問員工：「目前企業有哪些條文規定？請你作詳細地說明」。

若不這樣，員工根本不會關心到這個問題，更別提以這些規章制度為基準來從事他的工作。假使是這樣，有些員工也只是在做表面工作，而忽略了制度真正的內涵。

另一個問題則是關於規章制度本身。規章制度的制訂，目的是使一些不夠明晰的事項，經過明確判斷，定出一個共同的標準。所以，規章制度是具有時間性的，同時，它也是適應時代、環境而訂出來的，因此它絕非千古不變的定律。當社會發展變化、環境變遷以後，規章制度必然也會失去其合理性。因此，如何使企業的規定切合實際的需求，這是身為管理者最重要的一項工作。

制定規章制度一定要靈活，隨時間、環境的變化而變化，不可一成不變，如果用 20 年前的方法去管理現在的企業，那企業只會走向滅亡。

總之，管理者必須時時檢查企業訂立的各項規章制度，是否有不合情理或不切實際之處，一旦發現問題，就應拿出魄力來加以改革，這一點是千萬不可忽略的。但是也要注意一點，規章制度不可改得太勤，切忌朝令夕改，這樣只會讓員工對企業的管理失去信心，從而影響了員工積極性的發揮。

第六章　用制度規範人

貫徹規章制度必須公事公辦

　　現在辦事總有各種各樣的難處，有些事可以公事公辦，而有些事必須私事私辦。甚至有時公事私辦，有時私事公辦。隨著管理制度的健全，公事私辦和私事公辦都難以再存在了，而公事公辦則成為企業員工所應遵守的普遍原則。

　　身為企業主管，要想建立正常的工作秩序，就必須堅持公事公辦的原則。原則上講，企業的一切資源，只能在公事範圍內利用。同樣地，利用屬於企業的上班時間辦私事，也屬禁止之列。

　　主管必須告訴員工，一般時候若是利用工作時間做個人私事，這是不大妥當的。很多員工不大注意這些小節，容易犯一些錯誤，諸如看報、打私人電話、聊天等，這些都應徹底加以根除。如果萬不得已必須因私外出時，應向主管報告，並在獲得准許後才可離開。某些企業有工作中禁止會客的嚴格規定。如果真有緊迫的事必須和來訪的客人當面處理時，必須辦理正式請假手續才能去會客。得到批准後，會談時間也應儘早結束。如果超過預先批准的時間，必須再度與主管打招呼，徵得同意後方可繼續下去。

　　古兵法云：「用人不疑，疑人不用。」話雖如此說，但身為主管應該保持清醒的頭腦。從不相信員工的話語，或者盲目地認為員工絕對忠誠於自己，這都有可能使自己在不知不覺中處於被動不利的境地。誠然，主管對員工的懷疑會引起敵對情緒，弄不好會使員工寒心失望，也使自己也陷入孤立狀態，就屬於得不償失了。這就需要主管善於不動聲色地掌握員工的品性等各方面的情況，要明察秋毫。

　　身為主管難免遇到少數搗蛋鬼，而最難管最棘手的又是那種以軟對硬的搗蛋鬼。對付這種軟釘子，千萬不能心慈手軟，當硬則硬。

首先你要做到自律

有一句話是「善為人者能自為，善治人者能自治」。企業的規章制度能否深入人心，關鍵還在於主管是否有正確的自律意識。主管只有身體力行，以身作則，才能建立起人人遵守的規章制度。比如說要求企業的員工遵守時間，主管首先要做出榜樣；要求員工對自己的行為負責，主管也必須明白自己的職責，並對自己的行為負責。只有以身作則的主管，才能調動員工的自覺性，並影響他們朝著良性的方向發展。主管自己做不到的事，就不要要求員工去做；要求員工去掉缺點，就要首先自己去掉壞習慣。

主管應具有良好的自律性，成為員工的表率，最好能參照下面幾點建議身體力行：

第一，樂於接受監督。日本「最佳」電器株式會社社長北田先生，為了培養自己員工的自我約束能力，他自己創立了一套「金魚缸」式的管理方法。他認為，員工的眼睛是雪亮的，上司的一舉一動，員工們都看在眼裡，如果誰以權謀私，員工知道了就會瞧不起他。「金魚缸」式管理就是明確提出要提高管理工作的透明度，管理的透明度大了，把每個員工置於眾人監督之下，每個人自然就會加強自我約束。麥當勞公司曾一度出現嚴重虧損，公司總裁親自到各分公司、各部門去檢查工作，他發現各分公司、各部門的經理都習慣於坐在高靠背椅上指手畫腳。於是他向所有的麥當勞速食店發出指示，把所有經理坐的椅背鋸掉，以此促使經理們經常深入現場去發現問題，這種方法竟使麥當勞公司經營狀況獲得了極大的轉機。因為管理者與員工共乘著企業這一條船，只有平時同甘共苦，情況緊急時才會同舟共濟。

第六章　用制度規範人

　　第二，保持清廉儉樸。身為主管，應該清楚自己的節儉行為，具有很強的導向作用。主管的言行舉止是員工關注的中心和模仿的樣板。臺塑集團董事長王永慶曾說過：「勤儉是我們最大的優勢，放蕩無度是最大的錯誤。」他也是這樣做的。一個裝文件的信封可以使用 30 次以上，肥皂剩一小塊，還要黏在整塊肥皂上繼續使用。王永慶說：「雖是一塊錢的東西，也要撿起來加以利用。這不是小氣，而是一種精神，一種良好的習慣。」可見，若想成為一個卓越的主管應該率先從小事做起。

　　第三，對員工進行「觀念教育」。「觀念教育」也就是思想上的整頓，在一個朝氣蓬勃、蒸蒸日上的企業裡，必然會潛在著一種高尚又不脫離自己企業特色的經營觀念。這是下至員工、上達高層管理者的工作動力的一部分。在一個企業裡，如果一種觀念老化了，就應該給員工灌輸一種全新的觀念。

威信比權力更有效

　　主管應該放棄權力濫用，把精力轉移在建立威信上，也許效果會更好一些。聰明的主管很少會像封建社會那些專制的皇帝一樣，隨心所欲，更不能像封建社會的官僚那樣，信奉權力至上、做權力的奴隸。他們大多是在實際工作中，透過一點一滴工作經驗的積累，透過自己能力的施展，透過自己良好的品德風範的展示，逐步建立自己的威信。

　　有了威信，員工才能信服，企業的計畫才能得到迅速的實施。這時，主管具備了無形的感召力，所做出的決定，會得到員工一致的擁護，大家會齊心協力按照主管的決定去做。主管的決定所取得的良好效果，會得到大家一致稱讚，同時主管的威信也得到了進一步增強。

　　不按邏輯地隨意使用手中的權力，只會使主管失去威信，自信心下

降；而學會如何巧妙地使用權力，建立自己的威信，則會使主管信心大增。員工對自己的信任支持，是主管開展工作的強大後盾。

優秀的主管曉得如何謹慎選用字句來激勵員工。他會運用恰當的字句，鼓勵員工採取行動。他懂得在書面資料、口頭公告、報告、會議等方式上，想方設法要求員工採取行動。但身為主管只是把自己的想法說出來，就期望產生最佳效果，肯定是不夠的。不要期望每個員工都會從主管所提的建議，自動聯想下一步所應採取的行動。有時候主管需要把剛剛才講過的東西再強調一遍，然後再加上一句：「好啦，下一步我們怎麼做？」或是「我們怎樣把這些點子轉化為行動」？然後，就開始具體的實施計畫。不要忘記，一定要做出具體的行動來。

也有那麼一種主管，他們認為不逞威風，不向員工發脾氣就沒有主管的風範，就缺乏主管的威信，因而總是在員工面前擺出一副冷冰冰的面孔，經常亂發脾氣，讓人無法接近。這樣一來，員工的反抗心理勢必會被激化，許多該做或能做的事，也盡量拖著不做，反正出了事大家一起承擔。而且，如果員工不努力工作，失去員工的支持，這種主管也將毫無價值可言。這種「主管」是最笨的，也是最不該當「主管」的人。

其實，主管與下屬之間是一種合作關係，是一種如同太陽系一樣的相互吸引、相互依存的關係。要達到共同目的，有時先設法滿足員工的需求，反而更容易達到自己的需求，而管理者無謂地逞威風是沒有必要的。真正能理解這一點，並能切實做到這一地步的人不多。

一個團結的工作團體，是不允許有征服欲及命令欲望極強的主管存在的，這種人的存在和扮演的角色，絕不會使一個工作團體趨向團結。如果有人總是想著利用權力和命令去征服別人，那麼這種人肯定會非常引人反感。秦始皇本來很有作為，但其為人異常殘暴，結果短短幾年就把大好

第六章　用制度規範人

江山折騰得搖搖欲墜；紂王早年的表現也不錯，但後來卻只知一味發號施令而聽不進別人的意見，最終失江山於姬周。如果身為主管總是以一種冰冷嚴屬的命令口氣對待員工，根本不要指望能從員工那裡得到幫助，自己也終將一事無成。所謂「失人心者失天下」的道理便是如此。

身為一名主管，自己的體力也許比不上一個清潔工，自己的口才也許比不上一個長期從事推銷的員工，而自己的文筆也許又比不上新聘來的年輕祕書。主管可以從員工那裡學到的東西很多，這都有利於提高並充實主管的才能，使自己更容易為員工所接受。不要總是在思想中固守著自己是一個主管的觀念，你得先學習，然後才能管理他人。

如果主管已認知到自己的寫作水準很糟糕，而當下屬遞交上來的報告也很差勁時，那麼主管就不應該對他人一味地批評指責，而應該讓起草者或是由他人對這個報告再進行修改，而後再對這個報告進行磋商，使其達到大家認同的標準。甚至可以與員工先共同討論出一個草稿方案，最後確定由一個文筆較好的員工來執筆撰寫這個報告。過程雖然很繁瑣，但卻可以讓自己學到許多有價值的東西，同時也讓員工知道你是一個求實且可以信賴的主管。

有些主管，他們能夠調動起他周圍的人群的興趣指向，演說時常唾沫亂飛；天花亂墜，獲得熱烈的掌聲。但靜下心來仔細思考的時候，卻發現即使自己費盡力氣窮搜記憶，也找不出一件能值得人誇獎的實際內容。他們除了嘴皮上有點功夫之外，再不能給員工留下任何好感。

如果你的確是這樣一種誇誇其談的人，那麼自己就要多費點心了。如果你實力太差，員工是不會瞧得起你的。他們會隨著你的管理水準日益落後於形勢發展，越來越看不起現任的管理者。因此，只有不斷地學習，虛心請教，才可能維護好自己在員工中的威信。

虎不嘯不威

一團和氣的主管就是好主管嗎？非也。俗話說：虎不嘯不威，龍不吟不貴。有時候身為主管，有意識地發怒或者是採用某些嚴厲的態度，可以震懾某些不服管的員工，從效果上來講，更有益於管理。

身為主管，當一些員工對自己的存在已經有所忽略的時候，讓感情爆發是一個良機。此時的憤怒以及其他的強烈感情，已經成為有心計的行動，而不是作為一種自然流露的反應。

有位主管隨時注意採納員工的意見，希望盡可能使自己的決策與員工的意見相同。每次在決定計畫時，總是要開一系列的會議，請員工提意見。倘若大家一致認為目標難以達到，他便降低目標的水準；如果員工要求增加自主權，他也盡量滿足他們的要求。實際上他一直是使自己的決策遷就於員工的要求和意見，他以為這麼做會使企業上下一心，企業的業務會得到迅速發展，但事與願違，員工總是指責規劃不周，或是想方設法找客觀理由為自己的辦事不力開脫責任。

等到第二次部署任務時，主管仍然小心翼翼地結合各方面的意見，希望拿出一個沒有異議的方案。但仍舊無濟於事，這種結果是因為主管對員工過於遷就，以至於失去了主管的權威。在企業裡，員工所希望主管做的事是拿出魄力來領導整個企業。倘若主管自己毫無自信，一味地曲意迎合員工，則員工往往會視之為軟弱可欺，於是他們便敷衍了事、拈輕怕重、肆無忌憚、恣意妄為。

身為主管，就應該站在比員工角度更高的層次去看待問題和處理問題。當員工和主管之間因管理方法發生矛盾時，就必須站在某種利益的立場上去解決問題，這時，光講「民主」不行，要學古人治水，「宜疏不宜堵」。

第六章　用制度規範人

嚴如鍾馗執劍，寬如慈母憐子

馬之所以能夠奮蹄狂奔，是因為騎手手裡的鞭子；員工之所以能夠令行禁止，是因為他懼怕上司的權力。一個古老的管理定律是：威信才能使員工易於管理，嚴格才能使員工畏懼。

許多主管都在抱怨管理工作難做，許多員工我行我素，對規章制度不聞不問，不把管理者放在眼中。

下列經驗是很多主管在實踐中得來的，可以作為參考。

主管要建立起威信，才能讓員工謹慎做事。平常應以溫和、商討的方式引導員工自動自覺地做事。當員工犯錯誤的時候，則要立刻給予嚴厲的糾正，並進一步地積極引導他們走向正確的方向，絕不能敷衍了事。因此，一個主管如果對員工違紀違規現象縱容過度，工作場所的秩序就無法維持，也培養不出好人才。換句話說，要形成員工敬重遵章守紀的人，鄙視違法亂紀的現象，就必須表彰那些自覺遵守規章制度的人，嚴懲違規違章現象，使違規違章現象沒有市場。只有人人嚴於律己，才能建立起完整的工作制度，工作才能順利進展。如果太照顧人情世故，反而會造成損失。

無論用人或訓練人才，主管都要一手嚴如鍾馗執劍，另一手卻寬如慈母憐子，做到寬嚴得體，才能得到員工的崇敬。

當員工們的工作普遍表現不佳時，敏感的主管必須要尋找產生這種現象的原因。如果不是相關工作的因素造成的，那麼很可能是員工的私人問題在打擾他們的工作。有些主管對這種現象採取「這不是我的責任」而忽視它，這是不對的。應該義正辭嚴地告誡員工好好工作，否則就要使自己損失更大的利益。

從小處著手

不管在企業或公家機關，規章制度都是管理中必不可少的一個重要方面。

身為管理者一定會有這樣的體會：企業裡制定的不少條條框框，在很多時候根本沒有作用。剛給員工發了一本關於工作規則的小冊子，如果第二天再收上來，可能連一半都收不上來了，因為員工也許已隨手把它扔掉，或者放在了他自己都忘記的地方，有些企業為此也使用了一些強制性政策。比如隨機抽查來強制員工背紀律手冊，一條一條地背。如果不幸被抽查到有某條或某幾條答不上來，企業就實行扣分或罰款，有些企業還開展員工規章制度知識方面的知識競賽，透過獎勵的辦法來調動員工們對規章制度的重視。

不管獎也好，罰也罷，活動開展得轟轟烈烈，可在實際工作中卻收不到效果。不少管理者只能不住地嘆息：「唉，現在的年輕人太缺乏素養了。」

面對這種局面管理者該怎麼辦呢？從實際著手、從小處著手就是解決這個問題的最好的辦法。

首先，從員工的生活抓起，發現小錯誤就說服他們、及時糾正他們，讓員工從小事養成自覺遵守規章制度的習慣。例如，在員工的宿舍裡，時時要求他們保持整潔，制定的標準要具體一些，檢查時要嚴格一些。這些都是小事，員工都能很輕鬆地做到，如因違例批評他們時，他們自己也會無話可說。

從小事上著手規範管理，就是要培養員工服從管理的意識，養成遵守規章制度的習慣。

第六章　用制度規範人

　　如果在員工中進行了一次突然抽查時發現，能把工作制度記得三五條的人寥寥無幾。看著員工工作起來敷衍搪塞的樣子，管理者一遍一遍地給他們糾正，也不見有什麼起色，沒有大的進展。面對這種混亂的局面，管理者又該怎麼辦呢？

　　仍然是上面的辦法，從小處入手培養他們好的意識。

　　木匠師傅，總是不厭其煩地交待學徒要保養好刨子、斧子、磨刀石等這一套工具，為什麼呢？磨刀石的功用不只是能磨出鋒利的刀刃，更重要的是它能磨練出學徒的耐力和毅力。做事馬虎的人，其磨刀石必然長滿了紅色的鐵鏽，反之，一位名匠的磨刀石，應該是光澤明亮的。

　　在企業裡，員工對自己用具的整理工作又做到了多少呢？如果突然去採訪一個大企業的工作場所，管理者就不難發現：

★ 椅子或桌子上，文件放得亂七八糟，有些文件上面還帶著模糊的腳印；

★ 桌子、椅子、電腦上，淨是灰塵；

★ 椅套很久沒洗了，不過比工作服還乾淨一點；

★ 下班後電燈一直開著，沒有人動手關掉；

★ 尚可利用的鉛筆，過早地扔進了廢紙簍裡。

　　員工的這些表現，不僅表現了他們對企業辦公設備的不珍惜，同時也間接說明了他們工作態度的不認真。從這些小地方可以直接看出一個人的內心與修養。身為管理者只要懂得從這些小地方入手，就可以很好培養員工的修養。

　　從細小之處重視員工良好工作習慣的培養，這是貫徹規章制度的必經之路，也是更進一步地管理好員工的關鍵。

要一碗水端平

管理者與員工之間是一種相互依賴、相互制約的關係。這種關係處於良好的狀態時，管理者與員工的需求就得到了滿足。

這就是人們所講的「太陽系式」的管理，它和「金字塔式」的管理截然不同。前者是相互吸引、共同存在的關係；後者是一級壓一級的關係，是趨於淘汰的管理方式，不是以人為本的管理。一般來說，管理者需要員工對本職盡職盡責，勤奮努力，圓滿地、創造性地完成任務。而員工則希望管理者在工作上能夠重用自己，取得成就時能夠認可自己，在待遇上合理分配，在生活上給予關心。

對員工傷害最大的往往是，當員工工作取得成績時受表揚的是上司；而當上司工作發生失誤時，受責備的卻是員工，這就造成員工的心理失衡。因此，管理者要善於發現和研究哪些是員工關注的中心，並抓住這些中心問題，最大限度地滿足員工最迫切的需求，從而激發員工的積極性。

管理者在與員工關係的處理上，要一視同仁，同等對待。不能因外界或個人情緒的影響，表現得時冷時熱。

當然，有些管理者本意並無厚此薄彼之意，但在實際工作中，難免願意接觸與自己愛好相似、脾氣相近的員工，無形中冷落了另一部分員工。因此，管理者要適當地調整情緒，增加與自己性格愛好不同的員工的交往，尤其對那些曾反對過自己，且已被事實證明反對錯了的員工，更需要經常交流感情，防止造成不必要的誤會與隔閡。

有些管理者對那些工作能力強、使用起來得心應手的員工，親密度能夠一如既往。而對工作能力較弱，或話不投機的員工，親密度不能持久，甚至冷眼相看，這樣管理者與員工的關係就會逐漸疏遠。

第六章　用制度規範人

　　有一種狀況應該注意，有些管理者把與員工建立親密無間的感情和遷就照顧錯誤地劃上等號。對員工的一些不合理，甚至無理要求也一味遷就，以感情代替原則，把同事間單純的工作感情庸俗化。這樣從長遠和實質上看，是把員工引入了地雷區。

　　而且，用放棄原則來維持與員工的感情，雖然一時起點作用，但時間一長，害的不只是員工，管理者自己也會受傷害。

　　管理者在交往中要廉潔奉公，要善於擺脫「饋贈」的繩索。無功受祿，往往容易上當，掉進別人設下的圈套，因此會授人以柄。

　　領導者幫助了別人，也不要以功臣自居，否則施恩圖報，投桃報李，你來我往，自然被「裙帶」關係纏住，也會受制於人。

　　饋贈是一種加強連繫的方式，但在正常的人際交往中往往誘使管理者誤入歧途。有些饋贈的背後隱藏著某種企圖，特別是在有利害衝突的交往中，隨便接受饋贈，等於讓人抓住了把柄，讓別人牽著鼻子走。

　　管理者在交往中，要注意自己身邊員工的狀況，從實際情況來看，管理者的行為在很大程度上受制於其貼近的人，這些人對於管理活動中，既有積極作用又有消極作用。平時，管理者在一些事情上是依靠他們實現管理的，而他們又轉靠「別人」的幫助，來完成管理者的委託，於是就出現了「逆向」的情況。管理者周圍的人可直接影響管理行為，而「別人」又可左右這些人的行為，時間一長便形成了一條「熟人鏈」。

　　顯然，這些人不僅向管理者表達自身的需求，而且還時常要為「別人」辦事，這也增加了制約管理者因素。

　　管理者應該注意身邊人的制約，不僅要調整好與他們的關係，而且要注意經常改變他們的人員結構，提高他們的素養，避免給自己的工作增加阻力和困難。

平等的迷思

　　某企業經理，對於員工的人事考核感到很傷腦筋，於是，索性給所有的員工一樣的分數，而後向員工解釋：「不管哪一個，看起來都很不錯，因此……」

　　其實，即使是同校的學生，也並不意味著他們有相同的能力。因而採取這種評分的方法，多是由於管理者本身缺乏判斷力的緣故。表面上看來，好像做到了平等；事實上，再也沒有比這更不平等的了。

　　要想真正做到平等，就必須對每一位員工的個性、能力、特點加以區分，制定一套標準，在平等的標準上，找出個別的差異，這才叫做真正的平等。

　　就男女平等的觀點來說，也是一樣的。女性員工有她們特有的能力與適應性，若忽視了這些，分派與男性員工同樣的工作，則非但不能適當地發揮她們的能力，顯然還會造成對她們的傷害。看似平等待遇，而事實上卻造成不能發揮女性員工特有能力的不平等之舉。

　　也有些管理者，考慮到員工個人的貢獻不同，於是將獎金按年資、經驗、待遇高低等來分配。這樣一來，年長的員工占了便宜；新來的員工即使盡了全力，也無法獲得應得的報償，難免會抱怨不公平。

　　總之，要做到公平是很難的，越是擔心不公平，就越可能會有不滿的呼聲。身為一個優秀的管理者，在平常的行事中，就應該建立平等的標準和態度，脫離違背了這個標準，就要自我反省，如此才能獲得員工的信賴。

第六章　用制度規範人

能人與制度誰重要

西元 1970 年代，日本伊藤洋貨行的董事長伊藤雅俊突然解僱了曾經戰功赫赫的岸信一雄，在日本商界引起了一次很大的震動，就連輿論界都用輕蔑尖刻的口吻批評伊藤。

人們都為岸信一雄打抱不平，指責伊藤過河拆橋，看到岸信一雄已沒有利用價值便解僱了他。在輿論的猛烈攻擊下，伊藤雅俊卻反駁道：「紀律和秩序是企業的生命，不守紀律的人一定要處以重罰，即使會因此而影響戰鬥力也在所不惜。」

事情到底是怎樣的呢？

洋貨行經理岸信一雄是由「東食公司」跳槽到伊藤洋貨行的。伊藤洋貨行是以衣料買賣起家的，它的食品部門比較弱，因此伊藤從「東食公司」挖來了岸信一雄。「東食」是三井企業的食品公司，在食品業經營的行業裡數「龍頭老大」。有能力、有熱忱的岸信一雄來到伊藤洋貨行，無疑是為伊藤洋貨行注入一劑強心劑。

事實上，岸信一雄的表現也相當好，十年間他將經營業績提升數十倍，使得伊藤洋貨行的食品部門呈現一片蓬勃的景象。

但從一開始，岸信一雄和伊藤雅俊之間的工作態度和對經營銷售方面的觀念即呈現極大的不同，時間越長裂痕越深。岸信一雄是屬於海派型，非常重視對外開拓，經常超支交際費用，對下屬員工也放任自流，這和伊藤的管理方式完全不同。

伊藤是走傳統、保守的路線，一切以顧客為主，不注重與批發商、零售商們的交際、應酬，對員工的要求也十分嚴格，要求以嚴密的單位作為經營的基礎。岸信一雄的做法讓伊藤無法接受，伊藤因此要求他改善工作

態度，按照伊藤洋貨行的經營方法去做。

但是岸信一雄根本不加以理會，依然按照自己的做法去做，而且業績依然達到計畫以上，甚至有飛躍性的增加。因此，自負的岸信一雄就更不肯改正自己的做法了。他說：「我們做的一切都這麼好，證明這種經營方式沒錯，為什麼要改？」

如此，意見分歧愈來愈大，終於到了不可收拾的地步，伊藤只好下定決心解僱岸信一雄。在伊藤眼裡，這件事不只是人情的問題，也不是如輿論所說的是「過河拆橋」，而是關係著整個企業的存亡問題。對於最重視規章制度的伊藤而言，食品部門的業績固然持續上升，但他卻無法容忍「治外法權」如此持續下去。因為，這樣做只會毀掉過去辛辛苦苦建立的企業體制和企業基礎。從這一角度來看這件事，伊藤的做法是正確的，規章制度的確是不容忽視的。

要激發員工的士氣，除了鼓勵之外，沒有什麼比規章制度更為重要的了。規章制度能夠對人產生重要的約束力，也是團隊的精神連接紐帶。

古代統帥帶兵打仗，從來都以軍紀為約束軍隊、提高戰鬥力的關鍵。統帥向來以嚴明的軍紀來約束士兵，主張軍隊之中愛兵之道以嚴厲為主，如果過於寬厚，那麼軍心就會渙散而浮躁，因此絕不可因人才難得而遷就他們。舍軍令而遷就人才，好像捨本逐末，最終也將得不到人才。

過去有許多著名將領十分看重軍隊的士氣，清代曾國藩就是其中之一，他最不喜歡那些仗劍走江湖的大俠，而更看重軍隊中鐵的紀律。在祁門時，曾有一人前來投奔，自稱皖省名俠許蔭秋。他武藝一流，但曾國藩考慮到軍中紀律如鐵，俠士則以散漫、遊走為習，故不收留。幕僚問他原因何在。他說這種劍俠大多是無賴流氓，不受約束，邪多正少，不知遵守國家法度，雖武功高超，但留下來則會破壞軍紀且會影響軍中風氣。曾國

第六章　用制度規範人

藩始終沒有破壞了自己的規矩，即使對愛將也是如此。

規章制度無論對企業還是對軍隊、或其他團隊，都是十分重要的，沒有規矩，不成方圓。如果沒有嚴格的規章制度約束，員工我行我素，那企業便猶如一盤散沙，毫無競爭力，也不會創造出更大的價值。

抓住典型，殺雞儆猴

在某些情況下，如果並非某一員工總是犯錯誤，而是絕大部分員工都如此，團隊已處於無序狀態，甚至於主管的命令已不能產生效用，這時候，最好的辦法是抓住某一特定的資深人員作為典型處理，殺雞儆猴，犧牲個人，以挽救整個部門。

抓典型的方法非常有效。如果責備整個部門，將會使大家產生每個人都有錯誤之感而分散責任；同樣地，大家也有可能認為每個人都沒有錯。所以，只懲戒嚴重過失者，可使其他人員心想：「幸虧我沒有錯」，進而約束自己盡量不犯錯誤。而且，如果受指責的對象是資深或重要的幹部，其效果必然倍增。因為部門內緊張感提高後，每個人必會心懷愧疚地自責：「他被責罵是因為我們的緣故！」如此一來，下屬們會暗自慶幸，並且一定會加倍努力工作；部門則會恢復到有序的狀態。

當然，這並非鼓勵要在部門內，無中生有或捕風捉影地找某人的麻煩。只是在任何企業，均需要透過刺激資深人員。來使全體人員具有蓬勃的朝氣，進而達到企業的目標。所以為了整頓部門內部渙散的士氣，有時不妨刻意製造一點緊張的氣氛，大膽地犧牲一員。

給不聽話的員工一點顏色

　　不聽話的員工一般都是那些資歷深、自恃有一定專長，或自恃與公司大客戶關係好的員工，管理或批評這樣的員工，首先要弄清楚該員工對公司的重要性，他的專長是否難以替代？他與客戶的關係有否涉及私下的利益？假如他真的暫時無可替代，公司沒了他又會受到損失的話，不妨暫時容忍他。最好私下找機會和他談談，了解一下他不聽話的原因。是否公司有什麼不對？或是同事間有矛盾？了解到原因自然可以對症下藥，公司也不想隨便損失一名有用的員工。

　　當然，有的員工不聽話，只不過是員工本身的驕傲自滿作怪，以為公司少了他不行，所以氣焰囂張。如果這樣，最好先物色適當的員工並安排下屬逐步接替他的工作。不過這種對策在時機未成熟前，最好別讓他知道，可以鼓勵他多休假，好趁機要他把工作交給別人。同時，又可借升職為藉口，要他培養一些接班人。

　　另外，也可以在必要時用幾個人分擔他的工作。而客戶方面，則要由高層方面著手，努力加強相互間的連繫。其實在商言商，只要雙方合作順利，客戶是不會輕易跟員工「跳槽」的，客戶和某一員工關係好，只是想工作方便而已。

　　最後，如果你以為一切都已準備好，那麼應該抓住時機立即把他解僱，盡量減少他對公司造成的影響，同時向其他員工解釋解僱的原因。假如這個人一直恃功專橫，員工也會慶幸公司能把他解僱，這對鼓舞士氣也有幫助。

第六章　用制度規範人

對阻礙企業發展的員工堅決予以開除

在團隊發展中，開除或解聘職員是不可避免的事，也是主管在工作中較為難的事。

如果領導者決定解聘人，儘管有充分的理由，但是解聘將給對方帶來巨大的影響，有時仍然會感到難以痛下決心。可這是必須做，而且還必須做好的事。效率低下的員工必須被開除，領導者的同情心只能表現在為他們積極尋找新的工作上。解聘之前，要先給予他們幾次警告，讓他們明確知道自己行為不合標準，需自覺地予以改正。對多次教育仍達不到要求者，則應在適當的時候，指明他的行為仍不合格，將面臨被解聘的危險。

一旦真正解聘，他們會有許多的牢騷、怨恨、困難訴說，此時不必給予任何回答或承諾，領導者在同情他們的處境之餘，只能對他們說：為了企業的利益，我只能而且必須這麼做。

若想開除或解聘一個（批）員工，切不可在大會上當面宣布，這樣無論是因為什麼，被解聘的員工都會感到非常尷尬和不快。最好是在下班後將他單獨留下，坐下來面對面談這個問題。談話的方式非常重要，不要硬邦邦地甩出一句：「你被解僱了。」然後拿出一疊錢摔給他。即使對該員工仍為不滿也不該這樣。你應該耐心地回顧一下他所犯的錯誤，當然也沒必要都講透。你可以這樣說：企業對工作有一定的標準，我認為這些標準都是在公正合理的基礎上建立的。請你想想，為什麼你總達不到這些標準的要求。我知道你也並非不努力，但結果令我們大家都感到非常失望。我想這個工作不太適合你，你的才能或許在其他方面能發揮更好。從現在起我們決定停止你的職務，我對此深感抱歉，這是你的薪酬，包括解聘費。希望你能在新的公司做出一番新的成績。

這樣，既達到了目的，又沒有給對方造成太大的傷害，相信他不會記恨的。當對方在其他領域有所建樹時，說不定還會心存感激。特別是對解聘惹是生非的員工時，一定要注意策略，這種人最善於揭人傷疤。很有可能會激化矛盾，發生一些本不該發生的事。因此，尊重這種人的人格，不要揭他的「傷疤」。俗話說：「忍一時風平浪靜，退一步海闊天空。」解聘他便是硬手段，好言相勸就是軟方法，軟硬結合效果可能會更好。

正常解聘對別的員工也會多少有點影響。不管被解聘的人水準多低，他總會得到同事的同情，而領導者則被看做是毫無情面的人。這很正常，解聘本來也有殺雞儆猴的含義在內，他們一般也能夠感覺到這層含義。另一方面，領導者言出必行，有始有終，才會受到員工敬畏。

處罰過後的溝通疏導

企業員工犯下了不可原諒的錯誤，理應受到應得的處罰。也許他對自己所受到的處罰，思想一時轉不過彎來，這就需要領導者私下與他談一談，交換一下意見。

所謂交換意見，並不是領導者對受處罰的員工嘮叨，一股腦地對他進行教育和訓話，而是讓對方參與到談話中，進行交流。否則，即使領導者說了大半天，如果沒有說到點子上，也沒有實際作用，對方還會產生反感。

在談話中，要引導下屬逐漸步入正軌，理解到自己受處罰並非是主管有意為難他。如果對方確有委屈或難言之隱，理應表示體諒，並說一些勸慰的話。

要讓員工明白，處罰絕不是針對個人的，而是對事而言的，請他不要

第六章　用制度規範人

過於激動，以免引起誤會。許多員工會認為，他們受到了處罰，那麼他們的人格同時也就受到了侮辱。領導者需要讓他們明白，所有的處罰都是為了團隊的利益和發展，不是故意去損害某個人的感情。

在肯定被處罰對象的工作成績時，領導者要坦誠善意地指出對方違反了什麼紀律，這會給團隊工作造成什麼樣的不良影響，做到循循善誘，務必防止簡單粗暴。

在談話結束時，領導者不妨為受處罰對象尋找一個合適的客觀原因和理由，讓對方明白這次受處罰是一次失誤，希望他下次能夠避免這種失誤，這樣容易讓對方下得了臺階。同時還要告訴對方，他的工作態度一直都是很好的，希望他以後在工作中為了團隊的發展而繼續努力。

在行使了處罰手段之後，再進行和風細雨的一次談話，有勸說，有疏導，有安慰，有勉勵，只有這樣，才能讓下屬心服口服，在改正錯誤的同時，繼續不遺餘力地為團隊效力。實際上，只有這樣做了，才算得上是個真正的領導者。

第七章
因才用人的點子

第七章　因才用人的點子

用人只用其所長

　　一個工程師在新產品的開發上也許會卓有成效，但讓他當一名業務員就不適合；反之，一個成功的業務員在產品促銷上可能會很有一套，但他對於如何開發新產品卻會一籌莫展。有這樣一個例子：一家大型化學公司花費重金僱用了一位著名的化學教授為其做某一重要產品的開發，然而幾年過去了，老闆終於不得不痛心地承認，僱用這名教授是個天大的錯誤。原因是這位老教授在寧靜的大學校園裡做理論研究可能很有成效，但置身於市場競爭極為激烈的使用研究中，則無法適應巨大的壓力，所以無法推出適銷對路的產品。聘請這樣的人對公司無疑是一種損失。如果老闆在決定僱用一個人之前，能詳細地了解此人的專長，並確認這一專長確實是公司所需的話，這一用錯人的悲劇就可能被避免了。

　　用人的智慧和藝術，有時尤其需要表現在偏才的運用上。三國時期諸葛亮手下的人才主要來源於兩個方面，一是早年跟隨劉備走南闖北的舊部，如張飛、關羽等人；二是跟隨劉備入川的荊楚人士，如龐統、蔣琬等。對於這兩路人才，他都一視同仁，只要誰有真本事，符合賢才標準，都予以錄用。在用人上，諸葛孔明從不求全責備，只要是某一方面有專長的人才，哪怕有一些缺點，該用時也要加以重用。他的手下有兩個性情古怪的人，一個叫楊儀，一個叫魏延。楊儀足智多謀，能提供意見；魏延勇猛無比，很會打仗，但他們也有太多的短處。就個性說，楊儀十分固執，魏延非常霸道。對於這樣有明顯缺點的人，諸葛亮還是大膽地使用，用其所長，避其所短。在用人上，他並不論資排輩，不論出身，只要有功績、有本事，都予以提拔。

　　同樣，劉邦也十分善用智才。他用智才能用其所長，有如把好鋼用在

刀刃上，適得其所，鋒利無比。當年他能將驍勇善戰的項羽打得一敗塗地，全得力於他善用人之所長。

例如張良能「運籌帷幄之中，決勝千里之外」，是個出謀劃策，當參謀作軍師的優秀人才，劉邦就讓他擔任智囊；蕭何「鎮國家，撫百姓，給饋餉，不絕糧道」，是擔任後勤、當管家的好人才，劉邦就充分發揮他這方面的優勢，讓他理財，掌管內政事務；韓信「連百萬之軍，戰必勝，攻必取」，劉邦就使他帶兵馳騁疆場，衝鋒陷陣……

如此，將這些各有所長，各有所用的人組合成一個團隊，就如一把鋒利無比的尖刀，可以直搗敵人要害之處。

聘用比你聰明的下屬

從人的虛榮心和安全感方面來看，很多主管只願意聘用比自己稍遜一籌的人做下屬，而不樂意聘用比自己更聰明的人。這一問題在公司起步階段還不明顯。因為這時公司的業務量還不多，只要有一個精明優秀的主管就足可應付了。但當業務發展後，每一級管理人員都只希望錄用比自己能力差的下屬，公司便會成為侏儒公司，就難以向外界推銷你的產品，而只能突出你個人。而這時，你已無力包攬整個公司的業務了，只能從整體管理。而你一個比一個遜色的下屬，只會使你的公司暮氣沉沉，日落西山。所以，為了公司的未來，還是聘用比你聰明的下屬為好。

駕馭業務菁英

一個公司一般難得有幾個業務菁英。但是，管理好這些業務菁英是有學問可言的。公司很難保證他們不跳槽，更難用新人取代他們，而他們被

第七章　因才用人的點子

快速提升後，也容易給公司的眾多人以很大震動，產生不平衡感。身為一個經理，你必須時時在「超級明星」正當的晉升需求，與這些提升在公司其他人之中造成的震動之間做出權衡。有時候提拔這些「超級明星」，反而埋沒了他們某個方面的才能。例如，你將最優秀的業務員提升為行銷經理以後，因為這個業務員成為管理人員，整個銷售額從而就下降了。解決這個問題的關鍵之處在於，不要把受重用狹隘地理解為在職務上的晉升。更恰當的做法是，讓他們在保持原來業務的同時，擔負更多的工作。

對有優越感的下屬應區別對待

員工的優越感是什麼呢？如果不正確理解和對待的話，他們就會以此為資本隨便顯示出來。這種情況有時制約了公司的發展。

如果是那種家庭、素養、經歷都很好，而且能力又比較突出的人，可以說是優秀分子。若你有這樣的員工，應該充分利用他們。即使他們比你年輕，也要尊重他們。

那些沒有實際工作能力而又「優越感」很強的人，並不是真正的優秀人才，所謂優越只是他們自己的一種心理感覺。對於這種人不能委以重任，但卻要引導他們正確對待自己與公司的關係。

如果老闆自己有優越感的話，首先要自我檢討。因為這種思想會導致讓員工不信任你。

公司需要有能力的人作為中流砥柱，尊重有能力的人也是理所當然的。

真正有能力的人不會有意炫耀自己的學歷、出身和經歷。只要你能夠充分肯定他們的成績，真誠地與他們交流，他們一定會為公司的發展做出貢獻。反之，與他們對立有百害而無一利的。

充分發展有成就感者的才能

在企業裡，往往遇到一些成就感很強的人，他們總是追求崇高，渴望成功，而且具備成功的各種素養。他們聰明優秀，自信自強，具有不凡的創新意識和勇於創新的膽識，這種人不論做什麼事，總是竭盡全力（當然首先要他們願意），而且一般都能完成得非常出色。他們喜歡設定特殊的目標，同時也能圓滿完成這些目標。時間的緊迫，外界的干擾，個人的挫折或情緒的變化，通常難以影響他們優異的表現。他們勇於接受挑戰，越是沒人優秀、敢做的事，他們越是有做好的慾望。

擁有這類員工，可以說是公司的一大資產，好比你擁有一塊玉石，想把它雕成一塊玉器珍品，卻又是一件困難的事一樣，要管理好這類人，並能最大限度地發揮他們的能力，是一件極為不易的事。

正因為他們是一群特殊團體，和他們特殊才能相映襯的是他們的特殊心理、特殊處世方式以及特殊的個性。他們往往自以為是，相當自負，不會輕易改變自己的觀點。他們從來不喜愛受人操縱和受人支配。對待主管，他們不喜歡那種指手畫腳的命令，雖然他們本身更注重內容，辦事也講實效，但他們卻很注重自己的形象，也要求別人尊重他們的形象。他們最在乎的是別人的認可，最希望得到的是主管的信任，而薪水高低有時他們卻並不在意。

對於這些有卓越成就感的員工，管理者們容易犯一些錯誤，走進一些管理迷思。有些主管怕出亂子，不會輕易放手讓他們大刀闊斧的闖蕩。也有些主管好嫉妒，總感覺這些人是對自己的一種威脅，他們的優秀能襯托出自己的無能，所以想方設法地壓制他們，所以就不輕易給他們機會。還有些主管有著強烈的支配欲，想方設法要表現自己的地位，軟硬兼施地企

第七章　因才用人的點子

圖控制他們。

顯然這些做法都不能使這類人充分發揮他們的聰明才智，結果很可能是他們離你而去。其實要駕馭一個人，最有效的辦法就是設法讓他知道，我很看重你，然後能滿足他最需要的同時，又毫不留情而又妥當地指出他的不足，這時你就能處於一種積極主動的位置。

首先，可以試著給他們一些特別的指標，而且要盡量高一些的指標，這會讓他們感到一種信任和挑戰；然後限定日期，這是壓力，以期充分發揮他們的才能；同時能給他們一些特殊優惠的工作條件、特殊的權力，這是一種特別的重視，這就更能激發他們的鬥志。在平時要給機會讓他們發表自己的觀點，給他們表現的機會。但要記住，要經常冷靜地指出他們觀點中的不足，雖然他們的觀點中有很多是精闢的，但指出一點不足還是容易的，也是必要的，這樣就能很好地駕馭他們。當然在工作中，不要忘了經常對他們的出色表現給以及時、誠懇的讚揚。

但如果公司的薪水制度不合理的話，也是個大問題，因為他們也希望得到相應的報酬，否則他們會感到這是一種不信任，似乎自己沒有被認可。

應考慮負面條件

所謂負面條件，就是指與某種職業特點不相適應的條件，比如，某項工作中若附帶不少額外的瑣碎細節，就不能挑選一名很有創意的人；如果這個工作職位還必須長時間接聽一些抱怨性質的電話，就不能挑選一個脾氣火爆的人。

工作負面條件的產生，往往是由其自身特點決定的。例如，公安局長工作稍有失誤，就容易遭受市民的指責甚至謾罵；一個物資採購人員，常

遇到賄賂的考驗等。也有的是由他所扮演的角色衝突造成的。所謂角色，是指在特定的社會形態中，處於某個特定的位置時，某人所執行的職能。當一個人同時處在幾個互不相容的地位時，或當一個角色具有幾個互不相容的期望時，就產生了角色衝突。而當一個人擔任某項工作職務以後，他在社會上就扮演了至少兩個以上的角色。比如，一個地質勘探隊員，同時，他又是一個孩子的爸爸、一個妻子的丈夫，這三個角色之間的衝突，就暴露了地質勘探工作的負面條件，即長年在外而不能顧及對孩子的教育和對妻子的關心。

不管哪項工作都有其負面條件，無一可免。對於行政領導工作，除了需要較強的組織能力、管理水準及維繫人際互動的能力以外，也有其容易浮誇、易於腐敗等負面特點；對於軍事幹部，既需要較強的指揮能力、果敢精神和剛勇之氣，也有其傷亡可能性大、長年服役在外等負面特點；對於企業職員，既有技術要求高、業務能力強、責任感強以外，也有受機器「束縛」、聽命於別人指揮等負面特點。所以，因事擇人，假設把事情考慮得過度樂觀，哪怕所擇之人符合了事情的正面條件的要求，也有為負面條件所困擾的可能。

當然，工作本身就是調整用人的槓桿，對於一切不適應其需要者，必然要求選擇、調整，但是，也還是應該盡量事先考慮周到，正面和負面條件皆有所顧及者為好。

避免用人「功能過剩」

職能配對，一方面要考慮是否勝任其職，另一方面要防止「功能過剩」，即避免「大材小用」。因為，「大材小用」勢必造成一個人能力的部分浪費；勢必造成「高位」無人才可用和「低位」人才堆積的情況；勢必挫

第七章　因才用人的點子

傷「大材小用」人員的積極性，使其「騎馬找馬」，另圖高就，難安其心。

那麼，如何避免用人功能過剩呢？

★ **任人標準不可貪求太高**：任人標準假如超過實際需求而定得太高，則必然使人望而止步，會使人們對職業估價太高，這固然對一部分進取心、事業心較強的人是一種「帶挑戰性」的有趣工作。但是，如果他們就職後，發現這項工作「輕而易舉」，毫無進取可能，必然導致另圖他就。比如，很多企業應徵時，一律列出了「大學畢業，英語六級以上」等條件，實際上，不過是招個祕書。當然，我們並不反對嚴格用人標準，只是提醒要考慮現有的客觀條件和客觀實際需求，否則必然會有違因事擇人之初衷。

★ **任人標準不可太武斷，而應帶有一定的靈活性**：因為，過度武斷，則會使人增加壓迫感，尤其是一些對自己能力估計不足的性格內向者，更是望而卻步。正確的做法是把任人標準據事之所需，分為必要條件和參考條件兩種，必要條件就是從事某種工作不可缺少的必備條件；參考條件即是有之更好，無之也可的條件。在備選人員較多的條件下，必要條件則可高一些，反之，則可低一些。不過，也必須以「勝任工作」為原則。

★ **取消一切不必要的標準**：添加不必要的條件和標準，在客觀上縮小了備選人員範圍，增加任人的難度，實為畫蛇添足，多此一舉。例如，要求一位市長精通農業耕作；要求一位經理熟悉文學創作；要求一位電工具有較強的口頭表達能力，則無必要。儘管要求市長精通耕作，經理熟悉文學，電工精於演講其實也不為壞事，可是如果真的列上這一條，恐怕能勝任者也就減少了。

有人說，用人問題上，要想熟練地進行加法，同時必須精通乘法。藉此強調知識面放寬對勝任工作的重要性。不可否認，放寬知識面對於工作確有一定的積極影響，可是，進行加法者，則未必一定要精通乘法，如果真的精通於乘法，那最好的辦法是將其從「加法」職位調至「乘法」職位，否則，會有「大材小用」之虞。

較短量長，唯器是適

既然「材無大小，各有所宜」，那麼，就應比較其長處短處，根據它的「大小」，取恰當之處加以利用。但是，在實際工作中，卻並非如此，常有既知其「大小」，而又隨意用者。因而造成「大材小用」、「小材大用」，甚至錯用人才的情況。因此，任人必須按照「唯器是適」的原則，切忌發生下列情況。

■ 忌大材小用

《莊子‧讓王》中記載著這樣一段話：「今且有人於此，以隨侯之珠，彈千仞之雀，世必笑之。是何也？則其所用者重，而所要者輕也。」其意在諷刺那種得不償失的做法。這種用「高射炮打蚊子」的做法，在任人中則稱之為「大材小用」，也即指把菁英人才安在很低的職位上。宋朝陸游《劍南詩稿‧送辛幼安殿撰造朝》詩：「大材小用古所嘆，管仲蕭何實流亞。」《後漢書‧邊讓傳》也曾記述：「『函牛之鼎以烹雞，多汁則淡而不可食，少汁則熬而不可熟。』此言大器之於小用，固有所不宜也。」可見，大材小用歷來為任人者之大忌，之所以如此，是因為大材小用，不能使人盡其才，才盡其用。

第七章　因才用人的點子

造成大材小用的原因，非常複雜，但在一般情況下，有的是因為用人沒掌握要領，正如王安石所說：「雖得天下之瑰材杰智，而用之不得其方。」所以造成大材小用。有的是出於嫉賢妒能，而有意識性的大材小用，從而使他有能力也無法展現。有的則是因為某些特定的環境和條件所造成的。例如，當兵少官多時，不得已而降級使用；事少人多時，不得已而「委屈」求職；貧困潦倒時，不得已而暫且棲身等。還有的是因為講求論資排輩等陳規陋習所造成的。

禁忌隨珠彈雀，首先，必須理解「隨珠」之高昂價值，使其深感失之可惜，必然引起厚愛。其次，必須知其所用而用之。古人言：「屠龍之會，非日不偉。時無所用，莫若履稀。」最後，必須有石子泥丸加以配合，以作小用，否則雀飛可惜。明白了上述這個道理，則用人之理也自明了。

■ 忌小材大用

《荀子‧榮辱》言：「短綆不可以汲深井之泉。」就是說短繩打不出深井水，比喻能力小，難以擔當大任，也稱之為「小材大用」之說。

與大材小用一樣，小材大用在現實生活中也較普遍，有的學業不高，經驗不足，然而被任為主管職務；有的只知一業一職，而不知數業數職，卻被委為「全權負責」；有的教育程度不高，而又不勤奮自學，卻被授予他中高級職稱；有的文字功底極差，卻擔當「祕書」，甚至「祕書長」之職；還有的甚至只認識幾個英文字母，卻被委為外文資料保管人員。如此之事，不一而足。究其原因，一是「世無英雄，遂使豎子成名」、「矮子之中選將軍」，擇其高者而用，豈知「高」者不高，仍為小材大用。二是「狐朋狗友」，裙帶之下皆為「人杰」，於是小材便為「大材」，「大材」理所當然大用，其實，仍為小材大用。三是醉眼矇矓，視小為「大」，嘴

饞心軟，指庸為「賢」，受其賄，則許以諾，吃其請，則用其人，所以小材便得以大任。四是不識虛華，以為「滿腹經綸」；或受「高論」矇蔽，視之為「才華橫溢」，加以「愛才之心，人皆有之」，便以偶得「瑰寶」，奉若神明，委以重任。殊不知是「繡花枕頭，外表雖美，內裡卻是滿腹草包」。

「短綆汲深」，小材大用，弊端很多。一是「蜘蛛舉鼎」，小力撐重，雖竭盡全力，心力交瘁而徒勞無益，一無所獲；二是「以管窺天，以蠡測海，以莛叩鐘」，觀察事物出入太大，處理事務失誤多多，雖當大任，難成大事，即使是時間長遠，在實踐中學得一、二，工作稍有進步，也是以團隊的重大損失為代價，即所謂付之以「巨大學費」；三是「不才者進，則有才者之路塞。」「小材」排擠「大材」。「小材」占據高位，而「大材」就只有小用，甚至無所事事，如此而大小顛倒，上下紊亂，舉事皆廢。

因此，「人各有才，才各有大小。大者安其大而無忽於小，小者樂其小而無慕於大。是以各適其用而不表其長。」心理學上有這樣一個概念，叫做「能力閾值」，是指與某種工作性質相對應的智力水準。也就是說某項工作需要的智力水準是有一個值的，超過了則是「大才小用」；不夠則是「趕鴨子上架」。人事心理學認為，每一種工作也有一個能力閾限值，即每一種工作都只須恰如其分的某種智力水準。只有這樣，才能使工作效率盡可能的提高，同時又可避免人才浪費和人格異常現象。而導致人格異常的主要心理因素，就在於智商過高的人從事比較簡單的工作，從而對工作感到乏味，致使工作效率低下；反之，智力水準偏低或智力平庸的人，去從事比較複雜或比較精深的工作時，也常嘆力不從心，從而產生焦慮心理和人格異常。因此，領導者並不一定要把智力最優秀的人全部投入某一

第七章　因才用人的點子

項工作，也不需要讓能力低下者去完成過重的工作，使其短綆汲深，勉為其難，而應該是合理地確定每一種工作所需要的能力閾限值，因事擇人，選擇與該工作相適應的人員。

■ 忌用材錯位

有這樣一首古詩：「駿馬能歷險，力田不如牛。堅車能負重，渡河不如舟。舍長以就短，智者難為謀。生材貴適知，慎勿多苛求。」可見，除大材小用，小材大用之外，還有一忌，即「用材錯位」。

「用材錯位」主要表現在兩個方面。

第一，外行當做內行使用，即不論其能力水準高低，是否對口適職，就委以重任，使之擔負重要的工作，結果業務一竅不通；技術更是缺乏。正如《孫子》所說：「不知軍之可以進，而謂之進；不知軍之可以退，而謂之退」，「不知三軍之事，而同（干涉）三軍之政」，「不知三軍之權，而同三軍之任」，這樣的軍隊若不被打敗，那麼世上就沒有勝敗可言了。有這樣一則報導，一位畢業於知名大學機械製造專業的工程師，在設計方面頗有專長，二十多年來，工作做得非常出色，曾受到相關部門的多次表彰。正當他潛心致力於科學研究工作之時，他所在的工廠卻要提升他當副廠長，主管廠內的後勤工作。這位工程師考慮到自己的實際情況，向廠長陳述了不適任的理由。廠長卻說：「這是主管決定，不要不識抬舉」，他只好苦在心中，硬著頭皮上任了。試想，這樣的工程技術人員，在其從未接觸過後勤管理工作的情況下，擔任副廠長領導團隊，是不是「錯位」？又何以能夠勝任？

第二，「所學非所用，所任非所能」。世間的萬事萬物，都各有其用；人之才能，各有其適，如果「亂點鴛鴦譜」，必致「兩敗俱傷」。但

實際上，任人隨意，不考慮其長短處而用之多有發生。明人馮夢龍的《古今談概》中記述這樣一件事：吳郡人陸廬峰在京城一家商店裡看到一方石硯，該硯上面有個豆粒大的凸面，中間黑如點漆，四周密密環繞著幾千道淡黃色的暈紋，看起來像八哥鳥的眼睛，但因囊中羞澀，賣主索價又高，遺憾而拂袖而去。返回客店，陸廬峰終於咬牙跺腳，下決心取出一錠銀子交給門生，囑咐他速去買回那方石硯。門生捧著石硯歸來，卻不見其「眼」，陸廬峰以為門生買錯了。不料門生回答：「我嫌它有點凸起，便請石匠幫忙把那『眼』磨平了。」陸廬峰聽罷，叫苦不迭。石硯貴在有「眼」，而外行卻認為它多餘，竟致磨平，一失千金，這實在是「任非所能」之害的典型案例呀！

用材錯位的原因的確很多，有的因為領導者不善用人而又固執己見，硬要人們「姑舍汝所學而從我」，以至學用錯位；有的是因為領導者嫉賢妒能，排斥異己，故意使其「駿馬力田」、「堅車渡河」，以示冷遇；還有的是因為知人不全，知事卻又淺陋，加之組織能力又不行，而致用人混亂，處事不周，多使部屬學用錯位。

那麼，如何才能避免用材錯位呢？合理的做法就是「因人而使，各取所長」。春秋戰國時《逸周書·官人解》所提出的用人細則——「九用」任才法頗有借鑑價值：「平仁而有慮者使是治國家而長百姓，慈惠而有理者使是長鄉邑而治你子，直憨而忠正者使是在百官而察善否，順直而察聽者使是民之獄訟，出納辭令，臨事而潔正者使是守內藏而治壤地而長百工，接給而廣中者使是治諸侯而待賓客，猛毅而度斷者使是治軍事而為邊境」。這段話的意思是說：公正、仁義，有智謀的人可擔任國家官員和地方首長；仁慈、厚道且知事理者，可以擔任基層主管；正直、忠誠、信用者，可以擔任檢察官；公正、求實，善於鑑察者，可做法官；凡事廉潔奉

第七章　因才用人的點子

公者，可作財務官員；能謹慎鑑察並廉潔公正者，可做主管分配和賞賜的官員；善於謀劃和經營事務者，可作農工、生產管理人員；善於交際並能處理好人際關係的人，可作外交官員；勇敢、剛毅，善於估計形勢和果斷決策者可作軍事統帥。用人如果能做到這樣精細，這樣的因人器使，那麼任用人才就沒有錯位可言。

物盡其用，人盡其才

　　因人器使的目的正是在於人盡其才。所謂工作效率，首要因素在於「人盡其力」，如果「匏瓜滿腰，繫而不食」，即使「任人唯賢」，也是徒勞。作好人盡其力呢？必得做到如下三條：

　　第一，用人之長。如果人們「所習非所用，所用非所長」，必然「智者無以稱其職」，「巧者易以飭是非」，提出要跟歐美人學習，「無論做什麼事，都要用專家，比如練習打仗要用軍事家，開辦工廠便要用工程師，對於政治也知道要用專家。」「文學淵博者為士師，農學熟悉者為農長，工程練達者為監工，商情諳習者為商董。」只有這樣，才能人盡其才，而「人既盡其才，則百事俱舉；百事俱舉矣，則富強不及謀也。」

　　但是，如果「地不同生」，而任之以一種，責其俱生不可得；人不同能，而任之以一事，不可責遍成。責焉無已，智者有不能給；求焉無厭，天地有不能贍也。所以英明的人任用人，「諂諛不邇乎左右，阿黨不治乎本朝；任人之長，不強其短，任人之工，不張其拙。此任人之大略也。」意思是說，地不相同，而種植同一種植物，不可能都長得茂盛；能力不同的人，而讓其做一樣的事，職責無界，即使是智慧之士也有不盡其才，不果之事。所以，任人必因人器用，用其所長，而不能強人所難，用其所拙。

　　第二，擇人任勢。即根據事業發展過程中的不同情況，擇其能應變自如、臨機解決問題的人而任之，也可叫「因勢擇人」。因為，有這樣一類人，他們儘管沒有六韜三略以治軍，滿腹經綸以治政，但才思敏捷，能言善辯，應變能力較強，往往能夠取勝於困難之中。晏子使楚，巧答楚王，不辱使命，就是一個明顯的例子。但是，如果不能因勢而擇人，那麼不僅不能使其盡力勝任，甚至會招致失敗。《三國演義》中記述，諸葛亮忽聞司馬懿兵近街亭，急忙之中派馬謖帶兵前往，結果馬謖不根據實際情況，面對強敵，錯誤決策，丟失重地街亭。使全軍「陷於死地」，大敗而回。可見馬謖只知照搬兵書，而不能「臨機應變」，因熱決策，此錯雖在馬謖，而諸葛亮也有臨事錯擇其人之責。而實際上，馬謖並不是無能之輩，在諸葛亮率軍征南之初，馬謖曾就開發西南提出過一整套極其正確的建議，尤其是他的「攻心為上，攻城為下；心戰為上，兵戰為下」的策略思想，在後來的南征中起過極其重要的作用。可見，馬謖確有其長，只是諸葛亮未能因勢擇人，是所謂「智者千慮，必有一失」也。

　　當然，物盡其用，貨暢其流，人盡其才也與其他各種因素有關，諸如是否任之以專，是否組織得當，是否管理得法等，但擇其重要者則是上述兩點。

垃圾只是擺錯了地方

　　「垃圾是擺錯地方的物品」，說的是世間萬物都有它的可用之處，沒有哪一種是無用的；千千萬萬的人，都是可用的，沒有哪一人可以稱他為「廢人」。有些人，看起來無用，實際上是人們未識其可用之處，正如古人所說：「山木自寇也，膏火自煎也。桂可食，故伐之；漆可用，故割

第七章　因才用人的點子

之。人皆知有用之用，而莫知無用之用也。」

其實，有用無用要根據現實環境作具體分析。每個人都有自己的才識，每個人都有自己的長短，在某種條件下，他可能顯得「無用」，而在另一種條件下，卻可能是不可或缺的能手。

這裡所指條件，一是，時機不同，用人的環境不同。這裡所指的「時機與環境」，一為時機，即時機未到，待而觀望，時機一到，立顯身手。二為時間，人之成長，總有一個時間過程，時間不至，才識不熟，難以為用，而一旦時至成熟，才可能勝任。三為時勢，太平盛世，可顯露許多治世良才，而難以發現兵戰良將；相反，紛亂戰世，可顯露許多作戰將領，可又較難發現治世良才。古代的毛遂自薦之前，不僅長期閒而無用，而且吃飯要吃好的，出門要坐車，其慾望真是難以滿足。而自薦以後，卻於急難之中立有大功，使人刮目相看，視為大才。

二是事之不同，用之不同。物之不同，各有其用；人之不同，各有其能。如果不根據他的才能，任意使用，則大多數的人能力和要辦的事不合，而顯其無用。《韓非子·楊權》篇中說：物有所宜，材有所施，只有各處其宜，才能各顯其能。而如果顛倒錯用，使雞捕鼠，令狸司夜，則必顯其無用。

三是識之不同，用之不同。未識其能，視為無用，而識之其能，則可能視為「大才」。而且，只看清他的一面，僅知其一面之能；而識其全面，則知其全面之能。諸葛亮閒居隆中，躬耕隴田，如果不為劉備所識，恐怕也不會「三顧茅廬」。這正如古人所說：「玉札丹砂，赤箭青芝，牛溲馬勃，敗鼓之皮，俱收並蓄，待用無疑者，醫師之良也。」可見，一個良醫，不僅應看重「玉札丹砂」，而且也應看重「牛溲馬勃」，後者看起來是兩種很不值錢的中草藥，似無大用；而一旦差缺，可值千金。物之如

此，人也一樣，常常在其失去之時才顯示其存在的價值。所以，正如俗話所說，要「聽其無言之言」一樣，要「識其無用之用」。

避免多核心與無核心

在論述這個問題之前，我們先讀以下三則小故事。

故事一：某廠在規劃領導團隊時，廠長、主任人選非常難定，一直沒有好的方案，最後只好讓一位長期從事技術工作的總工程師任廠長，一位本分踏實，但缺乏決斷力的副主任升遷為主任。合作上沒有問題，但遇到事情就沒人願意主導，常常是主任請廠長拍板，廠長請主任決斷。不到一年，企業管理紊亂，職員牢騷滿腹，主任和廠長汗沒少流，覺沒多睡，力氣沒少花，可是工作卻江河日下，真是啞巴吃黃連，有苦難言。

故事二：某縣領導團隊換屆選舉後，似乎耳目一新，增加了幾個新面孔，乍看還顯得生機勃勃，分工時卻傻了眼，不得不讓一個學農業、長期從事農業研究工作的副縣長去推動工業相關政策，一年後的民意調查，這位副縣長不勝任票高達 50% 以上。

從上述故事中我們可以看到，規劃領導團隊時，忽視人才組合的結果，要麼是多核心，要麼是無核心。多核心，不能形成戰鬥堡壘，反而使堡壘裡展開了鬥爭。無核心導致整個團隊軟弱渙散，如一盤散沙，團隊缺乏戰鬥力、號召力。

總而言之，無論是多核心，還是無核心，都犯了人才組合的大忌，都是用人者應特別注意避免的問題。

第七章　因才用人的點子

欲得千里馬，先愛百里駒

人們都愛「千里馬」，但有識之士卻更愛「百里駒」。這並不是輕重倒置，而是因為「百里駒」確有許多可愛之處，略舉幾點如下：

■「百里駒」是「千里馬」之源

世上「千里馬」並非天生就有，牠們都是從「百里駒」中篩選出來的。從生理上看，「千里馬」的成長有一個過程，而「百里駒」正是「千里馬」最初的雛形；從技能上看，「千里馬」千里之能的發展也有一個過程，而「百里駒」的實踐努力，正是「千里馬」的經驗之源。人才也是如此，今日著名的學者、專家、教授等等，最初也是從昨日無名小卒中成長起來的。他們在學習和實踐的過程中，憑藉自己的刻苦和勤奮，積累了較常人更深刻的知識和更豐富的經驗，因而能夠做出超乎常人的貢獻和建樹。

■「百里駒」是事業發展的基本力量

社會進步需要全人類的共同努力，事業發展需要全體人員的團結奮鬥，當然，「千里馬」做出了重要貢獻，可是大量的工作仍依靠「百里駒」去完成。「紅花還需綠葉配」，而綠葉總比紅花多，何況，無花之綠葉或許有一定的觀賞價值，而片葉全無的單枝孤花則有點滑稽了。同理，一些出類拔萃的賢能之士，離開眾人的支持和努力，則將一事無成，偉大的物理學家牛頓所說「我是站在別人的肩膀上前進的」正是此道理，高級技術人員若沒有初級技術人員及全體職員的合作，也將無能為力。要「百里駒」日行千里，雖然望塵莫及，而讓「千里馬」轉圈推磨，也將會是疲乏無力。

■ 近處「百里駒」可取，遠處「千里馬」難尋

「千里馬」得之雖可慶幸，但尋之卻很艱難。倘若放棄近處「百里駒」不用，而待之以「千里馬」效力，猶如等待遠水以救近火。韓非子曾對此種現象做過十分形象的批評：梁肉雖好，但百日不食以待梁肉者必死；同理，堯、舜雖賢，但不能待古之大賢以治當世之政；王良善馭，但當今之駿馬也不能等待古之王良駕馭；越人善游，但中原人落水更不能等待千里之外的越人來救。所以說，凡事因人器使，量才而用。

■「百里駒」也能致千里

古人日：「馬效千里，不必驥騎；人期賢知，不必孔墨。」意思是說：欲至千里，不一定非得良馬不行，「百里駒」也未嘗不可。「百駒接力，千里可至」；「眾駒良馭，泰山可舉」。只要組織有方，從「駒」出力，何愁事不成，功不立，千里不至！

由此可見，「百里駒」確有許多可愛之處，也確有其力量所在，任何輕視、排斥「百里駒」的想法和做法都是錯誤的。當然，我們也不否認「千里馬」的領先作用，但是，絕不能用少數「千里馬」來否定大多數「百里駒」。正確的做法應該是「馬作馬用，駒作駒使，恰當安排，各得所宜」。

用人才要講究時機

墨子有以下一句很深刻的話：「良弓難張，然可以及高人深；良馬難乘，然可以任重致遠；良才難令，然可以致君見尊。」這句話的意思是，好弓雖然很難拉開，但用它射出的箭卻可以既射得高遠又進得深；好馬雖然

第七章　因才用人的點子

難以駕馭，但卻可以馱重物又走得很遠；優秀人才是難得馴順的，但卻可以幫助成就大業。在一些人的眼裡，年輕人辦事不牢，個性強的人容易闖禍，這兩種人總是很難進入團隊的。年輕人即使進團隊被放於次要位置，個性比較強的「野馬」進團隊就更難，熬個三年五載，也難以被重用。

害怕承擔風險的另一種表現是用人不求時效。有人研究證明：一個腦力勞動者，其工作年輕時是最富有效率的年代。這些人到 40 歲以後，年齡和成就之間就開始呈現出反比關係。據統計，歷史上 1,249 名科學家和 1,928 項重大科學研究成果，按年齡統計得出最佳年齡期為 25 ～ 45 歲，最佳年齡巔峰為 37 歲左右。《科學界的菁英》的作者哈里特‧朱克曼對諾貝爾科學獎獲得者進行分析指出，世界上 286 名獲獎者從事獲獎研究的年齡平均為 38.7 歲。人們對管理人才的年齡與成就的關係也進行了研究，結果顯示工程師在技術職位上擔負最重要工作的年齡是 37 歲，而他們轉向管理工作的年齡則在 47 歲。另外，工程技術人員最優秀的年齡是 35 歲，而管理者最優秀的年齡則是在 40 歲出頭的時候。無論是管理者還是工程技術人員，他們最關心的問題是，他們成績最出色的時間（至少是別人認可的時間）好像太短了，不僅比展現成績以前的時間短，而且也比以後無大事可做的時間要短。

有經驗的領導者都有一個共同的切身體會，即用人行為的發展過程非常複雜，儘管領導者手中掌握著看似顯赫的用人大權，可是在很多時候，卻並不能隨心所欲地使用下屬。在將用人知識轉變為用人行為，最終實現自己的用人目標的過程中，領導者的用人選擇，往往要受制於許多內外在因素。有時候，錯過一次用人機遇，就將有一批下屬必須為此再等待若干年，有可能一輩子也沒有施展才華的機遇。為此，身為一個對下屬負責任的領導者，就必須認真把握每一次極其寶貴的用人契機，盡可能在契機降

臨之際，適時晉用那些德才兼備、實績卓著的優秀下屬。這種適時捕捉用人機遇，晉用已經成熟的優秀人才的用人謀略，謂之為適時晉用人才謀略。

在選用人才時，為什麼必須做到適時呢？

這是因為，每個人才，都有他一生中的最佳時期，而對每個人才的選用，又有對其健康成長最為有利的恰當時機，能否選擇最為有利的恰當時機，去適時選用處於最佳時期的各類人才，其效果是截然不同的。

所謂最佳時期，目前人才學界有兩種解釋，一種觀點認為，可以從人才的接近成熟期，或者叫基本成熟期算起，加上他的整個最佳年齡區，就是人才一生中的最佳時期；還有一種觀點認為，人才的最佳時期，實際上應該短於他的最佳年齡區，一般可以從他的基本成熟期算起，直到他的巔峰狀況時期（即巔峰年齡）為止。根據上述兩種觀點，便可以粗略計算出每一個人才的最佳時期。例如，某個領導人才的基本成熟期為30歲左右，他的最佳年齡區為35～55歲，他的巔峰年齡為45歲，那麼，他一生中的最佳時期，就是從30歲左右至45歲之間，或者從30歲左右至55歲之間。鑑於每個人才的基本成熟期、最佳年齡期和巔峰年齡，都各有差異，長短不一，所以在計算人才的最佳時期時，應該因人而異。

所謂選用人才的恰當時機，應該符合以下兩個基本條件：①能夠最充分地利用他的最佳時期，使人才在他精力最充沛、才華最橫溢的時期，為國家和企業做出盡可能多的貢獻；②對其健康成長最為有利，能夠產生激勵作用，促其成長。只有在這恰當的時候，大膽地、及時地將人才選拔到重要的職位上，才算準確捕捉到了恰當時機，用當其時。

在具體運用適時選用人才謀略時，身為一個企業經營者，應著重注意以下三點：

第七章　因才用人的點子

★ 要深知掌握用人契機的重要性，不要放過每一個稍縱即逝的用人機
遇，並充分加以利用。用人機遇，並不是隨時都有，更不會反覆出
現，有時候，對於部分人才而言，也許一生中只會遇到一次。倘若領
導者不懂得掌握用人契機的重要性，不會抓住稍縱即逝的用人機遇，
就難避免釀成貽誤人才、浪費人才的用人悲劇。

★ 要適時摘取即將成熟或剛剛成熟的蘋果，最大限度地利用每個人才的
最佳時期。既然每個人才的最佳時期都有一定的侷限性，那麼，適時
摘取即將成熟或剛剛成熟的蘋果，和過時摘取已經熟透開始變爛的蘋
果，兩者相比，哪個獲取的社會效益和經濟效益更好，是顯而易見
的。為此，各級主管在用人的過程中，就應該有意識地強化自己適時
選用人才的意識，堅決摒棄一切求全責備、長期考驗、求穩怕亂、論
資排輩的陳腐用人觀點，大膽選用那些銳意進取、勇於開拓的年輕優
秀人才。

★ 要建立健全一套合理且適時選用各類人才的制度，為各類人才的健康
成長提供更多的條件和機遇。在用人實務中，為了從根本上克服貽誤
人才、浪費人才的不良現象，每個企業領導者還必須根據本部門的實
際情況，儘快建立健全一整套適時選用各類人才的制度，從而主動地
為各類人才提供更多的成才條件和成才機遇。只有這樣，適時選用人
才謀略，才能在用人的過程中得到始終如一的、暢通無阻的貫徹實
施。

將競爭機制引入用人之中

是不是人才，在競爭中一目瞭然。競爭不僅利於人才「脫穎而出」，還能激發人才的潛能。

■ 使用鯰魚效應

生活中的近親繁殖，會造成大批先天不足的身心障礙者問世，人才機制中的「近親繁殖」，同樣會給社會、企業帶來危害。它不僅造成編制膨脹，人才流動困難，形成盤根錯節的社會關係網，而且會導致劣幣驅逐良幣的現象，是非無標準，親疏定界限，賞罰無度，造成公司風氣不佳。更為嚴重的是，在少數部門，它還滋生了徇私舞弊、權錢交易、裙帶關係等腐敗現象的溫床。對此，主管絕不能掉以輕心，必須引起足夠的重視。

據說，挪威人喜吃新鮮沙丁魚，而漁民們每次捕撈歸來時，沙丁魚在途中就死了，只有一艘船總是能帶著活魚返港。其中奧妙就是該船在魚槽裡放了幾條鯰魚，沙丁魚因受到威脅而不得不四處游動，避免了窒息而死，這就是人們說的「鯰魚效應」。可見，要想避免因用人機制「近親繁殖」而引起的「窒息」，也需要大膽地調入一些「鯰魚」，斷然調出一部分「沙丁魚」。加強人才交流，引進競爭機制，使一個企業的員工真正活起來，打破清一色，造成一個「能者上，平者讓，劣者下」的局面。因此，企業在選配人才時，一要注意防止出現「家庭式」、「親友式」的血緣關係鏈；二是打破由老熟人、老朋友構成的熟人關係鏈。要建立一套完善的用人機制，使選拔人才的工作更加科學化和制度化，做到有章可循，有法可依，從根本制度上解決企業人才團隊的退化問題。

第七章　因才用人的點子

■ 激發表現的慾望

　　用人之道，當首推啟動製造競爭。因為，競爭能夠激起人的榮辱感、進取心，給人施加相對的壓力、奮鬥的動力，從而下決心竭力奪魁。因此，有人說：「競爭是高能加速器，它能使人才在碰撞中激發出璀璨的火花；競爭是創造之車的引擎，能使人才散發出創新的異彩；競爭是催化劑，它能使各類人才加速『反應』；競爭是接力賽，可使各家各派同舟共濟，攀登科學峰巔；競爭是源頭活水，可使英才如不盡長江滾滾來；競爭是策馬的鞭、盪舟的槳、鼓風的帆，它將造成萬馬馳騁、百舸爭流、千帆競發的奇觀。」由此可見，競爭對於人才的成長和人盡其才是如此的重要。但是，啟動競爭，並不是件容易的事，在許多時候，並不是利益、榮辱就能夠推動的。所以，必須根據競爭的特點和人、事的實際情況，採取恰當的對策，加以啟動和引導，通常，首先是要激發下屬的「表現」慾望。

　　一個正常的人，總有某一方面或幾方面的能力略長，其中有些人一旦具有某種能力就躍躍欲試，一顯身手；而另一些人，由於種種原因，暫時甚至永遠地「懷才不露」，這就成為一些領導者如何激發其「表現」的慾望，促使其才能顯露的重要課題。

　　激發「表現」慾望的手段一般有兩類：一類是物質的，一類是精神的。物質激勵法，即按照物質利益原則，透過獎勵、薪酬及福利等槓桿，激勵他們努力工作，積極進取，所謂「重賞之下，必有勇夫」即是這個道理。精神激勵法，也有兩種，一種是事後鼓勵，例如表彰、表揚等；再一種是事前激勵，即在完成某件工作之前，給予適當的，有時甚至是激勵的刺激或鼓勵，使其對工作的完成產生強烈的慾望，這樣，其求勝心變成為成功的動力，使其樂於接受並竭盡全力去完成。特別是對於好勝心、進取

心比較強的人而言，事前的某些激勵要比事後的獎勵和表彰效果更好。比如生活中常用的精神喊話，就是此法。

事前激勵，通常也有兩種做法：一是正面激勵，即積極的激勵；二是反面激勵，即消極的激勵。正面激勵即從正面說服，正面要求，正面慰勉，並公開事後的獎勵政策；反面激勵，也就通常所說的「激將法」，由於激將法對人的尊嚴和虛榮心有著強烈的刺激，所以通常情況下也都比較成功。

■ 強化榮辱意識

人知榮辱，是勇於競爭的基礎條件之一。但榮辱意識，也各有不同，有的人榮辱意識特強，「榮則狂，辱則崩」；而有的人榮辱意識極弱，幾近消失，有的人甚至不知榮辱，即人們所謂的不知羞恥。因此，在啟動競爭用人方法時，強化人們的榮辱意識是非常必要的。

強化榮辱意識，必先激發人的自尊心。自尊心是人的重要精神支柱，是進取的重要動力，自尊心喪失了則容易使人變得妄白菲薄，情緒低落，甚至鬱鬱寡歡，從而極大地影響勞動積極性。但是，事實上，並不是每個人都具有強烈的自尊心，它有三種表現形式：一是自大型，這是自尊心過強的表現，這種人目空一切，盛氣凌人，妄自尊大，以至抬高自己，貶低別人；二是自勉型，這是自尊心的正常表現，這種人不甘落後，有上進心，勇於挑明觀點，堅持自己的意見，勇於承擔責任，履行諾言，能正確地看待自己，也能尊重別人；三是自卑型，這是缺少或者喪失自尊心的表現，這種人常常自暴自棄，甘居下游，凡事從命，沒有上進心，有時也毫無原則，朝秦暮楚。自尊心與榮辱意識關係非常密切，具有「自大型」的自尊心者，其榮辱感極強，而且常常只能取榮，而不能受辱；只能「高人

第七章　因才用人的點子

一截」，而不能落於人後，並且其榮辱感常常帶有強烈的嫉妒色彩。具有「自勉型」的自尊心者，其榮辱意識也較強，但是這種榮辱意識是建立在自身進取的前提下，並不帶有任何嫉妒的色彩，因此，這是一種健康的、積極的自尊心理。具有「自卑型」自尊心的人，其榮辱意識微弱，有的甚至不知榮辱，近乎麻木。所以，對這要透過教育、啟發等各種手段，激發其自尊心，尤其是要引導其了解自身的能力，激發其自強不息。

■ 給予爭取成功的機會

用人中製造競爭的目的是為了人盡其才，促進事業的發展。為了達到這一目的，還必須為每一個員工提供各種競爭的條件，也就是工作進取的條件，尤其是要為每個員工提供爭取成功的機會。包括：

★ **盡才機會**：即安排適宜的工作、相關的專業、便利的工作條件。

★ **失敗復起機會**：工作失誤或失敗以後，要盡量提供「東山再起」的條件，以激勵其總結經驗，吸取教訓，使其更加努力。一個不怕失敗的能人比一個不失敗的庸人更可能大有用處。

★ **進修機會**：即在工作中為員工提供學習時間、費用及其他條件，使其在知識更新中不斷得到補充，以不斷增強其工作能力和競爭能力。

★ **進取機會**：即使其在勝任現職的基礎上，在職務、權利上乃至學業上能夠有所進步，為其一展宏圖創造條件，為其實現偉大抱負鋪上臺階。

在給予爭強機會時，必須注意三項原則：

★ **機會均等原則**：即不僅在競爭面前人人平等，而且在提供競爭的條件上也是人人平等。這些條件包括：

- **經濟條件**：凡是工作、科學研究或學習所需要的費用以及其他必要的開支一律平等對待；凡是在事業上有發展，工作中取得成果的一律根據其相應的效益給予應得的獎勵和報酬。
- **政治權利**：身為職員，也應享受企業規定的各種權利，例如，工作權、決策權、建議權、學習權以及選舉權和被選舉權等。
- **選擇機會**：即在選擇時要確保統一的尺度，也就是要講求真才實學，一切關係、門第、地位等都應驅逐出列。

★ **因事而予的原則**：社會上職業眾多，競爭內容十分豐富，爭強機會也隨之而廣泛。一個企業內職業有限，事業單純，爭取成功的機會只能隨事業發展需求而定，身為領導者雖然應為下屬的前進鋪路，但是方向是確定的，這就是事業的發展和成功。

★ **連續給予的原則**：在給予機會時，不能「定量供應」，也不能「平等供應」，尤其不能「按期供應」，而必須是在事業發展的過程中，設立一個一個「里程碑」，同時設立一個一個「加油站」，使其每完成一項奮鬥目標以後，接著就能接到另一目標，同時也能獲得「能量的補充」。從而，使部屬在任何時候都能相應地獲得進取的機會和條件。

第七章　因才用人的點子

第八章
因事用人的點子

第八章　因事用人的點子

認真考察要做的工作

　　認真考察要做的每一項工作，確保自己首先理解這些工作都需要具體做些什麼、有些什麼特殊問題或複雜程度如何。在主管自己沒有完全了解實際工作情況和工作的預期結果之前，不要輕易分派任務給員工。

　　當主管對工作有了清楚的了解以後，還要使自己的員工也能了解。主管必須向接受處理這件工作的員工說明工作的性質和目標；要保證員工透過做這項工作獲得新的知識或經驗。

　　最後，工作任務下達以後，還要確定自己對工作的控制程度。如果一旦把工作任務下達下去，而主管自己又無法控制和了解工作的進展情況，便應親自處理這件工作，而不要再把這項任務交給員工來處理了。

　　切記不要把「熱馬鈴薯」式的工作分派下去。所謂「熱馬鈴薯」式的工作，是指那些處於最優先地位，並需要主管馬上親自處理的特殊工作。例如，你的上司非常感興趣和重視的某件具體工作就是「熱馬鈴薯」式的工作，這種工作必須你親自去做。另外，非常需要保密的工作也不要委派給員工去做。如果某項工作涉及只有主管一個人才應該了解的特殊機密，就不要委派給員工去做。

選定能夠勝任工作的員工

　　建議主管對員工進行完整的評價。主管可以花幾天時間讓每個員工用書面形式寫出他們對自己職責的評論。要求每位員工誠實、坦率地說出他們喜歡做什麼工作，還能做些什麼新工作，然後，主管可以召開一個會議，讓每個員工介紹自己的看法，並請其他人給予評論。要特別注意兩個員工互相交叉的一些工作。如果某位員工對另一位員工有意見，表示強烈

的反對或提出尖銳的批評，主管就應該花些時間與他們私下談談。

在這種評價過程中，主管還需要掌握兩點：了解工作和員工完成工作的速度。主管要透過這種形式掌握員工對他自己的工作究竟了解多少。如果主管發現有的員工對自己的工作了解很深，並且遠遠超出自己原來的預料，這些人就有擔負更為重要的工作任務的才能和智慧。

了解員工完成工作的速度是另一個重要任務。例如，主管可能知道一位祕書的打字速度是另一位祕書的兩倍，或者一個員工完成同樣困難的任務所用時間，只是另一個員工所用時間的一半。一旦主管掌握了每一個員工對其工作了解的程度和完成工作的速度等情況以後，就可以估計出每個員工能夠處理什麼樣的工作，也就可以做出正確的分派任務的指示了。從而能夠決定把一項工作正確地委派給能達到目標要求的人。

如果主管對員工的分析正確無誤，那麼選擇能夠勝任工作的員工這一步就比較容易做好。回到對工作的了解和員工完成工作速度這兩個標準上來。然後，主管再決定是想把工作做得好還是快。這種決策目標將會向主管說明能夠勝任工作的人是什麼樣的人。這樣，主管就有可能讓最有才能的員工發揮最大的作用。但有一點也要記住，那就是主管應該盡量避免把所有的工作都交給一個人去做。

除了上述兩個標準以外，在分派任務給選擇合適的人時，其他因素也有著一定的作用。時間價值就是一個很重要的因素。主管必須注意不要把次等的工作分配給企業中具有很高時間價值觀念的員工去做。不量才用人，既浪費錢財，又影響員工的積極性。

總之，只要認真根據員工對工作的了解、完成工作的速度、時間價值觀念和對員工的培養價值這幾條原則辦事，就可以恰當地選擇出能夠勝任工作的員工。

第八章　因事用人的點子

委派任務的時間和方法

　　大多數主管往往在最不好的時間裡給員工分派任務。他們上午上班後的第一件事便是分派工作任務，這樣做可能方便領導，但卻有損於員工的積極性。員工會有什麼感覺呢？員工帶著已計劃好一天做些什麼的想法來到辦公室，剛剛上班卻接到一項新工作。這些員工只能被迫改變原定的日程安排，工作的優先順序也要調整。這樣做的結果便是造成了時間浪費。

　　分派工作任務的最好時間是在下午。主管應把分派工作任務作為一天裡的最後一件事來做。這樣，既有利於員工為明天的工作做準備，為如何完成明天的工作做具體安排。還有一個好處，就是員工可以帶著新任務回家睡覺，第二天上班便可以集中精力處理新的工作。

　　面對面地分派工作任務，是最好的一種委派方法。這樣下達工作指示，便於回答員工提出的問題，獲得及時的意見回饋，可充分利用面部感情和動作等形式強調工作的重要性。對那些不重要的工作，可以採用留言條的形式進行委派。如果要使員工被新的工作所促進和激勵，主管就要相信在委派工作上花點時間是值得的。寫留言條委派工作，可能比較快並且容易做到，但它不會給員工留下深刻和重要的印象。

制定一個確切的計畫

　　有了確定的目標才能開始分派工作任務。誰負責這項工作？為什麼選這個員工做這項工作？完成這項工作要花多長時間？預期結果是什麼？完成工作需要的資料放在什麼地方？員工應該怎樣向主管報告工作進展？委派工作之前，必須對這些問題有個明確的答案。主管還要把期望達到的目標寫出來，給員工一份，自己留一份備查。這樣做可以使雙方都了解工

作的要求和特點，不留下錯誤理解工作要求的餘地。真正做到有效分派工作任務的過程。

不要因人設事，而要因事設人

在一部分辦事效率很低的企業裡，人浮於事，機構臃腫，往往使領導者傷透腦筋。尤其令人頭痛的是，那些空閒人，並不滿足於沒事做，而是唯恐領導者看到他們閒著。因而總是爭著找事做，結果，許多毫無實際意義的會議、報表、資料、總結、講話、指示便應運而生了。在這種虛假的、徒勞的忙碌之中，很多有才華的下屬，其寶貴年華便白白地被消耗掉了。

按照由人到事的思考模式來考慮問題和處理問題，必然出現以下各種常見的用人弊端：

★ 要辦的事找不到合適的人；

★ 一部分人在做著毫無意義的事；

★ 無用之才出不去，有用之才進不來；

★ 機構臃腫，人浮於事，內耗太大，效率降低；

★ 最終影響管理目標的順利實現。

造成這些用人弊端的根源，在於領導者誤用了因人設事的管理方法。

因事用人謀略，是與因人設事相反的一條用人謀略，它是指在用人過程中，領導者務必根據管理活動的需求，有什麼事要處理，才用什麼人；絕不能有什麼人，就去處理什麼事。顯然，確立因事用人謀略的根本宗旨，在於更有效地利用人才資源，盡量避免不必要的人才浪費。

確立因事用人謀略的思考模式，是由事到人，因事用人，而不是某些

第八章　因事用人的點子

領導者所習慣的由人到事。

從事一切領導活動的最主要的目的，就在於實現預定的管理目標，把事情做好。為此，當然要講究用人。用人僅僅是一種手段，絕不是從事領導活動的目的。企業的各層主管只有根據由事到人的思考模式去指導和制約用人抉擇，方能在用人實踐中做到以下幾點：

★ 根據目標管理的需求，分析和篩選自己面臨的各種事情；

★ 為各種必須處理的事情，挑選最合適的人選；

★ 透過因事制宜、因事設人之後，凡是本地區缺乏的人才，從速透過各種渠道，採取各種方式，從外地區（甚至從國外）大膽引進；

★ 凡是企業各部門多餘的人才，在徵得本人同意的基礎上，應根據其專長特長 —— 素養條件，及時交流到最能揚其所長的部門去工作，絕不照顧使用或養而不用。

由此可見，因事用人謀略，是各企業必須認真研究、靈活運用的一條十分重要的用人謀略，在具體實踐中，勢必顯示出它的彈性和旺盛的生命力。

明確提出的工作要求

在分派工作之前，需要把為什麼選該員工完成這項工作的原因講清楚。關鍵是要強調積極的一面。向該員工指出，他的特殊才能是適合完成這項工作的，還必須強調主管對他的信任，同時，還要讓員工知道他對完成工作任務所負的重要責任，及完成這項工作任務對他目前和今後在部門中的地位會有什麼樣的影響。

傑克為了參加一個老友的葬禮，匆匆駕車來到一個小鎮，這個鎮雖然

很小，但是殯儀館卻不容易找。最後他只好停車問一個小男孩。

「到殯儀館嗎，先生？」小男孩慢吞吞地回答，「您一直往前開，到一個交叉路口，你會看到一隻乳牛在右邊吃草。這時你往左轉再開一兩百公尺，前面樹林裡有一棟古老的小木屋，越過小木屋繼續向前開，你會發現一株被雷電擊倒的古樹。這時往左轉，過不了多久，您會看到一條泥巴路，路旁停著史密斯農場的曳引機，越過曳引機繼續往前直走，就會找到殯儀館。如果曳引機已經不在那裡了，回頭再找我，我會給你更多指示。」

結果可想而知，傑克未能趕上參加朋友的葬禮，因為小男孩的指示不夠明確，他根本無法理出頭緒，按照小男孩的指示去做。

在工作過程中，身為主管對員工下達任務、發號施令，這是很自然的事情。但是，怎樣下達命令才能讓自己的計畫得到徹底的實施呢？怎樣才能讓員工更加積極、主動、出色、創造性地去完成工作呢？首先第一點，主管應該了解自己員工的性格愛好。第二點，主管應該明確提出自己的要求，讓員工做到心中有數，按照主管的預期目標去努力。這就要求主管在下達命令分派任務時，切忌指示不著邊際，語言含糊不清。

許多主管都有這樣的缺點，下達不著邊際的指示，然後責怪員工沒有執行他的指示。很多主管心想：「僱用這個人的時候，他看上去很有能力，怎麼做起事情來這麼差勁！」事實上該檢討的是他自己。再有能力的員工，如果弄不清楚上司究竟要他做什麼，他當然無法完成任務。

試想一個能力出眾的員工未能完成上司的要求，而上司卻認為自己已經下達了詳盡的指示，提供了完成任務的所有技術資料。

「到底什麼地方出了差錯？」主管百思不解。

「他能力出眾，一向值得信賴，是個無可挑剔的員工，怎麼會出現這種錯誤？」

第八章　因事用人的點子

發生上述問題的原因，往往不在員工，而在主管。如果主管認真檢討自己，就會發現自己犯了一個大錯，他下達的指示不清楚。

哥倫布動物園也發生過類似的趣事。

照顧動物的員工請示主管：「這隻天鵝老是啄遊客，該怎麼辦？」

主管正忙昏了頭，便開玩笑地說：「殺了餵豹吧！」

這個員工竟真的將價值三百美元的天鵝殺了餵豹。

問題就在於內容不明確的指示像瘟疫一樣危害員工，往往使他們做出預料之外的事情。

主管如何糾正這種缺點？

很簡單，明確下達你的指示。當你要某個員工做某件事時，要確定已經清楚說明相關指示，究竟你要求他做什麼，怎麼去做，花多長的時間，和誰聯繫，為什麼這麼做，經費怎麼算等等都應一一交代清楚。

明確下達指示的先決條件，是你必須弄清楚自己的企圖。

如果主管自己都不清楚自己要做什麼，卻要求自己的員工去完成任務，無疑緣木求魚。如果主管能明確交代指示，員工將會感激上司的真誠，而全力以赴地去完成任務。

最後要注意，交代任務時語言絕不可含混不清，要大聲而清楚，平靜而穩定。避免讓員工產生誤解，造成不必要的損失。

指示下八分即可

有些老闆常容易犯指示過於詳盡的缺點，他們明知道有些事情一定要交給下屬辦才行，但是卻又不放心交給下屬去辦，因此，不知不覺中就會一再地交待他們：

「要按 ×× 順序做。這裡要這樣做，這點要特別注意……」

事實上，這些指示老闆不說，下屬也都已知道得非常清楚，可是老闆卻仍很仔細地一再指示各項事宜。

作這樣詳細指示的人，大部分是新創業的老闆，用人的經驗不足，另外也有可能是從事專業或技術等的管理人員出身。

期望把工作做得非常完美，當然是一件很好的事，但是這樣過於詳盡安排工作的做法，反而會帶給對方不愉快的感覺。這是什麼原因呢？

受到詳細指示的下屬，開始時會認為，你不信任我，為什麼還要把工作交給我？因而產生不滿或不信賴。然而，因為不想表露出來，只好對你說：「知道了。」然後乖乖地按照指示行事，每天都重複不斷地按照你的指示行事。

後來，他會發現自己完全不用動腦筋，按照指示工作，實在很輕鬆。最後，甚至變成有指示才會工作的消極、被動的工作態度，而且年輕人特有的熱情和精力無法在工作中發揮，就會用在工作以外的事情上，慢慢地他會對工作不再熱心了。

下屬過著不用腦筋思考的日子，最終導致他失去思考和判斷的能力，這是非常嚴重的事。有些人到了相當年齡工作能力較差，大部分都是如此造成的。所以，如果一個人放棄思考的機會，最後也將失去思考的能力。

非常詳盡地指示，然後感嘆別人工作態度消極的老闆，就是不了解這是因自己的行為所造成的後果。因為，太多、太詳細的指示，將造成難以彌補的憾事。

如果你認為應對下屬做十分詳盡的指示時，你最好忍耐一下，只下八分的指示就好，其用意是要留下讓對方思考的餘地。不管對新進或資深員工，都要按對方的能力，而決定指示的程度。

第八章　因事用人的點子

權力適當下放

一位記者曾對朋友說，當他剛到某報社工作時，覺得該報社的社長是一個性格怪異的人。因為他經常在中午過後才到報社，有時是一副睡眼矇矓的姿容。他到報社之後，往往先指示若干工作讓員工去做，然後便坐到沙發上，蹺起二郎腿閱讀報紙雜誌，到了傍晚，社長便匆匆離去。在旁人看來，他似乎成天無所事事，徒有其職。所以，對他一點好印象都沒有。

有一天快要下班了，社長將該記者叫住，指派他前往某市要員家中採訪。他問社長：「發生了什麼事嗎？」

社長只是淡淡地說：「你不去怎麼會知道呢？」

記者心想：「可能只是去應酬吧！」便遵照社長的指示，晚上前往採訪。

結果卻出乎他的意料之外，他採訪的竟成了頭條新聞！該要員提供的情報，竟是一件很可能轟動全國的有關政府高官涉嫌漏稅的案件。

從那以後，這位記者對社長便刮目相看了。

事實上，當一個人發現自己比不上別人時，必會以另一種心態去面對。例如，當一個人判斷對方的考試成績或處理金錢方面的能力，以及交際能力勝過自己時，對他的敬意便會油然而生。

所以，身為主管不妨利用人們的這種共同心理來建立自己的威信。比如，在教導員工時，故意先談及複雜的內容，此時，在座的年輕員工當然會跟不上自己的思考模式，以此方法，必可使他們產生「我畢竟比不上此人」的想法。員工在進取心的驅使下，為使自己能夠早日達到此種程度，必能坦然接受主管所下達的有關工作上的指示。

如果將重要的工作託付給鬆懈閒適的人，他必定會花費相當多的時間

來磨合，結果可能會一無所成。若託付給終日忙碌的人，反而會收到意外的成效。

這裡所說「忙碌」的人是指會工作的人，或者是眼中有工作的人。真正優秀的人，會不斷地發現工作上的問題，而且自己親自動手去做。他會因此而獲得上司或同事的青睞，人們經常找他幫忙，於是，他就更加忙了。不過，他知道該如何妥善分配時間，提高工作效率。

雖然他一直在說：「忙啊！忙啊！」事實上，他卻從容不迫地從事幾倍於他人的工作，而且不會把工作堆積下來。比起那些不懂得分配時間，處理工作漫無條理，把工作堆積起來，並且在那裡叫苦不迭的無能者，要高明得多了。

不管多忙，他都能將工作逐項完成，絕不會有「不知所措」或「力不從心」的情況發生。對他來說，工作愈多，他愈有熱忱。

委託這種人工作，酬謝的代價也應該比別人更多。給予他有誘惑力的褒獎，對他本身或其他人，也會產生激勵作用。

特別要注意的是，主管不能以為只要給他優厚的待遇、更高的地位，就可以不停地把工作分派給他，要知道「鞭打快牛」會把他逼到過度勞累的境地。

因此，當員工完成一件重要工作後，要讓他們充分休息，要有這種關心體貼員工的舉動和作風。主管本身在製作預定表、分配工作的時候，要注意到這一點，避免偏勞任何員工，造成不必要的麻煩，適當的把自己手中的權力下放給每一個員工，爭取在不太長的時期內，能夠做到分派任務比較公正、得體、及時，不要讓員工產生不滿情緒。聰明的主管善於把員工團結在自己的周圍，注意團隊的力量與個性相結合的原則，因此他的辦事效率和在員工中的威信一定會比一般人高。

第八章　因事用人的點子

檢查工作進展情況

　　如何確定分派出去的工作任務進展情況的評價和檢查計畫，是一項很有技巧的事。檢查太勤會浪費時間；反之，如果對分派出去的工作不聞不問，也會導致災禍。

　　對不同的工作，檢查計畫也應有所不同。這主要取決於工作的難易程度、員工的能力，及完成工作需要時間的長短。如果某項工作難度很大，並且應該優先解決，就要時常檢查工作的進展情況，每一兩天檢查一次，保證工作的成效而又不花費太多的時間，這類工作都有一個內在的工作進展階段，一個階段的結束同時又是另一個階段的開始。這種階段的起止時間是檢查和評價工作進展情況的最好標準。當主管把一件有困難的工作分派給經驗較少的員工去做時，不論從必要性還是從完成工作的願望上來講，多檢查幾次工作的進展情況都是有益的。對這種情況，主管可以把檢查工作進展情況的次數，定為其他員工的兩倍。除了定期檢查工作以外，還要豎起耳朵隨時傾聽員工的意見和報告工作進展的情況。讓員工知道，主管對他的工作很關心，並願意隨時和員工一道討論工作中遇到的各種問題。

　　一般地講，主管既然把某項工作交給了員工，就要相信他能勝任這項工作。因此，每週檢查一次工作的進展情況也就足夠了。但要鼓勵員工在有問題時隨時來找自己，另外還要讓他們懂得主管不去問他們，是為避免不必要的打擾，和對他們的信任。

　　評價工作進展的方法必須明確。要求員工向自己報告工作是怎樣做的，還有多少工作沒有做完，讓他告訴自己工作中遇到的問題和他是怎樣解決這些問題的。最後，主管要用堅定的口氣向員工指明，必須完成工作的期限和達到要求的行動方案，促使員工繼續努力工作。

檢查和評價任務分派系統

當分派出的工作完成以後，要在適當的時候對自己的任務分派進行評價，以求改進。可以安排一個小組，小組中的每個成員都可以評價或批評他們在完成主管分派的任務中的表現。最好是要求每一個人用書面形式把意見寫出來，然後召開一個討論會對這些書面意見進行評議。

為了做好任務分派系統的評價工作，需要解決這樣一些問題，工作是否按時、按質、按量完成？是否從工作中學到工作目標中的要求？員工是否創造出了完成工作的新方法？員工是否從工作中學到了一些新的經驗，或得到了某種益處？把這些問題作為評論分派任務系統情況的基礎，邀請員工進行評論。實踐證明，最準確和最要害的評價往往來自員工。因為他們是任務的執行者，對評價分派任務標準的掌握，要比主管更有發言權。

評價過程中的一個重要方面是實行獎勵。怎樣獎勵一個工作做得好的員工？許多情況下，主管「獎勵」給員工的往往是更為重要的工作。因為事實證明他非常有能力，為什麼不讓優秀的人做更多更重要的工作呢？從道理上講這種想法和做法無可非議，但事實上卻有濫用職權之嫌。如果一個有才能、有責任心的員工，覺得他工作成功的獎賞只是更多的工作負擔，特別是當他所做的工作是別人的兩倍，而報酬卻沒有相應增加時，他便很難獲得激勵。

尊敬和賦予新的工作責任是對員工的獎勵，但一味地加重員工的工作負擔則是不可取的，即使主管從內心裡認為對員工的信賴是一種極有效的獎賞和促進也不行。一個最好的方法便是向他們透露點自己的事情，例如自己與上司的問題，主管對其他相關工作的反對意見、批評和議論等。這類資訊表示主管對他的真正信任和尊敬，會鼓勵他更有熱忱去工作。

第八章　因事用人的點子

獨挑大梁全無必要

　　主管要善於分派工作，就是把一項工作託付給自己的員工去做。這並不是說把所有的工作指派給員工去做，而是要下放一定權力，讓員工來作些決定，或是給員工一些機會來試試像主管一樣做事。

　　當然了，總有一些工作沒有人願意去做。這時候，也許主管就該把這些任務分一分，並且承認它們的確是有那麼一點令人不快，但是，不管怎麼說，工作總得完成。

　　這時，主管千萬不要裝得好像給了那些得到這些工作的人莫大的機會，一旦員工發現事實並非如此的時候，他們會更厭惡去做這件事，這樣一來，工作便做不下去了，影響了其他工作的正常進行。

　　為什麼對某些主管來說，把工作分派給自己的員工去做是件如此困難的事呢？歸納其原因主要有以下五點：

★ 如果主管把一件自己可以做得很好的工作分派給員工做了，也許就達不到主管希望達到的水準了，他們或者不如主管做的那麼快，或者做的不如主管精細。

　　一旦主管求全責備的思想作怪，就會以為把工作派給員工做，不會做得像自己那樣好。這時候，主管應該問問自己，儘管自己的員工不如你做得好，但是不是也能達到目的呢？如果不是，你能不能教教他們，讓他們把工作做好呢？

★ 如果讓員工來做工作，也許主管會擔心他們做得比自己好，而最終會取代主管的工作。

　　但是，如果主管把那些常規性的工作派給員工去做，他就自己可以騰出時間來做一些更富有創造性的工作；另一方面，主管或許會因為教

導員工有方，而獲得晉升或是其他的獎勵。因此主管應該把工作分派給員工，指導員工如何將工作做好。

★ 如果主管放棄了自己的職責，他將無事可做，因為害怕在把工作派給員工做了之後，自己就無事可干了，所以那些手中有些小權的人，哪怕是芝麻綠豆大的小事，也不願放手讓自己的員工去做。
領導應該理解到，放手讓自己的員工去做一些小事，不但會有助於自己提高管理性工作的能力，還會增加他們為自己分擔一部分工作的機會。

★ 主管沒有時間去教員工如何接手工作。在這一點上，主管必須明白，自己越是沒空訓練員工接手工作，自己要做的事就越多。事情總要分個先後，教會員工做了，自己就可以有更多的時間來做更加重要的事情。

★ 沒有可以託付工作的合適人選。這是主管為不分派工作而找的最常見的理由。並不是員工沒能力來承擔這項工作，而是他們不是太忙，就是不願意做分配給他們的工作，要麼就是別人認為員工的能力不夠。

如果主管想要把工作確實分派下去，那麼，他就應該多花一些時間，全面考慮問題，所有上述的這些困難，不要持推諉態度。

如果主管確實有理由擔心，例如，如果自己的員工工作上出了差錯之後，主管就會丟掉自己的工作；或者，工作氛圍相當糟糕，擔心工作不會有什麼起色；遇到這種情況，主管便應該權衡利弊，要考慮分派任務後相關員工的士氣，同時也會影響到彼此的關係。如果問題處理得好，工作會相當順利，如果人選不好，任務分派不均，單靠某一個人的力量便想做好工作，那簡直是做夢。

第八章　因事用人的點子

一職一官，一官一職

現代科學管理的代表人物之一法約爾，在他著名的《工業管理與一般管理》中，在談到「統一領導」這一管理原則時說：「這項原則表明，對於力求達到同一目的全部活動，只能有一個領導者和一項計畫，這是統一行動、協調力量和一致努力的必要條件。人類社會和動物界一樣，一個身體有兩個腦袋，就是個怪物，就難以生存。」這位西元 1900 年代現代管理鼻祖的論述，在用人問題上，是如此的精闢！

偉大的思想家韓非子關於如何用人也有過精闢的論述。韓非子主張在選用主要領導者問題上，要求一職一官。他認為，想要管理好朝廷以外的事，最好每個官職只設置一個官員。

首先，他認為一個鳥窩如果有了力量相當的兩隻雄鳥，牠們就會天天爭鬥；一個家庭如果有兩個當家人，那麼，做事就難以決斷。「一棲兩雄」、「一家二貴」和「一職二官」也一理同然。

其次，他認為下屬的憂患，在於不能專任一職。原因何在？因為一職多官，責、權不明確，必然互相推諉責任，下屬應有的潛力無法得以發揮。同時，一職多官，難以考核下屬的個人業績。而且，功過難分，這樣，就難以激勵下屬建功立業的積極性。所以，反對一職多官。如果每個職位只配置一名官員，那麼，他的是非功過，就會暴露無遺。一職一官，責任明確，從而功過分明。而功過分明，是落實準確賞懲制度的前提。

可是，在現實的管理過程中，一棲兩雄，一家二貴，一個身體有兩個或多個腦袋的怪現象，卻不勝枚舉。在一個工廠中，有廠長，又有若干名副廠長。廠長和副廠長之間，又非上下級關係，而是團隊的成員，一人有一票之權。這樣的人事安排，真是有百害而無一益。

首先，是機構臃腫，管理層次增加，官僚作風盛行。在一個工廠中，常常是一位銷售副廠長只管理一個銷售科，一個財務副廠長只管理一個財務科，一位生產副廠長只管理一個生產科，一個人事副廠長只管理一個人事科，等等。

其次，同一管理層次，官越多，紛爭也越多。官多，必然關卡多、阻礙多，這樣辦事程序複雜效率也自然低下，而且在這些「官員」中，一旦有人來「卡」一下，那麼，再容易的事也沒法辦成。

再次，官多又必然爭雄。好辦的事，有名有利的事，人人爭相處理。反之，有困難的事，無利可圖的事，有風險的事，尤其是風險大的事，就互相推諉，互相踢皮球，誰也不想染指，更不願負責。

既要一職一官，也要一官一職。

用人要用到「實」處，要委以人才適當的職務，授予相應的權力，以有利於充分發揮其才能。人才的最大願望，就是希望能得到上司的賞識和器重，使其所懷的才能得到最大的發揮。要重用人，就必須委之以政，授之以權，要放手讓任用者大膽地工作，使他們力盡才華，這才是用人之實。然而，有些企業的主管，對企業裡的大事、小事等一切業務都要過問，甚至對各個部門的具體業務都要包辦。這種事必躬親的做法，是領導者用人之大忌。為什麼？

第一，領導者的時間、精力和能力都是有限的。

首先，是時間有限。領導者的時間有限，但需要做的事情卻是無窮無盡的。如果事事都需要最高決策者親自去解決，那麼，他能夠解決多少問題呢？任何人在客觀限定的時間內，所從事和完成的事總是有限的，領導者也一樣。

其次，是精力有限。荀子在他的著作裡說到，大到治理整個天下，小

第八章　因事用人的點子

到治理一個諸侯國，每件事非要都由自己親自去做，那就沒有比這更勞苦憔悴的事了。的確，個人的知識畢竟是有限的，以有限的知識來應付廣博的事務，誰也沒有這樣的精力。在今天的企業中，每一個部門、每一個職位都有著不同的業務，經理是不可能對每個職位的業務都精通，對每項工作都親自去處理。

再次，是能力有限。領導者也是凡人，即使是才能超凡的領導者，也只能是有所能而有所不能。他只能憑藉全體成員的綜合判斷能力而進行決策，而只憑自己的眼睛和頭腦去決策，是遠遠不夠的。正如《呂氏春秋》裡所說：每個人耳目心智所能理解的東西非常有限，所能聽到的東西也很膚淺。僅憑著膚淺貧乏的知識，去統治廣博天下，使國家得以長治久安，那是不可能的。可見，事必躬親，會給領導者帶來諸多麻煩。

第二，職位的分工各異，各部門的管理職能不同，職務的大小有區別，管理的層次也不一樣，不能相互混淆。比如，在一個企業裡，企劃部、廣告部、營銷部、財務部都有各自的職權範圍。試想領導者若不釐清自己的職責權限，事必躬親，越俎代庖，樣樣都管，甚至管到下屬的事務，這不僅違反了職能分工的原則，實際上給下屬只分了官而沒有授權，重用人才實際上成了一句空話。

宋代的范仲淹清楚指出，領導者與下屬之間要職權明確，要讓各級的主管有了職位也有了相應的權力，做到各司其職。從國家的角度出發，只掌管國家的最高人事權，選擇任命合適的人事官吏，由他們去管理各種具體事務。

今天，身為一個企業的領導者，所關注的應是企業的發展策略，確定企業的經營目標與經營方針，並把傑出的人才安排在掌管人、財、物的關鍵部門。人事部、公關部、企劃部、營銷部、財務部等職能部門的具體業

務，應由主管部門的負責人安排。這樣，每個人都有自己的管理層次和職責範圍，領導者無須事必躬親。

所以說，領導者應該熟知「勞於用人，逸於治事」的辯證法，避免陷入事必躬親的迷思。

第八章　因事用人的點子

第九章
因性格用人的點子

第九章　因性格用人的點子

按規矩行事的人

這種被美國學者稱之為 ISFJ 型的人，他們具有強烈的責任感與忠誠度，會將服務放在自我之前。由於他們天生具備的犧牲精神和可靠性，讓人對他們按規矩行事、默默工作的精神感到驚訝，因此，除非你自己親身遇到過這樣的人，否則你一定很難相信會有如此本分做事的人。

這類型的人做事情很小心，喜歡一個人安靜地工作（I），重視現在，認為全世界是很實際的環境（S），此外，他們會依照實際的情況來處理一些人際關係問題（F），還有就是他們喜歡過井然有序、按部就班的生活（J）。

ISFJ 型的人習慣為他人服務，所以常覺得這種舉動是理所當然的事，可是，這種態度常會造成其他類型人的不信任，覺得他一定別有用心。其實，對 ISFJ 型的人來說，因為他們有服務他人的念頭，所以他們最高興的事就是看到他們曾經幫助過的人獲得成功。

與其他包含情感型性格傾向的類型一樣，ISFJ 型的人無法妥善地處理衝突問題，所以當他們面臨辦公室的衝突時，往往會選擇睜一隻眼、閉一隻眼，裝作沒看見，或是將自己全力埋進希望衝突趕快消失的念頭裡。

一旦 ISFJ 型的人與某個人當朋友，或是決定負責某一計畫時，他們會有很大的耐心來完成工作，甚至加班也沒關係。雖然他們也有決斷型人的特質，會抱怨所有的工作，但是他們卻往往將抱怨擱在心底，不像外向型的人那樣，全部吐露出來。此外因為他們的情感型特質，他們可以為了公司的利益而犧牲自我，所以，雖是自我犧牲，ISFJ 型的人卻認為那是一種自我滿足。

除此之外，ISFJ 的另一種特質是墨守成規的態度。他們會遵循一些

既有的條例來做事，即使他們當了經理，也會希望部屬能夠按照慣例來辦事，所以，ISFJ 型的人認為，只要一切按照規矩來辦，自然就會有報酬；如果違反規定的話，就要接受因失敗而帶來的懲罰。

至於在工作場所裡的 ISFJ，他們總是默默支持與肯定他人，而且他們永遠會忠於自己所屬的團體。比如，當護士的 ISFJ 是屬於為他人身體健康服務的醫療團體，而當教師的 ISFJ 是屬於教導他人知識和道德規範的教育團體等等。

不過，ISFJ 型所具有的責任心與義務感，有時會成為他們工作上的另一種負擔，尤其當他們該為自己爭得權益時，卻總是讓別人占了便宜，其實，ISFJ 型人應該學習直接讓別人明白自己的需求，也許這對他們來說很困難，卻是非常必要的。

再者，ISFJ 型的人還有另一個缺點，就是他們無法分辨事情的輕重，每當他們遇到別人需要他們幫忙時，便立即會全力以赴去幫別人，這樣就會忽略其他自己需要做的事情，所以往往會覺得很容易疲倦，甚至很不耐煩，尤其是當他們知道自己還有工作要做，卻早已精疲力竭的時候，無論他們有哪些缺點，必須強調的一點是，假如公司缺少 ISFJ 型的人，任何工作都不會太有成效。

獨立思考生活的人

獨立思考生活的人被稱之為 INTJ 型。INTJ 型的人覺得世界充滿希望（N），而且他們習慣以客觀的方式來分析問題與處理事情（T）。除此之外，由於他們總是將生活安排得井然有序（J），所以，他們都能按照進度來完成工作，尤其是運用他們的內向性質（I），來幫助自己想一些新點

第九章　因性格用人的點子

子。總之，他們充滿自信、穩定性高，有相當地競爭潛力，是自我肯定的類型。

雖然很難用一個詞來描敘各種類型的人，不過，卻可以用「獨立」一詞來概括 INTJ 型的特性。說得更清楚些，INTJ 型的人總想凡事都能獨立處理，這也是驅動他們工作的力量，因此，身為 INTJ 型人的同事們，千萬要記得 INTJ 型的人是獨立作業的最佳人選。

有時，要懂得理解這類型的人話裡的真正含意。也許當他們希望大家能自由運用工作時間時會說：「依你的需求來決定時間多寡，並用你覺得最好的方式來完成工作。」其實，話中還包含了他的言外之意：「工作不但要做得快，還要做得好才行。」這種情況之所以會發生，都是因為他們具有內向直覺的想法，以及思考決斷的舉動。可是，他們本身並不會覺得矛盾，因為他們真正想的是：「只要你能將工作做得又快又好，就能夠依照自己的需求來做事情。」

儘管 INTJ 型的人始終否認這種說法，但是他們的特質卻往往會因運用不當，而成為他們工作上的負擔。好比他們原本擁有豐富的想像力，如果用錯了地方，反倒會造成他們對事情的懷疑、不信任、甚至有偏激的情形發生。舉例來說，當某人，特別是內向型的人，與他人有種別人無法理解的默契存在時，INTJ 型的人忽然會覺得他們已在計劃某些事情，甚至已準備採取行動，於是他們便會表示出一些反抗的舉動，而不願承認那全是自己的假想。因為他們太過於自信，所以才會產生這樣的防備心，不只不願相信他人的想法，甚至還會認為別人會算計他們。而這種錯誤的想法卻會給其他同事或部屬造成難以化解的衝突。

INTJ 型人的另一個缺點，就是他們工作時通常只會提供概念性的處理方式，比如，制定工作目標等，很少能依實際情況提出一些具體的意見。

INTJ 型的人總會努力完成分內的工作，也因這種特質，使他們在各行各業裡，總會有成功的一天。比如，他們可能成為傑出的老師，尤其是高中或大學的老師，因為他們會教導學生們如何學習獨立地思考，也能成為稱職的作家、行政人員、研究員、律師等等。

清晰表達意見的人

這種人被稱之為 INTP 型。INTP 型的人習慣以反省的思考模式來發揮他們的內在潛力，而且，他們會獨立地（I）客觀分析前因後果來做出清晰的（P）決定（T），尤其是面對這個有充滿潛力的世界（N），而這些特質都可以透過他們輕鬆且適應性強的生活方式展現出來。

一般來說，INTP 型的人會先把自己的事情妥善處理好之後，才去考慮他人的情況，而他們這樣做的理由至少有三個：第一是因為他們不想讓別人以為他們缺少競爭力；第二是因為他們非常樂於做自己分內的事，比如做研究或閱讀；第三是因為他們希望藉此來顯示他們的智慧。就像 INTP 型的女性希望有傑出的表現，卻沒有一個人希望只是被他人視為「女性」做的事一樣。因此，為了實現自己的目標，INTP 的女性往往需要付出與朋友疏遠的代價。

其實，INTP 型的人總是能夠運用他們的想法與靈感取得工作上的成效，而且，他們充滿創意又不失幽默，且永遠知道該怎樣把工作完成，又不會受到時間的束縛。對 INTP 型的人來說，生活與工作都是智慧的挑戰，他們喜歡明確表達意見的方式。

INTP 型的人其首要特質，就是要求自己與他人都應有獨立的思考，因為他們認為，能獨自將事情頭尾想清楚，才是成熟的表現，而且還要以邏輯性與一貫性的方式來思考問題才行。根據 INTP 型的說法，即使你的

第九章　因性格用人的點子

想法有點不切實際，甚至是錯誤的想法，只要你是運用邏輯的思考模式並能夠把它清晰的表達出來，仍是值得大家聽聽的建議。而且，在這種情形下，你還會因此獲得 INTP 型對你的敬意，甚至得到他們的友誼等等。

　　清楚明確的想法與語言表達是 INTP 型的第二個特質。他們能夠清晰地表達自己的想法，並幫助他人努力完成工作。INIP 型的人頭腦裡不光是記錄了所有的對話，再用最佳的方式把它們陳述出來，他們還能在必要的時候，重述別人曾講過的意見，並提醒他人要為過去的承諾負責。

　　他們的另一個特質，便是能從一些平常的事情裡看到潛在的希望，總能透過別人的說法來激發一些靈感，因此，他們能夠在每天例行的工作裡找出其價值，激發對工作的熱情與實踐。

　　INTP 型最大的缺點就是他們有時會有太多的想法，卻不能轉換成有意義的行動，也就是經常有虎頭蛇尾的情況發生，比如，他們會在一開始時準備好一大堆資料，包括閱讀、聽講，以及提出問題等等。可是，接下來讓他們將研究內容寫成計畫或提出書面報告等，卻很少能夠讓人滿意。雖然他們自己也會因沒有完成工作目標而感到沮喪，可是他們卻沒有動力去催促自己完成工作。

　　遲鈍的社交能力是 INTP 型的第二個缺點。由於他們的多數很注重個人的努力，所以他們很少去重視他人的需求，而且，他們往往不願承認這樣的缺點，就算他們會在口頭上承認，但實際上似乎並未見到任何有所改進的行動。

　　至於他們的第三個缺點，就是他們不重視現實的態度。與其說他是具與直覺型的人一樣，尤其是同時擁有直覺與知覺特質的人，有時 INTP 型的人會因此忘記工作的期限要求，說話不算數，結果造成最後的焦慮與挫折。

總之，INTP 型的人啟發了我們的想法，並引導我們該怎樣進行有組織有系統的工作目標。

智慧生活的人

智慧生活的人被美國學者稱之為 ENTJ 型。ENTJ 型的人喜歡向外擴展人際關係，重視靈活的社交能力（E），認為每件事情的發生都有相互關聯及特殊意義（N），他們通常會從客觀的角度來處理事情（T），並訂下有進度的行動策略，以推動公司早日實現工作目標（J）。

能夠以冷靜的思考方式智慧地處理複雜問題，是他們最主要的特質。對 ENTJ 型的人來說，他們認為只有將工作完成才能算做成功，與受不受他人歡迎沒什麼關係，因此，面對難題時，他們寧可得罪同事們，也會將公司的利益視為行動的首要考慮因素。與其他具 TJ 型的人一樣，ENTJ 型的人覺得將工作做好會比受人歡迎更重要。

其次，ENTJ 型的人把學習當成終生事業。他們認為對每件事情的考慮都是智慧的積累，所以他們對每件事的處理都很慎重，即使工作已完成，ENTJ 型的人也會重新再檢查一遍，直到自己完全記住從這次過程中得來的知識和經驗。

因為 ENTJ 型的人有為自己獨立行事而自豪的態度，因此他希望每個部屬都能學習以自由思考的方式來獨自處理任何事，而不要只會說「好的」，這樣，往往會造成部屬心理負擔，尤其是有些部屬不願接受這樣的方式，希望有人告訴他該怎麼做才對。但 ENTJ 型的人不會因此感到沮喪，反而會變得更沒有耐心地逼迫部屬們，到最後，這位部屬就會因受不了這樣的壓力而否定自己的工作。

第九章　因性格用人的點子

其實，ENTJ 型的最大缺點就是他們的傲慢、缺少耐性，以及不體貼他人的性情。儘管他們會客觀地與其他對手公平友善地競爭，也能在學術領域上獲得成功，但他們會輕視那些不深入學習，且比不上他們的人，又因為他們是外向決斷型（EJ）的人，所以他們總會大大方方地指責別人的不是，這樣就會沉重打擊部屬們的工作積極性，導致生產效率低下。

在 ENTJ 型的人心中，認為沒必要花太多時間與他人交談，只談談要講的事情就行了，再加上他們與生俱來的傲慢與沒有耐心，往往會引發許多問題，輕則罵罵部屬，傷了他們的自尊；重則會惹來他們的反抗情緒，把情況弄得更僵。不過，當 ENTJ 型的人犯了錯誤的時候，他們也會像批評別人一樣，直截了當地承認自己的錯誤。

總之，ENTJ 型的人是天生的建築師，不過，除了能在建築界闖出一片天之外，他們還能從事多種與設計相關的職業，包括制度的設計、程式的設計，等等。

生活系統化的人

生活系統化的人，美國學者稱之為 ISTJ 型。ISTJ 型的人會從比較實際（S）、客觀的角度（T）來看待全世界發生的每一件事。他們總是把每天的工作和生活規劃得井然有序（J），有時讓人覺得他們有些冷漠、孤立（I）。不過這可能只是表面現象，是 ISTJ 型的人想要以此達到某些目的或作為社交的手腕。

這種類型的人從不裝模作樣，是個認真工作，也盡情玩樂的人，看起來他們總是很專制，而且很有能力，敢於對自己說的話肯負責，而且他們很少會改變行為模式，除非他們覺得有實際成效時，才會馬上做些調整，正因為如此，他們往往會盲目熱衷於一些新思考模式等等。

ISTJ 型的人有很多的特點，最主要的一點是他們做事迅速，而且往往做得很正確。對他們來說，工作第一，接下來才會考慮到對家庭與社會的責任，換句話說，只有當一切事情都安排就緒後，他們才會想到做一些休閒活動。除此之外，他們是屬於「把辦公室搬回家」的人，尤其是自家經營企業時，他要求每個成員都必須參加，而且每個人都要有所付出之後，才會得到好處，這是他們做事的唯一方式。

ISTJ 型的人還有另外一個特點，就是做事態度非常冷靜穩重，甚至常會沉默不語，而這種特點往往會幫助他們順利解決突發情況，或是面對壓力。因此，這類的組合常以軍隊裡居多，據相關資料顯示，在美國的陸海空三軍裡，有 58％的人屬於內向型（N），72％的人屬於務實型（S），90％的人屬於思考型（T），而 80％的人屬於決斷型（J），合起來為 ISTJ。

ISTJ 型的人有專制的性格，因此，常常會嚴格要求部屬完成任務，這樣往往疏忽了部屬的感受與福利。雖然他們是為了追求工作效率，但往往會給部屬造成壓力、不悅，甚至會使部屬缺席不來上班等等。不只是部屬會被他逼到極點，ISTJ 型的人也會讓他們自己喘不過氣來，危害自己的健康，而這一切都源於他們的支配力，使他們堅信「如果想把事情做好，只有靠自己才行」的工作態度。因此，他們會插手每一件事情，使部屬無所適從，或者至少會重複做別人已做過的事情，直到做對了才肯罷手。

不過，ISTJ 型的人常常會因為他們不願意表達自己的意見，總是讓別人無法真正理解他們的想法，有時候會因此產生嚴重的溝通障礙。再者，基於他們很少有表示意見的習慣，同樣，他們也很少會去讚美他人，對他們來說，每個人本來就應該把工作做好，而且，薪水就是最好的讚美方式，並不需要透過讚揚才能將工作做好。

第九章　因性格用人的點子

要是從積極的方面來看，ISTJ 型的人往往是個傑出的部屬或經理，甚至是個優秀的領導者。也就是說，ISTJ 型的人做任何事都講求效率，注重成效追求生活系統化。不過，話雖如此，ISTJ 型的人卻只重視目前該做的事，從來不去設想未來可能發生的任何情況，所以他們根本沒有未來的計畫，總是先完成今天的任務，不去想明天的情況，而這也就是他們有壓力的原因，因為他們不考慮未來，就無法掌握未來。

他們具有完成任務的能力與安排生活的智慧，可以說他們是公司裡天生的領導者，不管是召開會議還是制定工作目標，都是 ISTJ 型所擅長的。此外，再加上他們在人事方面的管理能力，非常適合向多方面的事業發展，包括會計師（需要具備專注客觀的態度來分析事物，而且工作有期限性，需獨立作業）、外科醫生（需專注於書本上，且單獨行事）、警察或偵探（必須重視事實，而且要冷靜客觀，依照法律條例來工作）。

凡事全力以赴的人

凡事全力以赴的人稱之為 ISTP 型。ISTP 型的人是個很難讓人摸透、且又不願表達自己意見的人（I），而且他們重視與現在有關的事情（S），所以常常會比較冷漠；不過，由於他們總會以客觀的方式來做決定（T），再加上他們腦筋很靈活，總是想到什麼就做什麼（P），因此，無論他們碰到什麼人或發生什麼事，ISTP 型的人總能迅速地適應環境。

通常，對 ISIP 型的人來說，他們寧願單獨做事，也不願在團體合作上面浪費時間，所以，要這類型的人參與共同討論是件很困難的事。其實他們並不是堅決反對共同討論，而是因為他們認為「坐而言」不如「起而行」，全力以赴地去做。對比較困難的事情，ISTP 型的人總要儘早將其處理掉。

ISTP 型的女性喜歡找與性別無關的職業來做，而且她們希望自己能夠馬上獲得報酬，可是，這種違背社會基本性別模式的想法，往往使她們與男同事之間發生直接的競爭問題。其實，更讓她們感到悲哀的是，當 ISTP 型的女性走出傳統的角色，並擁有傑出的表現時，往往會被媒體炒成熱門的話題。雖然這種做法也許會激勵其他的 ISTP 型女性，但是，往往會因媒體介入，而讓他人視其為男性與女性的抗爭，忽略了這類女性對工作的熱愛，以及她們所付出的努力。

不管怎樣 ISTP 的特質在於他們有獨立工作的能力，獨立作業會比團體構機更適合這類型的人。由於他們追求工作要求的完美性，因此，他們不需要受人監督，也能把工作做好，而且，往往是準時交差，但不見得是依照他人安排的進度來完成的。也就是因為他們這種靈活的做事態度，所以他們非常容易適應一些可以不按計畫執行的事務，甚至能夠在整個過程裡隨時加入他們的建議，以獲得較好的結果。

除了前面這兩點之外，ISTP 型的另一特質，是擁有累積知識的能力，卻從不會因公司要求他們訂計畫或設結論而感到負擔很大，因此，他們可以成為很卓越的研究分析人員。因為他們將累積知識看做是一種「做」的過程，蒐集他們需要的資料，也同時讓他們享受「起而行」的樂趣，而下一步的分析過程，就表現出他們孤獨冷漠的獨行者的性格。

總之 ISTP 型的人是這麼說的：「生活應該一天一天輕輕鬆鬆地度過，不要擔心其他的事。盡量讓今天的生活過得有意義些，把明天的事留到明天再去煩惱吧！」這就是他們的生活哲學。

第九章　因性格用人的點子

永遠把握當下的人

　　永遠把握當下的人，被美國學者稱之為 ESTP 型。ESTP 型的人喜歡與外界的人事物相處（E），並運用他們理性客觀的分析（T）來面對這個現實的世界（S），而且還能以靈活有彈性的生活方式（P）來處理發生的任何情況。ESTP 型的人相信，只要你真的經歷了生活，你就有義務將現在的日子過到最好。

　　ESTP 型的人很能洞悉事情的重點所在，因此，千萬別用一些華而不實的言詞來欺瞞他們，因為他們不但能夠立即發覺事情不對勁，還會因此對你的話大打折扣，不再信任你。所以說，勇敢去提出自己的看法，儘管不是最完美的意見，也會比無止境的抱怨更能贏得他們的認同。還有，由於 ESTP 型的人把今天和明天的事分得很清楚，沒有任何關聯性，所以，他們可以說是相當不穩定的經理或部屬。

　　ESTP 型的第一個特點便是能夠全力為目前的事負責。他們不在意過去所犯的錯誤，也不擔憂未來的成效，他們重視的是眼前的一切，而且還認為過去的過錯與未來的擔憂，只會影響自己現在的工作，無助於目標的實現。對 ESTP 型的人來說，除了要掌握現在去努力工作，也該把握時機用些心思去盡情玩樂，不要太擔心未來要達到的目標，那只是浪費時間而已；如果你對目前的情況並不滿意，不要逃避它，也不能奢望它自然消失，要馬上改變它才對。

　　有多重選擇的能力是 ESTP 型的第二個特質。ESTP 型的人認為生活就是個選擇，如果你想做一件事，而且能全力以赴，那就一定會有不錯的結果。由於任何事都可以協調商量，所以，你必須一試再試，而且，一試

再試不單是讓你多做一些，還能為你提供多種選擇的機會。

至於他們的第三點特質，是指他們對工作的踏實態度。ESTP 型的人知道他們該做什麼，而且，當其他類型的人無法進行工作時，他們還能適時伸出援助之手，幫他們順利完成每項計畫。因此，ESTP 型人的社交能力可以讓他們當個稱職的助手，而且還能讓他們樂於掌握工作中應注意的每一個環節，使工作不致因突發情況而被迫停止。

不過，這種「為現在而活」的態度，會導致 ESTP 型的人用放任的心態來面對事情，造成一些遺憾。比如當人們信賴他們，覺得他們能擔當某些重任的時候，ESTP 型的人卻會用一些藉口來打消別人對他們的期望，好比他們會說：「我真的想留下來幫助你，可是不巧……」。有時候，這種藉口不只會讓其他人感到沮喪，甚至還會徹底地破壞一切成果。

ESTP 型人的第二個缺點是常會突然覺得工作沒什麼意義。雖然他們熱衷於尋求事實和數據來幫助他們獲取資訊，以進行接下來的工作，但是最後他們卻會覺得自己在做一件根本沒有意義的事情，甚至會讓他自己不知道在這麼多繁雜的事情裡，該做些什麼才對。

他們的第三個缺點，是他們常會對生活裡的規則感到不耐煩，因此，你會發現 ESTP 型的人往往一下子就表現出他們的焦慮和沒耐性的特性。其實，要是 ESTP 型的人能夠聰明一些，多容忍一點；而其他的類型的人也因多能試著去幫助 ESTP 型的人了解規則的必要性，讓他們能因此而創造更好的工作方式，不然也至少能讓他們接納現有規則的存在，那麼情況或許會有些改善。

第九章　因性格用人的點子

和藹可親值得信賴的人

　　ESFJ 型人的生活方式和他們工作上的管理模式，都可用「和藹可親值得信賴」來概括，不過，這個特質既是他們工作領域的阻力也是動力；雖然一方面 ESFJ 型的人能夠藉此來鼓舞部屬們實現工作目標，另一方面卻又會因此讓別人處處占盡便宜。

　　ESFJ 型的人社交能力強（E），重視公司裡的小事情和與同事間的小細節（S），能夠適時地讚揚肯定他人（F），以及劃定進度來完成工作目標（J）。因此，這些人會記得所有同事的名字與生日，且會注意到一些相處有道的經理就是屬於 ESFJ 型。也就是說，如果某個人的經理是屬於 ESFJ 型，他就會對這位經理非常了解，知道他會因部屬完成工作而給與讚賞；而當部屬犯錯時，即使是沉默不語也會表示他的憤怒。

　　ESFJ 型的人具有許多不同的特點，包括負責任、重整潔、準時、關心他人等等，因此，他們知道什麼時候該要求部屬、什麼時候該堅持原則，以及什麼時候該做適度的退讓。除此之外，他們對公司有承諾，覺得每個人都該像他們一樣，全力為公司工作，所以往往使他們看起來像公司的奴隸似的。

　　但有的時候，ESFJ 的人有逃避人與人之間衝突的傾向，這樣往往會使情況變得更嚴重。比如他們不願面對自己所犯的錯誤，甚至會盡力否認錯誤；當他們與別人有些小爭執時，他們總會把情況想得非常糟糕，根本不願試著去解決問題，這樣一來，ESFJ 型的人就會覺得自己很笨，甚至完全喪失了競爭的鬥志。其實只要 ESFJ 型的人能夠面對問題，提出對公司有益的意見，就不會不知所措，覺得自己很無能了。

　　ESFJ 型的人必須明白，衝突是會永遠存在於生活中的，並且要不斷

地告訴自己，適度的衝突與爭執，其實能夠用來激勵大家，使大家明白彼此需要更好地溝通才行。最重要的是，ESFJ 型的人要不斷提醒自己，只記得自我反省的做法，並不能解決彼此的爭執，只有想辦法處理才是最有效的做法。

　　總之，ESFJ 型的人可以勝任許多職業，並盡力將工作做好；比如社會服務類的工作，銷售類、行政類以及教育工作等等。在這些工作裡，相信 ESFJ 型的人必能全力發揮他們的特質，成功地達到工作目標。ESFJ 的人希望他們從事兒時理想中的工作，即使這些工作並不適合他們，ESFJ 型的人也會盡全力做好，包括會計類、法律類，或是工程類的工作。

服務他人的人

　　服務他人的人最值得大家信賴。他們具有服務他人的性格，因此他們在公司或家庭裡的所作所為，只是為了要讓情況變得更好，特別是透過他們的服務，來改變人們的生活狀況。

　　這類型的人稱為 INFJ 型，他們常會沉思與反省（I），而且還認為生活裡充滿了無限的發展性，對未來有很大的憧憬（N）。而這些想法都可透過他們處理人際關係的方式表現出來（F），尤其是他們妥善規劃安排的生活方式（J）。另外，由於他們具有的內向特質，所以當他們在考慮他人需求的情況時，即使不用語言，也可讓人明白他們的可靠。

　　INFJ 型的人不僅可做按部就班工作的部屬，而且也可當一名重視他人需求的經理，因此，他們總會熱情參與工作，兼顧工作與部屬兩方面。由於他們本身同時具有內向型、直覺型與情感型的特質，所以他們總有未卜先知的能力，知道什麼時候會發生彼此的衝突，因此，每當衝突發生時，

第九章　因性格用人的點子

沉默總是他們的處理方式。不過,這種預知能力往往會造成他們不敢勇於面對衝突,甚至會因此失去了工作的積極性。而他們唯一能做的就是讓自己躲在一旁,期待衝突能夠自然消失。

INFJ 型的人除了有智慧之外,還擁有對未來理想的憧憬與重視他人等特質,因此,他們會努力完成工作目標;但是,卻很少有人能夠真正理解這類型人的心底想法,更不會知道他們那些相當富於想像力、創造力的概念,往往是在充滿成就感的喜悅而激發出的熱忱中產生出來的。如果他們不只是想想就算,而能做些詳細的計畫,說不定會有不同的局面出現。再加上 INFJ 型的人是一直不斷學習新知識並激勵自我進步,同時也鼓勵他人開發自我的人,他們往往會讓別人覺得自己受到肯定,因此而產生一些新想法。

INFJ 型的人也並不是沒有缺點的人,舉例來說,當他們無法實現自己的理想時,就會變得很沮喪,甚至會馬上反應在他的行動上。而且,除了沮喪之外,他們還會覺得充滿罪惡感,使自己陷入絕望之中,甚至完全否定了自己。

他們的第二個缺點就是過於在乎他人,往往不考慮自己的想法。由於這種特質,所以他們常常會小題大作,把簡單的事弄得很複雜,尤其一旦當 INFJ 型的人願意幫別人解決問題時,他們一定會全力以赴,直到一切問題都解決之後。可是,要是結果不如他們的意,他們便會非常失望,並且非常自責,有時甚至會影響整個公司的情緒。

第三個缺點,就是由於他們容易將事情複雜化,往往會冒出一些不可思議的荒謬想法,完全偏離問題的核心,弄得大家不知所措,而 INFJ 型的人還會因為建議不被採納而大發雷霆。

總而言之,INFJ 型的人的確能以他們豐富的想像力與創造力,來激發

別人工作上的靈感，並常常能默默提供其智慧來協助周圍的人，是對公司非常有貢獻的部屬。

能言善道互相激勵的人

能言善道的 ENFJ 型的人，擁有卓越的外交能力（E），覺得世界上有無限的希望（N），重視人際關係，習慣以主觀的方式來做決定（F），而且喜歡按進度來過井然有序的生活（J）。

對 ENFJ 型的人來說，他們最主要的特質是懂得如何激勵他人。這類型的人在工作時，總會很自然地就能了解他人的需求，知道該說哪些話來鼓舞同事，以及隨時要給大家適當的肯定。因為外向的特質讓他們重視別人，直覺的特質讓他們知道鼓勵他人的重要，情感的特質讓他們注意到彼此間的小細節，而決斷的特質讓他們明白做任何事都需要有始有終，所以，ENFJ 型的人總會在別人遇到困難時，給予他們最大的幫助，並引導他們要以愉快的心情來解決一切難題。

善於處理人際問題是他們第二項特質。不管他們是否受過訓練，ENFJ 型的人可以說是最佳的輔導專家，不僅能夠傾聽他人的任何麻煩，而且還能幫他們解決壓力問題，以便工作能夠順利進行下去。

但是過度重視他人的態度，也會讓他們得到負面的反應，這是 ENFJ 型的第一個缺點。ENFJ 型的人堅信，「如果我無法激勵他人向前邁進，或是不能讓他人坦白說出心中困擾的話，那我真是個失敗的人。」這樣一來，ENFJ 型的人自己也就無法再繼續工作，甚至會覺得自己是個沒用的人，不能幫助別人解決問題。尤其是當某個部屬向全體同事敘述他的問題時，ENFJ 型的人卻會對此舉感到不解：「為什麼他不只告訴我一個人呢？是不是他不喜歡我？」由於 ENFJ 型對此人的不信賴，甚至還會讓他也開

始不信任其他的部屬。

除此之外，很容易喪失成就感，也是造成他們痛苦的另一個缺點。雖然 ENFJ 型的人都受到同事們的喜愛與尊敬，可是他們卻會因自己尚未完成工作目標而感到不安，沒有成就感，甚至輕視自己，覺得自己並不值得別人尊敬。

其實，如果 ENFJ 型的人都能了解自己的這些小缺點，並試著改掉它們，他們仍能夠發揮本身的特長去激勵他人，引導大家重視別人的需求以及培養一些道德價值，讓公司各階層的人都工作得更好。

重視人群反應的人

美國學者把重視人群反應的人劃分為 ENFP 型。ENFP 型的人熱愛社交生活（E），重視人與人之間的交流影響（F），並以此來看待他們對未來的希望（N），選擇他們希望的生活方式（P）。與 ENTP 型的人一樣，他們的情緒起伏很大，而且他們精力充沛，經常試著以遊戲的方式來進行任何工作，並運用他們的創造力與影響力來激勵周圍每個人關注他人的反應。

ENFP 型的第一個特質是能夠在工作中影響其他人。不像思考決斷型（TJ）的人那樣一直想要控制一切，ENFP 型的人重視的是獨立、自由，因此，他們能夠透過鼓勵的方式，一方面讓部屬們實現工作的目標，一方面又讓這些部屬們覺得自己是個有用的人。

讓每一件事都有多種的選擇是 ENFP 型的第二點特質。與其他外向知覺型（EP）的人一樣，他們喜歡以新奇的方式來處理枯燥無味的工作與進展緩慢的計畫。對他們來說，如果每件事都有多種的處理方式，會比單純的完成工作有意義得多。

此外，ENFP 型的另一個特質是他們對待別人的技巧。ENFP 型的人

會視他人的需求採取行動，比如，他們知道什麼時候該給他人幫助、肯定對方，或傾聽他人的意見等等。

ENFP 型的壓力源自那些生活裡無法以遊戲或玩笑的方式來面對的情況。換句話說，如果 ENFP 型的人面對更多的工作要求時，他們就很容易因壓力而採取一些異常行為。比如，填寫納稅表格、付帳單、獨自工作太久，或是面對最後工作期限時，都會給 ENFP 型的人造成壓力，他們很容易產生彼此間的衝突，甚至會把這種情緒傳染給附近的每個人。對 ENFP 型的人來說，由於他們很難讓自己去面對這種衝突，並想出適當的解決方式處理衝突，因此，幫助 ENFP 型的人認清情況找出處理方法是非常必要的。其實，ENFP 型的人可以透過交談或是競爭的方式來減輕他們的壓力，他們可以書面寫出一些面對壓力的方法；除此之外，做做運動或是放鬆精神法都對他們很有幫助。

充滿愉快的工作環境，對 ENFP 型的人也非常重要，反之，如果不能擁有一個愉快的工作環境，那他們會在一些小事上費很多時間。

儘管 ENFP 型的人能夠利用自己的工作方式來創造工作上的成效，卻常會讓那些依賴 ENFP 型的人們，因他們時間管理不善或是品質不佳而感到失望。此外，這類型的人有容易重複計劃一件事，或很快失去興趣等缺點，也都會造成同事與部屬的失望。

ENFP 型的人對新奇事物的渴望，往往使得他們只重視瞬間的任務，反倒忽略了他們應負的責任，因為他們有太多事要考慮，這使他們變得情緒不穩，容易喪失信心。

要是 ENFP 型的人能夠依其自己的方式，成功地實現某個工作目標的話，他們一定能從中獲得最大的滿足。ENFP 型的人都可以在各行業裡發揮他們的特點，都會有一番成就的。

第九章　因性格用人的點子

讓人人都能適性發展的人

　　這種類型的人稱之為 ISFP 型的人，他們習慣審慎規律的內在思考模式（I），而且他們多半是以自我需求來定目標，他們眼中看到的是現實的世界（S），並且總是從主觀的角度來做每一個決定（F），對他們來說，經驗要比結果重要（P）。

　　因此，他們比其他類型的人更能尊重並支持他人的意見，主張適應發展，而且從不曾試圖去影響他們、為難他們，或改變他們。也許其他人很難相信 ISFP 型的人只會單純的信賴他人，卻無其他的想法，或者他們會覺得 ISFP 型的人只是隱藏動機，但事實就是這樣，因為 ISFP 型的人所持的信條是，「讓每個人各自生活，不要互有干擾。」

　　ISFP 的人很容易與人相處，覺得沒必要去影響周圍的人，反倒常常會再三檢討自己，以他們主觀的角度來決定一切行為，雖然他們可能會因這種性格特質遭到他人的指責，但這種能夠接納他人的性格卻是 ISFP 型的優點，因為在公司的各部門裡，都需要這類型人的存在。

　　通常 ISFP 型的人在工作時，都會表現出一些特性，包括他們能幫助別人、想辦法來解決一些似乎已被放棄的問題，或者是解決一些人際溝通方面的困難等等，甚至還會不時在一旁提醒他人重視眼前應關注的工作目標，而這也就是 ISFP 的最佳特質一協助人們看清自己目前該做些什麼。

　　ISFP 型的人相信，只要人們能得到他人的鼓勵和幫助，而不是批評，人們就會把工作做到最佳的地步，因此，ISFP 型的人總是默默地支援部屬們，或是與他們一起工作，常常分不清自己與部屬身分的區別，也不在乎誰獲益較多。然而，這種不特別強調經理身分的處事方式，也有可能讓一些想用自己的方式來工作的部屬們感到不愉快。其實，如果你的經理是個

ISFP 型的人，你就要學會適應他們，並用些小禮物來表達你的讚揚之意，尤其是對那些希望獲得直接肯定的部屬來說，從 ISFP 型經理那裡應該能夠獲得你最想獲得的讚美。

由於他們想幫助他人卻又不願去試著改變他人，因此，ISFP 型的人往往對工作的成效不感興趣。而且對他們來說，工作上的壓力會導致他們身體不適，甚至情緒沮喪，所以 ISFP 型的人最好學會避免壓力產生，寧可多花精力來幫助他人，讓每件事都順其自然地發展，也不要強迫自己去處理那些他們無法控制的事。

ISFP 型的人是那種不按常規完成工作，卻又能夠在工作過程中覺得自己是個受到肯定且又有價值的人。因此，任何與服務有關的職業，都適合 ISFP 型的人。不過，能夠接受這類需要長期訓練的工作的 ISFP 型的人很少。其實，ISFP 需要的是永遠不受拘束，而且能隨意工作的職業。

永遠追求超越的人

永遠追求超越，是 ENTP 型的人的特徵。ENTP 型的人喜歡出現在公共場所，因為那是個刺激有趣的地方（E）。尤其是外在的世界對他們來說，處處充滿了無窮的希望與夢想（N），所以，他們會用客觀（T）的態度來看待一切，而且選擇不同的生活模式（P）。其實，ENTP 型的人一直活在現實與理想之間，永遠都在期待改變，超越現在，即使是不好的改變，也能讓他們學到些智慧。ENTP 型的人寧可追隨夢想，即使最後什麼都得不到，也不願每天都在做乏味的例行公事，學習不到任何東西。

從理論上來說，ENTP 型的人競爭力強，而且腦子相當靈活，他們好像建築師，只設計草圖，好讓自己每天都能做些修正，而不是按設計圖付諸實施的建築工人。他們天生有打破沙鍋問到底的精神。

第九章　因性格用人的點子

ENTP 型的人是理想主義者，總會依照自己的理想來工作．因此，ENTP 型的人總會不斷推銷他們的想法，比如，早上才想出了一、兩個想法，不管是否已傳達出去，晚上極有可能又多想出來三、四個新點子，這就是 ENTP 型的特色，而且他們可以從中得到滿足。

此外，在生活中有不切實際的狂熱，是 ENTP 型人的第二個特質。千萬別告訴他們什麼無法建造二百層的摩天大樓或是向火星發射火箭等事，也許他們真的會試著去證明這種說法是錯誤的。其實，也正因為他們這種狂熱，才讓他們能夠不斷地學習、成長、改變，甚至創造出某些意想不到的東西出來。

永不停息的爭強好勝心理也是他們的特質之一。由於 ENTP 型的人將生活視為每天的挑戰，其中包含了競爭、分享與學習，認為每個人都要不斷地充實自己，所以他們才會不斷地進步，從不會馬上就感到滿足，也因此才能達到目標。只不過，並不是每個人都希望自我提升，所以 ENTP 型的人的同事與部屬們很容易厭倦 ENTP 型人的做事方式，甚至會造成士氣低落，但這並不是 ENTP 型的人所希望看到的。

無法貫徹始終是 ENTP 型的第一個缺點。舉例來說，假如某個部屬的經理是 ENTP 型的人，由於他每天都希望發展一個計畫，因此，那些每天下午無法完成的計畫只好中斷下來，第二天再重新執行別的計畫，這樣下去，到最後他會完全喪失信心，根本不知道下一步該怎麼做才對。更糟的是，ENTP 型的人不但無法完成工作任務，甚至還會欺騙自己，相信他們已完成了工作計畫，可是這樣做就破壞了周圍人對他們的信任。

情緒起伏太大和無法有效處理現實的生活，也是他們的缺點。他們比其他類型的人更情緒化，而且總會因失敗而陷入絕望的低潮裡。此外，每當面臨工作上的難題或最後期限時，他們總會找些藉口來讓自己相信工作

已經完成了，但事實上只是完成了一半而已。這樣一來，不論工作只做了一半還是需要面對失敗，都會影響 ENTP 型人的信心，他們甚至會覺得自己一事無成，一點用處都沒有。

其實，各類型的人都有因性格而造成的壓力負擔，他們可以透過自我的了解，讓彼此之間都能過得更好。

創造更友善生活的人

美國學者稱創造更友善生活的人為 INFP 型。INFP 型的人是那種能夠借替他人服務的機會，來展現自己特長的類型。舉例來說，如果他們只是純粹為學習電腦而去上電腦課，不管課程多麼刺激，他們學習的時間都不會太久；可是，如果是為了日後能夠利用電腦來工作，他們便能從同樣的學習裡，努力學習更多的知識，從而得到滿足。

INFP 型的人習慣透過自我反省與沉思（I）的方式來看待這個充滿憧憬與幻想的世界（N），除此之外，他們總喜歡以自己的價值標準來做主觀的決定（F），而這些決定的目的只是為了讓他們做好分內的事；JNFP 型的人選擇的是輕鬆愉快、做事彈性化的生活方式（P），因此，將這些性格特質組合起來，就造就了一個懂得尊重、體貼他人，創造友善生活的 INFP 型。這類型的人只有在他們有意識地去侵犯他人時，才會想要去控制一切，以證明他們自身存在的價值。

INFP 型的人很少會按公司的規矩做事，所以你很難發現有此類型的高級經理。不過，如果真的有這樣性格的人，他們往往會讓部屬們更加效忠公司，甚至讓他們能夠自由地發展工作潛力，受到更多的肯定，並隨時願意接受任何建議。即使部屬遭到失敗時，只要沒有違背 INFP 型的價值

第九章　因性格用人的點子

觀念，他們就會肯定他人所付出的努力。

　　假如有人刻意去違背他們的價值觀念，那他們幾乎是不可能原諒他，即使有可能，也需要等上一段時間，那是因為他們內向情感型的特質，無法讓他們原諒與忘記發生過的一切，不過，他們仍會運用直覺與知覺的特質，來盡力撫平自己的內心，試著接受當時的情況，不斷地說著「沒關係」的話。儘管別人以為道了歉就沒事時，INFP 型的人的心底還會有不愉快的情緒。

　　對 INFP 型的人來說，當他們的意見無法獲得他人的認同時，他們就產生了很大的壓力，甚至造成他們情緒不穩，容易使自己逃避現實，並且會有些膽怯、疑慮、無法安心工作等現象的出現。雖然這些並不是 INFP 型的人本身具有的特質，全是因壓力而造成的現象，但是如果不能儘快改變這種情況的話，這些壓力就會越來越嚴重，如果能給 INFP 型的人發表意見的機會，並鼓勵他們告訴大家心中的想法，問題也會隨之慢慢減少。雖然他們會覺得自己很難表達出內心的想法，但當他們了解其必要性時，便會覺得那才是對他們最有益的唯一方式。

　　基於他們所擁有的理想與競爭力，INFP 型的人總會一步步地往上爬升，可是，他們卻會因為無法達到極致，而對工作產生不滿足，甚至自責，也拒絕他人想助他們一臂之力的想法。其實，如果 INFP 型的人能夠明白，並不是所有事都能達到完美的境界，而且也能了解到每個人都會受到能力的限制時，也許就不會那麼苛求自己與他人了。

把工作與歡笑合在一起的人

　　這種人被稱之為 ESFP 型的人，不但熱愛新奇的事，自己本身更是生活裡的新奇。由於他們蓬勃的生命力、崇尚自由的精神，以及喜歡日子裡充滿玩笑的想法，所以不管在什麼樣的環境裡，ESFP 型的人都懷著愉悅的心情。可是，有的時候，他們這種自由的精神也會帶給別人，甚至會打消他們自己沮喪的情緒。因為 ESFP 型的人與其他擁有知覺型性格的人一樣，注重工作裡的愉快氣氛，我們可以視 ESFP 為玩笑的化身，因此，當有些事情不能用輕鬆的態度來處理時，或者是無法避免不愉快的情況時，ESFP 的人便會頓然不知所措，並陷入失望的低潮裡。其實，對 ESFP 的人來說，即使無法時時充滿歡笑，至少也要學習享受放下一切的輕鬆心態。

　　任何 ESFP 型的人都有歡樂的細胞，他們通常很容易與人相處，社交能力強（E），重視世界的現實性（S），而且習慣以人群關係的影響來做主觀的決定（F），所以他們過的是比較輕鬆。且相當能適應其他人的生活方式（P）。

　　ESFP 型的人最主要的特質，就是他們能夠促使計畫迅速實施。不論面對什麼樣的突發情況，ESFP 型的人都能夠欣然接受並加以處理，因此一個忙碌且複雜的工作，反而會驅使他們更勤奮地工作。與 ESFP 型的人一起工作，絕對不會感到枯燥單調，有時往往充滿了歡樂。

　　除此之外，ESFP 型人的第二個特質便是能夠讓他人感到自己的獨特性，並能夠以自己的方式來工作。由於 ESFP 型的人所具有的這四種性格偏好，包括 E（外向）、S（務實）、F（情感）與 P（知覺），所以他們不但能夠知道現在該做什麼，而且還能了解各類型的人目前可以發揮的特性。因此，他們不僅能肯定他人的才能，還知道哪些事該私底下來做，才

第九章　因性格用人的點子

不會捲入糾紛。

　　他們的第三點特質，是指他們會為了別人的需求採取行動。例如有位在業務部門工作的部屬，希望在星期五休假時能預借現金去旅行。可事實上他根本不可能在這星期內拿到錢，這時候，一位 ESFP 型的同事適時伸出了援助之手，其實屬於此類型的人都不會坐視這種情況的發生，他們會想盡辦法來幫助有需要的朋友，即使遇到各種阻力也不在乎。而問題最終也總會圓滿解決，他們要求的也只是一句「謝謝」。

　　化解壓力是 ESFP 型人的第四種特質。當其他類型的人都會因工作期限的到來而感到很大壓力時，ESFP 型的人卻知道該怎樣平衡心中的緊張，並懂得說些話或做些事來減輕壓力。此外，他們不會坐在一旁，為事情感到抱歉，反而會面對困難，採取積極的行動，來扭轉形勢。

　　和其他類型的人一樣，ESFP 型的人同樣也有他們的缺點。由於他們總是為自己設太多的目標，卻因能力所限而失敗，甚至造成心中的沮喪，及自暴自棄等負面的感受，這是他們的第一個缺點。

　　對公司規則與工作進度的輕視和不尊重是 ESFP 型的第二個缺點。這種特性使他們永遠不會在別人預期的地點、時間裡出現，這常會影響公司整體的運作。就算他們有許多合理的原因來解釋他們的缺席，仍無法彌補已經發生的一切事情。

　　至於他們的第三個缺點，便是他們不懂得考慮後果，不能做到三思而後行。因為他們只重視目前的情況，做事又欠缺考慮，因此會產生一些連他們自己也想像不到的嚴重後果。

　　ESFP 型的人一直在追求充滿歡樂的日子，不曾考慮到工作場所是否能夠接納他們這種態度。對某些公司來說，他們覺得歡樂應該是在家裡、或是在公司同仁聚會時才該出現的情況，所以，就會有些部屬刻意忽略

ESFP 型人的玩笑，甚至大肆指責一番，打消 ESFP 型人原本的美意。

不管怎樣，由於 ESFP 型的人天生的善解人意，因此，他們可能是卓越的培訓師、各類型的銷售員等等。總之，與 ESFP 型的人一起工作的部屬常，稱讚他們工作上的效率，他們非常需要 ESFP 型的人為他們在工作環境裡，帶來一些歡笑。

喜歡發號施令的人

這種人被稱之為 ESTJ 型的人，他們很容易與人相處，社交能力強，不但能直接與人溝通（E），還能以客觀的角度（T）來看待這個現實的世界（S）。而且，他們總會在別人聽得見的範圍內，直率地要求別人完成某件事（J）。

基於這四種性格傾向，ESTJ 型的人習慣在面對某種情況時，要求自己與他人依照工作進度與公司規則，來處理眼前的問題，同時，更希望以這種方式來面對未來可能發生的類似情況。換句話說，由於 ESTJ 型的人具有分析判斷能力，重視客觀環境，喜歡發號施令，而且過的是規律化的生活，所以是較合適的管理人才。

因此，如果一個經理想完成工作目標、創造規律化、系統化的執行過程，不妨找個 ESTJ 型的下屬。

依照慣例，不管在哪家公司機構裡，ESTJ 型的人總會爬升到高級經理的職位，除非是因為他們的外向決斷型（EJ）特質，造成他們與周圍人疏離，甚至樹敵過多，才會阻礙他們不斷升遷的機會。假如他們能多留意這種情況，並試著耐心地給那些不了解他們的部屬們傳授專業知識，他們就能順利地登上經理職位，即使在學術領域裡，他們也會運用身分來要求別人尊重自己。

第九章　因性格用人的點子

由於 ESTJ 型的人總想完全控制一切，本身又具有很強烈的責任感，所以當他們遇到一些突發情況、雜亂無章的工作情形、或是做事草率不負責的部屬時，他們就無法妥善地處理一切，只會用強硬的命令來壓迫部屬們。不過，這並不會造成不良影響，反而會讓人們知道自己應該做什麼。上述的這種情況容易造成 ESTJ 型人與其部屬之間的溝通困難，因為 ESTJ 型的人只知道如何規劃工作，並盡全力將它做好，卻無法仔細傾聽部屬和那些他們覺得還不夠格發表意見的人們的看法。

雖然 ESTJ 型的人總想控制所有的工作情況，但在日常生活中並非如此；也就是說這些處在高級職位，掌管一切的 ESTJ 型的人，在家裡往往是個不折不扣的膽小鬼。當他們認定家庭是妻子的地盤時，便會將妻子視為發號施令的人，而他們自己只是聽從命令做事的人。可是，一旦 ESTJ 型的人回到工作職位，情況便會如往常一樣，仍由他們來操縱所有的事。其實這些看起來相互矛盾的行為，只是 ESTJ 型本身性格的不一致所造成的。

此外，ESTJ 型的人常常無法放鬆自己，這完全是由他們天生好強的個性所致。經過長年累月的堆積，這種個性不單會給他們造成很大的壓力，甚至還會危害他們的健康並且讓他們永遠處在工作危機的陰影裡，活得很辛苦。

總而言之，當 ESTJ 型的人經歷了生活的磨練，以及爬升到公司的高級經理的位置之後，相信他們的性格也會變得更圓滑些，能夠接納一些與他們生活方式相反的情形，並從中領悟到一些智慧，幫助他們尊重別人的意見，以及讚揚生活裡的點點滴滴，而不再是總是想控制一切。

第十章
搭配用人的點子

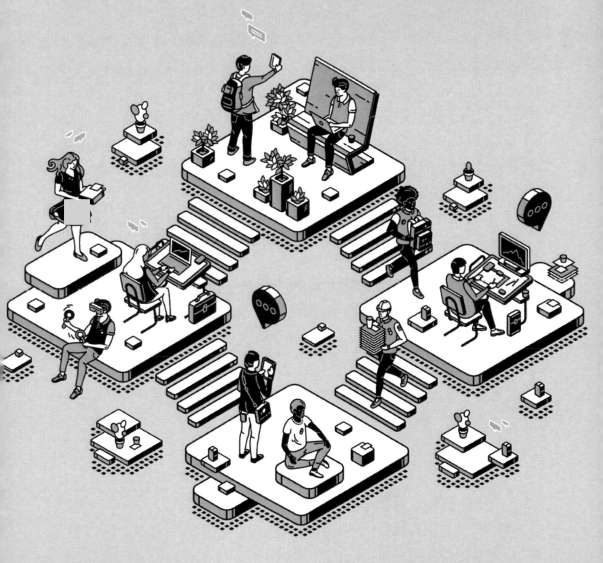

第十章　搭配用人的點子

1＋1＞2

搭配用人，指企業家在使用人才時，應重視人才的合理搭配。即根據企業的經營目標，採取相關的人才組合，合理搭配人才，使企業內各種專業、知識、智慧、氣質、年齡的人員，組成一個充滿生機的整體優化的人才團隊，相互切磋、相互啟發、優勢互補、互相激勵，產生一種較強的「親和力」。

合理的搭配用人，不僅能充分發揮每一個人的個體作用，而且可使團隊功能達到 1＋1＞2 的狀態，並在整體上取得最佳的客觀功能。特別是企業在進行新產品開發、技術革新和改造、現代化大型設備的設計和製造等攻堅時，企業家如能合理組合人才，形成具有最佳結構的人才團隊，就能發揮科技人才的集體智慧，聯合攻關使之奏效。

讓人才形成互補

在一個企業的人才結構中，每個人才因素之間最好形成相互補充的關係，包括才能互補、知識互補、性格互補、年齡互補和綜合互補。隨著現代科學技術的發展，很多研究項目是需要符合多邊互補原則的，這裡既需要有知識互補，又需要有能力、年齡等方面的互補。這樣的人才結構，常需「通才」主管，使每個人才因素各得其位，各展其能，從而和諧地組合在一個大團體之中。

近來國外的研究顯示，一個經理團隊中，最好有一個直覺型的人作為天才軍師，有一個思考型的人設計和監督管理工作，有一個情感型的人提供聯絡和培養職員的責任感，並且最好還有一名衝動型的人實施某些臨時性的任務。這種互補定律得到的標準和結果，是整體大於部分之和，從而

實現人才團隊的最佳化，用人時不能不明白此道理。

事實也反覆證明了人才結構中的這種互補定律，在人們的實際生活中可以產生十分巨大的互補效應。

用人過程中，熟悉並掌握人才之中的互補定律是非常必要的。在一個人才結構中，每個人才因素之間最好有一種相互補充的作用，包括才能互補、知識互補、性格互補等，形成這樣的結構關係，有利於提高整個人才結構的效能。

只有了解人才中的互補定律後，才能更好地用人。丹麥天文學家第谷有著傑出的觀察才能，經過日積月累，他得到了大量天文觀察資料。儘管如此，他的學說仍然沒有擺脫托勒密地心說的束縛。西元 1600 年，第谷請了一位助手，德國天文學家克卜勒，克卜勒雖然觀察能力不及第谷，但他的理論分析和數學計算才能卻非常優秀。他們兩人合作不久，第谷就去世了。在第谷豐富的觀察資料的基礎上，克卜勒進行了大量的理論分析和研究，大膽地提出了火星軌道為橢圓形的克卜勒第一定律，接著又提出了第二定律（行星與太陽的連線在相等的時間內掃過相等的面積）和第三定律（行星公轉週期的平方等於它與太陽距離的平方）。克卜勒行星運行三大定律的發現，有力地證明了它是第谷觀察才能與克卜勒理論、計算才能互補效應的結晶。

用人還需要了解人才中的知識互補定律。眾所周知，席勒與歌德是德國西元 1700 ～ 1800 年代兩位傑出的詩人。歌德聽說席勒要寫《威廉·泰爾》這個劇本，就慷慨地把自己蒐集到的資料、素材全部交給他；當席勒知道歌德在寫《威廉·麥斯特》這部長篇巨著時，他也積極參與寫作。這一對詩友之間，不僅有著共同的理想，而且在知識上也形成互補，正因如此，他們才雙雙功成名就。

第十章　搭配用人的點子

用人除了要了解人才的才能互補定律、知識互補定律外，還應了解人才中的個性互補定律。無論在哪一個人才結構裡，人才因素之間都存在著個性差異，每個因素的氣質、性格都各有不同。例如，有的脾氣急，有的脾氣緩；有的做事細緻、耐心；有的辦事有效率、迅速。這些不同的個性特徵，都可以從不同角度對工作產生積極作用。如果每個人才因素都是同一種性格、同一種氣質，工作反而無法做好。例如，全是急性格的人在一起，就容易發生爭吵、糾紛。這和物理學上的「同性相斥」現象極為相似。個性互補，有利於把工作做好，一般而論，人才都有著鮮明的個性特徵，如果抹煞了他們的個性特徵，就等於抹煞了人才，只有把他們安排在一個具有互補作用的人才結構中，才能充分發揮他們的巨大作用。

用人須知的各種互補定律，不要忘了其中的年齡互補，老年人有老年人的特長和短處，年輕人有年輕人的特長與短處，中年人有中年人的特長和短處。不論從人的生理特點，還是從成才有利因素來講，大都如此。因此，一個好的人才結構，需要有一個比較合理的人才年齡結構，從而使得這個人才結構保持創造性活力。明朝開國皇帝朱元璋取得政權後的用人方針就是「老少參用」。他是這樣認為的：「十年之後，老者休致，而少者已熟於事。如此則人才不乏，而官吏使得人。」顯然，朱元璋的這種用人方針是從執政人才的連續性、後繼有人問題出發的。其實，它還有更深層的意義，老少互補對做好工作，包括開拓思路、處事穩妥、提高效率等都意義深遠。

曾經有五位諾貝爾獎金獲得者力圖解決超導微觀理論的創立問題，卻都未能如願。而這項成果的最後奪魁者，竟然是約翰・巴丁、利昂・庫珀和約翰・施里弗 3 人。他們 3 個人組成了一個具有互補作用的人才結構：巴丁老馬識途，掌握方向；庫珀年富力強，思考敏捷；施里弗善於創新，

方法靈活。這也是一個多邊綜合、多邊互補的典型。

綜合互補的用人之道在現代化建設中，地位卻越來越重要。工程規模越大，越需要在其人才結構中體現這一原則。

男女搭配，工作不累

俗話說，男女搭配，工作不累。青春期的年輕男女尤其需要異性同事，只要與異性一起做事，或在同一辦公室工作，彼此做事就特別有熱忱。這種在同一辦公室中的情形，並不是戀愛似的情感，或者尋覓結婚對象，而是異性在一起工作時，彼此情感在不知不覺中就會融合許多。這些年輕人都認為辦公室內若有異性存在，就可緩解緊張，調節情緒。像這種男女混合編制，不但能提高工作效率，也可成為人際關係的潤滑劑，對矛盾產生緩衝作用。

但男女混合編制也不盡然十全十美。在眾多男性中只摻雜一位女性，或者在許多女性中只有一位男性，這也許比全無異性要好，而那位唯一的異性，因缺少同性交流的對象容易鬱鬱寡歡，日久可能會崩潰，或者有異性化的趨勢。

當工作上不可能有男女混合編制時，應經常舉辦娛樂活動或男女聯誼團體活動，增加男女交誼機會，同樣可以取得「工作不累」的效果。

現代的年輕人，大多認為男女交往是一件正常的事，他們對自己的行為也能承擔一定的社會責任，無須過度擔心。

工作場所皆是同性的從業人員，尤其全女性的公司，因公司內部難以舉辦男女交誼的活動，本身就應經常參加有異性的活動，例如多參加跨行業的聯誼活動。公司方面也不妨鼓勵員工多參加公司以外的活動。除特殊情形外，對公司反而是裨益良多呢！

第十章　搭配用人的點子

與朋友一起工作，熱忱十足

　　年輕人總認為：「不論任何事，最好要有兩三個好朋友互相商討才好」、「最好有知心朋友一起工作」、「沒有好朋友一道工作實在沒意思」，也就是說在年輕人看來，有了困難只要找朋友幫忙，準能解決。因為有了好朋友，彼此就可以互相幫助和鼓勵，做起事來自然熱忱十足。

　　有位年輕人表示過：「本公司的人際關係並不和諧，大家也總認為彼此難以推心置腹地交談，像我那一期同時來六位新人，其中四位不到一年就辭職不做了。」這說明，如果沒有好朋友一起工作，非但工作意志低沉，甚至經常影響到工作，這種情形對新來的員工來說影響尤大。管理人員對此要多注意並加以引導，必然可使他們工作順暢。

優化企業員工的年齡結構

　　有的企業員工要麼是一茬子老的，要麼是一萬子年輕的，成員之間幾乎沒有年齡差異。因此，在需要人員更替時，不得不「一鍋端」，工作前後無法銜接，出現週期性間斷，使領導團隊工作效能受到很大影響。一般而言，年齡大的有經驗豐富、穩重老練、事業心強的特點，但缺乏創新精神，守業心理較濃厚，且易犯經驗主義的錯誤；年紀輕的精力充沛，思想敏銳，勇於探索創新，但易虎頭蛇尾。假如領導階層年齡相同，就很難做到「內閣」的交替與合作，做不到高效能的管理。因此，必須有一個梯形的年齡結構，應由「老馬識途」的老年，「中流砥柱」的中年人和「奮發有為」的年輕人，由這三部分人組成一個具有合理比例的充滿希望的混合體，只有這樣才能發揮其各自的最佳效能。如此既可以使老中青在經驗和

智慧方面的不足得到互補，又可以使「內閣」保持吐盛的生機，相對穩定並有利於新老「閣員」的自然交替。

■ 要善於使用年輕人

有些企業應徵人員很重要的一條是要註明年齡界限。有許多企業主管對年輕人往往採取敬而遠之的態度，用「需 ×× 年工作經驗」加以限制。

但是，不歡迎年輕人，不願意充分發揮年輕人的作用，對一個企業來說，並不是什麼好事。年輕人有非常敏銳的感覺，他們能很快接受新知識、新技術，具有很大的潛能。他們往往是企業保持活力的中堅。年輕人過少，就會使企業氣氛過於沉悶，趨於沒落。身為企業領導者，你不為此擔憂嗎？

企業領導者應該加入年輕人的圈子，融入他們的思想、行動之中，積極管理、大膽放心使用年輕人。

第一，領導者應該懂得尊重年輕人。一方面，年輕人一般都帶來了新的知識和思想，有的雖然當前用不上，但也不能棄而不用。主管要動腦筋來分析年輕人的特長，把他們放在適當的工作職位，充分發揮他們的才能。另一方面，年輕人天生具有不承認權威的傾向，如果主管不主動接觸他們，則上下難以溝通，以致產生隔閡。

第二，主管應盡量多聽取年輕人的意見、觀點，不能隨便加以排斥。對他們提出的意見、建議，認真分析挑選有用的、合理的加以採納，並給予適當的獎勵。

第十章 搭配用人的點子

■ 善用老職員

大多數新興的公司均選用年輕僱員工作，卻不考慮老、中年下屬也有其優點。

中老年的下屬是可以發揮更大的作用的，他們的優點和潛質是否能盡其所用，則取決於主管管理能力的高低。

一個員工在一個行業裡工作多年，他必然對該行業有很多見解，他就像一本活的字典，有著豐富的知識經驗寶藏。但由於年紀大了，或者在同一地方工作長了，因為沒有新鮮感，熱忱和鬥志也因此而減退了，表現相對平穩，因此工作起來就難以高效。上司應借助一些機會或場合，當眾稱讚這些老員工的經驗與穩健，另一方面，也要私下向他們提出公司的要求，鼓勵他們更上一層樓。

中老年下屬的工作經驗，是年輕下屬所沒有的。他們憑著豐富的工作經驗，可避免走彎路和犯不必要的錯誤，從而省時省力。因此除了在言語上的稱讚和鼓勵外，更應留意提供他們施展才華的機會，使他們最大限度地發揮自己的經驗和知識。

優化領導階層的素養

由於個人的生活環境存在差異，自然形成了性格、素養的獨特性。有的人辦事迅速，行動敏捷；有的人沉著冷靜，勤於思考；有的人則感情內向，做事精細，耐力持久等。

企業的領導決策層都是同一性格、素養的人，不僅不利於工作，甚至會摩擦不斷，難以相處。其結構果然會削弱團隊的戰鬥力，出現 1 ＋ 1 ＜ 2 的結果。因而一個領導團隊儘管完全具備了理想的知識、年齡、專業和

智慧結構，如果沒有協調的素養，仍然不可能有高效能的工作。所以領導階層要有一個協調的素養結構，工作起來就比較和諧，效率自然會很高。尤其是企業的主事者一定要具備「帥才」的氣質，特別善於決策和組織，其他副手要具有「將才」氣質，有很強的「執行力」而獨當一面，才能形成最佳搭檔。

智囊的作用不可限量

在資訊科技高度發達的今天，團隊領導者的創新思考非常重要，但一個人的智慧畢竟是極為有限的，這時便需借助智囊來參與運籌謀劃，通常所說的智囊也就是領導者所設立的副職或領導團隊。可惜目前相當多的企業團隊在運用智囊方面還很欠缺。一般表現在以下幾點：

一是團隊裡只有一位領導者，沒有副職。這種團隊的領導者通常認為領導者多了會影響決策效率，與其糾纏在一起推諉責任不如乾脆沒有；二是領導團隊家族化；三是雖然企業領導團隊也有明確分工，但大事小情基本上都由最高領導者說了算，所有的副職都是聾子耳朵——形同虛設；四是團隊有領導團隊，有明確分工並且能夠各司其職分兵把關的。

當我們在設立智囊的時候，不是站在一個小團隊的角度，也不是站在一個短期發展的角度。而應是立足於如何形成規模經濟，如何獲得持續發展的基礎上的。因此，我們第一個面對的問題，就是靠一個人的力量到底能把團隊發展到多大？靠一個人的力量到底能讓團隊的路走多遠？這是無法迴避的問題。現今是一個鼓勵規模經濟的時代，因此必定是一個鼓勵合作的時代。一個人包打天下的做法，在工業經濟時代也許能成功，但在高科技資訊技術高度發展的今天要取得成功，尤其是要取得持續的發展，幾

乎是無法想像的。

　　儘管我們可以說，中、小企業是重要的經濟力量，比如說中、小企業占國民經濟收入 70% 可以大量解決就業問題，但是同樣不可否認的事實是：世界排行榜前 500 名上沒有小型企業。而作為世界經濟強國的美國、德國、日本，如果沒有一大批世界級企業，它們也不可能成為世界經濟強國。

　　已經取得成功的大中型企業，應要求自己的二級團隊或者部門領導者，規定他們必須建立智囊團隊，必須設副職。領導者必須對團隊具有高度的控制力。因為任何人都不願意看到自己辛辛苦苦創下的事業最終被別人拿走。因此，領導者的控制力必須建立在團隊發展成長的基礎上。否則，如果領導者控制嚴密的企業的經濟效益每況愈下，那麼這種個人的控制力又有什麼實際意義呢？

領導者利用智囊六戒

　　前文已經提及，領導者的決策離不開智囊團的幫助。但下述六種不正確利用「智囊」的傾向，則須加以警惕糾正：

★ **臨渴掘井，匆匆召集「智囊」決策**：有些領導者在重大決策方案上報前，鬆鬆垮垮、拖拖拉拉，決策工作不按照科學方法進行，遇到上級領導者催報決策方案時，才火燒眉毛般臨渴掘井，匆匆召集「智囊」會議，並且當場就拍板敲定決策方案。

★ **只求單方案決策，無多方案比較擇優決策的可能**：有些領導者在對一項重大工程專案諮詢時，以「圖方便」、「節約經費」作為藉口，只求「智囊」提供決策方案，然後迫不及待地批准實施，草率行事。

★ **強烈的個人感情色彩，排斥異己意見**：有些領導者表面上很尊重「智囊」的獨立性，但實際上，在進行決策諮詢時，往往缺乏理性的思考，總是喜歡挑選一些符合自己心意的「智囊」進行決策諮詢，把持有不同意見或相反意見的「智囊」排斥在外。

★ **越俎代庖，完全依賴「智囊」決策**：有些領導者膽小怕事，懶於思考，不敢決斷，完全消極地依賴「智囊」決策。他們對「智囊」唯言是聽，唯計是從，沒有主見，毫無異議，於是「智囊」也就「越俎代庖」，這是違背領導科學基本原則的。

★ **求全責備，對「智囊」的期望值過高**：有些領導者把「智囊」看做「萬能博士」、「智慧之神」，認為其意見或建議是「萬全之策」。其實這種看法是非常片面的。「智囊」並不是十全十美、萬無一失的「神人」。

★ **不辨「智囊」素養的良莠**：有些領導者在進行決策諮詢時，雖有真誠求教於「智囊」的「誠心」，卻缺少認真鑑別其真偽、判斷其優劣的「細心」。結果往往是病急亂投醫，不辨「智囊」良莠，造成勞民傷財。

聚集組合，眾志成城

在經濟活動中，小型的經營規模所獲取的經濟效益，顯然不及採用較大經營規模的經濟效益；個體的、分散的、零星的經營方式，其具有的競爭實力和抗風險能力，顯然不及整體的、集中的、大規模的經營方式所具有的競爭實力和抗風險能力。在經濟學中，把後一種經營效果，即經營主體透過一定的經營規模而獲得的經濟利益，叫做規模效益。

第十章　搭配用人的點子

類似的現象，在用人的過程中也不例外。

某企業挖角了一位才華橫溢的中年工程師。該企業主管花費十幾萬元為他買了兩間住房，同時為其家屬安排了工作，還在現有財力、物力比較困難的條件下，盡量為該工程師提供了優越的工作條件和生活環境。該工程師深受感動，發誓要竭盡全力為該企業做出奉獻。然而，由於該企業技術力量薄弱，嚴重缺乏與該工程師工作配合的其他技術人員，結果，該工程師一年內創造成功的新技術專案，反而比在原公司工作時減少了 65%。

上述現象提醒我們，在領導過程中，單獨使用人才，往往不如人才團隊合作的效果更加顯著。使用人才，要注意兩個原則：一要聚集，二要組合，兩個原則共用也不失為一條非常重要的用人謀略 —— 聚集組合謀略。

一些有經驗的領導者，在運用聚集組合謀略時，總是謹慎地考慮以下四個環節。

★ **聚集密度**：在某一企業、某一部門裡，同類人才的聚集數量，究竟應該控制在什麼樣的比例內，才稱得上適量。聚集過多，容易造成人才過剩，浪費人才；聚集過少，又會出現量能不足。唯有聚集適量，才能使人才資源得到最充分的利用和開發。

★ **聚集時間**：任何人才團隊，不可能在任何時間內都保持一成不變的聚集能量。必須根據工作進度，隨著情勢的發展變化，不斷調整各類人員聚集的形式和數量。聚集過早，工作還沒有進入高潮，多數人員閒著沒事做；聚集過晚，工作又早已進入高潮，容易導致人少事多、難以招架的被動局面。所以，必須選擇最佳時間，將優勢兵力聚集起來，才能打一場精彩漂亮的勝仗。一旦發現退潮現象，就立刻將其中

多餘的人才抽調出來，重新聚集到另外一個正處於工作高峰的職位上去加強火力。

★ **組合結構**：人才聚集，必須要講究特定的組合結構。一是類型要齊全，既要有技術人才，又要有管理人才；既要有知識面廣的通才，又要有知識精深的專才。二是比例要合理，各種級別的人才，按照高、中、低三個層次的搭配比例，可以是 1：3：5，也可以是 1：2：4，還可以是 1：5：9，總之，應講求融洽、協調的原則。三是機制要健全，人才組合以後，要建立理想的結構基礎，促使人才之間產生良好的互補共振效應和激發良性競爭的心態。

★ **組合形式**：為了充分發揮每個人才的積極性和創造性，應視領導活動的需求和工作任務的不同性質，分別採取靈活多樣的組合模式，將各級各類人才卓有成效地聚集起來。所以，組合形式必須有利於實現領導者制定的管理目標，必須有利於充分發掘人才資源。

在實際用人時，基於聚集組合的考慮，領導者應分別做出下列明智的決斷：

★ 引進人才不必盲目追求菁英，應根據自己掌握的人才配置狀況，秉持查缺補漏的原則，分別引進最急需的高、中、低各個層次的人才；

★ 當現有人才中缺乏相應的組合人才時，對於從外部引進一兩個優秀人才，就應該持審慎的態度，因為這些人才引進以後，往往會陷入孤掌難鳴的困境，難以取得十分明顯的人才效益；

★ 如果條件允許，引進個人往往不如引進團隊，動用重金將某個人才團隊（公司、研究所、實驗室、諮詢智囊機構）「整碗端走」的情況，幾乎到處可見；

第十章 搭配用人的點子

當某個頂尖人才在該部門處於孤掌難鳴的困境，而該部門一時還很難為他配置相應規模的人才時，只要他本人願意，就應該允許他與外部其他人才團隊重新組合，以獲取更新、更顯著的規模效應；

★ 為了避免不必要的人才浪費，領導者可以採取矩陣管理的方法，在甲任務開始，人才需求量不大的時候，只投入少數人才，到了任務全面展開，進入高潮時，迅速投入全部人才，最後即將收尾之際，及時將剩餘人才轉入乙任務之中；

★ 要做到上述這點，就必須對人才團隊同時安排多個依次排列的管理目標，並允許人才團隊的聚集形式，隨著時間和任務的推進而靈活變化；

★ 唯有當人才聚集到一定的規模，並且建立起適當的組合結構時，領導者才可能考慮從事與其相對應的科學技術合作和經濟管理活動。

松下幸之助巧妙搭配用人

第二次世界大戰後，日本的松下幸之助為了重建松下集團中的勝利者公司，從許多的人選中挑選了原海軍上將野村吉三郎，決定派他擔任勝利者公司的經理。該公司是以經營音樂唱片為主的大企業，野村對音樂、唱片一竅不通，也不會做買賣，只不過他曾在日美戰爭中作為和美國談判的特命全權大使而有點名氣，對於野村的出任，松下集團裡各方面看法不一，懷疑他能勝任此職的占大多數，連野村也認為自己完全不懂業務，沒有把握能做好，如果硬要他做，除非給他派幾個懂業務的人做助手才行。

野村上任後，一次董事會上談到音樂作品〈雲雀〉的事，野村問人家：「〈雲雀〉是誰的作品呀？」堂堂的唱片公司經理竟不知道名曲〈雲雀〉，這件事一下傳到了社會上，人們議論紛紛，指責說這號人怎麼能擔

任勝利者公司的經理？！

松下集團最高決策人松下幸之助胸中有數，他認為野村不但有豁達大度、人格高尚的特質，而且更具有極會用人，擅長經營的能力。他針對野村的長處和短處，採取揚長抑短的用人策略，很快給野村配備了優秀的業務人員，讓他們把一切業務工作承擔下來，使野村居於他們之上，擺脫具體業務的纏繞，發揮他組織、控制和督促大家的作用。結果如松下所料，勝利者公司在野村的經營下，經濟效益迅速提高，企業一派興旺。

松下幸之助巧妙地搭配用人，實在是棋高一著。

合理搭配「四防」

在合理搭配人才時，有關領導應注意幾點

★ **要防止「核心低能」**：領導核心常常能夠決定一個團隊的整體功能。拿破崙一語道破了「核心」的主導作用：「獅子領導的綿羊部隊，能夠打敗綿羊領導的獅子部隊。」

★ **要防止「方向相悖」**：對於一個人才團隊來說，要有團隊存在的根據和「結構目標方向」。如果「相悖」、不一致，就會相互推諉責任、相互拆臺、相互掣肘，結果肯定會降低整體效能，導致 $1 + 1 + 1 < 3$ 的效果。

★ **要防止「同性相斥」**：正確的方法應是實現「異質相補」。10 個只懂數學的數學家，只不過具備數學才能；而由數學家、物理學家、化學家、文學家、經濟學家、工程技術學家……組成的 10 個人才的團隊，就會產生更大的功能。除了知識、才能要互補外，還有年齡、氣質、個性等方面也要求互補。

第十章　搭配用人的點子

★ **要防止「同層相抵」**：如若某級層要求的成員過剩，會因層次比例
失調，而降低整體功能。往往產生「大材小用」、「降格使用」的後
果。如某一個企業，只有高級工程師或工程師，而缺乏助理工程師和
技術員。那麼這些高級工程師和工程師，就會花費時間和精力來忙於
本來應由助理工程師和技術員擔當的工作，哪能有時間去考慮企業新
產品開發和技術改造等重大問題呢？這就是高級、中級、初級知識水
準的人才，未能合理組合所造成的人才浪費。

第十一章
用好棘手員工的點子

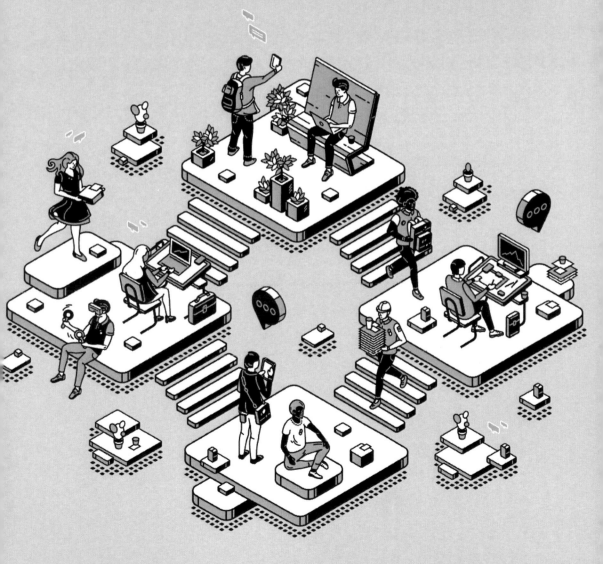

第十一章　用好棘手員工的點子

棘手員工也有積極的一面

棘手員工就是指那些不服從管理，或有各種特性而難以對付的員工。無論哪個企業，都有這樣一些員工。這對主管來說，如何用好這些棘手的員工也不妨視作一種挑戰。

在現代企業中，對於棘手員工，當然可以請他另謀高就，也可以透過裁員，請他離職。但很多時候這種做法帶來的負面作用可能比其他做法要大，不利於企業的發展，不利於團隊精神的維護。更何況，看人都應該是全面地看待，不要因為他有消極的一面，就忽視了他積極的一面。

因此，身為一個企業或部門的主管，首先要克服與這些員工的對立意識，這樣才能不帶偏見地指揮他們，管理他們。其次，對這種員工也不應該採取不理不睬，壓制打擊的方法。相反，若是能正確地管理好這些員工，化消極因素為積極因素，企業營造良好的工作氛圍，方能形成蒸蒸日上的局面。

身為主管，一定要學會如何用好這些棘手的員工，讓他們心甘情願地為企業出力。

怎樣用好刺頭型員工

在每一個中等規模以上的企業中，總會有這樣的人物，他們非常聰明，好動，有著鮮明的個性，不願拘泥於形式；同時，他們在企業中「興風作浪」也有一套。

他們是企業中的最不安定分子，有些時候是企業中違反紀律，煽動狂熱情緒的倡導者，人們常把他們稱為「刺頭」。

由於這種員工的一些想法太離譜，工作不安分守己，甚至公然煽風點火使員工與主管作對。主管往往對他們是恨之切切，但又可惜他這個人才。

其實企業中的「刺頭」也應該算作企業中的積極力量，主管若是處理好與他們的關係，有效地利用他們個性的特點，能為企業人際和諧的建立，創造良好的氛圍發揮作用。

由於「刺頭」開朗、好動，所以他們人緣都不錯。如果不看其他方面，單就發動員工、組織活動的能力而談；從他們善於聚集其他的員工的狀態，他們也許更適合當主管。企業人際關係的和諧需要人們在一次次的團隊合作、活動的氛圍中逐漸培養出來的，「刺頭」似乎成了這些活動的最好組織者。

身為主管，應該給這種員工充分施展「個人魅力」的空間，把他們從不習慣的工作方式中解放出來，幫助自己策劃企業的各種團隊活動，並且委以某些方面的權力，充分利用刺頭型員工的組織才能。

「刺頭」的新奇想法有時看起來非常離譜，但這種創新的精神應該值得主管大力提倡。

企業的活力，來自於每個成員的創造性的活動，「刺頭」在企業中可算是「無冕的急先鋒」了。他們為企業引入了活躍的思考空間與自由論談的氣氛，為企業創新創造了良好的氛圍。聰明的主管會因勢利導，讓他們在企業中上竄下跳，扮演活躍氣氛的角色，打破企業員工有時出現的沉悶局面，為企業帶來活力。

第十一章　用好棘手員工的點子

怎樣用好硬漢型員工

　　這裡所說的「硬漢」是指那些很有個人原則，不輕易接受失敗的人。這種員工個性很強，有自己獨立的見解，而且性格直爽、坦誠，說話從不拐彎抹角。

　　這種員工一般不受主管的喜歡。因為他們愛當面提意見，並且毫不含蓄，批評主管也不避諱，常使主管感到難堪。

　　這種員工頭腦清晰，思考敏捷，處事果斷。他們從不會被困難嚇倒，具有「明知山有虎，偏向虎山行」的精神，他們相信人能征服一切艱難險阻。他們不會因一時的挫折而情緒低落、一蹶不振，他們樂觀積極，相信烏雲之後必是晴天。

　　這種員工優點很多，但在企業裡的日子並不好過。那些懶散的員工憎恨他；那些無才無能的員工妒忌他；那些阿諛奉承主管的員工疏遠他……遇到英明的主管還好，若遇到專制昏庸的領導還會暗中報復，使他這匹「千里馬」，沒有用武之地。

　　所以，英明的主管不但應善於使用這種人才，還應會栽培改造他，給他一些私下的輔導，使他在待人接物，處理好人際關係方面掌握一定的技巧。

　　有許多英明的主管，在選擇自己的接班人時，往往把目標對準這種「硬漢人」。主管無論年輕年老，總有要退位的那一天，如何選擇、安排接班人，是判斷一名主管是成功還是失敗的志之對於那些有才有識、但性格耿直的「硬漢人」，高明的主管是不會計較他的直言不遜的，因為這種員工的才識，才應是主管最器重的，千軍易得，一將難求。但是，切不可忘掉，對他最大的關心和愛護，就是教他學會正確地處理好人際關係。學會在團隊中既注意團結絕大多數人，又能不違背原則。

怎樣用好情緒型員工

一些愛鬧情緒的員工，不會適時地調控自己的喜怒情感，因此，管理這種員工必須事先弄清他們鬧情緒的原因，分析他們屬於哪一種原因，是私人問題困擾；自卑；遇到挫折；還是過度疲勞。

當了解了員工鬧情緒的原因後，就可以採用不同的辦法來對付。如果只是因某件小事而短暫情緒失控，主管不必大驚小怪，因為他的缺點很快會消失，只要讓他放鬆一下，情況便會好轉了。

如果員工的情緒化問題，是因個人背景或經歷等因素影響造成的，那麼就要讓他漸漸學會控制情緒。不應該安排他做容易引起情緒波動的工作，特別是企業對外的各類工作，以免破壞企業的形象。例如接聽客戶的投訴電話，就是一個不恰當的安排，一旦他對客戶鬧情緒產生不良後果，給企業帶來的損失是很大的。可以先安排他做一些單獨進行的工作，避免與同事發生衝突，同時還要鼓勵他多參加業餘活動。當他在工作中逐步建立了自信心，並且掌握了與人相處的技巧之後，再給他安排一些挑戰性較高的工作。

還有一種情緒型的員工，他們往往反抗性較強，對主管常抱不滿的態度。他們會整天把不滿掛在嘴邊，數落起來沒完沒了。他們可能剛從別的部門調任過來，而且業績不錯，但礙於某些原因未獲提升，遂滋生反抗心理。在潛意識中，他們對主管便產生一種妒恨心理。

在安排這類員工的工作時，主管需要用較溫和與客氣的態度，在言語上採用低姿態的方式。例如：「拜託你啦！」「這一件事情，就全靠你啦！」；「這件事情，非你做不行，真難為你了！」這樣對他們表示信任，就可以減少他們的敵視情緒。

第十一章　用好棘手員工的點子

對待這種員工，只有用溫柔的策略，才能保持良好的工作關係，切忌硬碰硬。因為這種員工一激動便什麼也不顧了，弄個兩敗俱傷，對誰都不好。與此同時，主管還要讓他明白，態度溫和是對他的尊重，指派給他的工作是企業的命令，他是必須執行的。這類員工雖然會令主管感到勞心，但通常他們有一定的才能和工作經驗，如果能善用他們，發揮他們的特長，他們自然會對企業的工作有所幫助。

怎樣用好空談型員工

相信許多主管對這一類空談家都不陌生，甚至吃過他們的虧。因為這種員工無論到哪裡都會遇上。

喜歡說大話，輕浮的表現，內心越空虛的人，說話聲音就越大。所謂「山間竹筍，嘴尖皮厚腹中空」，便是對這種人的最好寫照。

例如某企業的李主任，向來以好說大話，喜歡高談闊論而聞名。他曾一度被新聞界視為風雲人物。後來由於他只說不做，不能提供給他們有價值的新聞，於是各媒體對他不再理睬。但他無法忘記過去的得意光景，常對員工說：「我演說時，眼前是一排麥克風，情況真是盛極一時。」

無論任何會議，李主任從不缺席，而且要發表言論，並盡可能地虛張聲勢：

「我以前常聽前任經理說⋯⋯現在看果然是這樣的。」

「這件事，××經理也很關注⋯⋯」

「×××專家調查過國外的情況，輿論界也非常支持⋯⋯」

聽了這些話，不難察覺，這些人善於引用外部的權威以誇耀自己，喜歡提到高官、專家學者、新聞輿論界等，以顯示自己的身分。第一次遇上

這種人，可能會佩服他的頭腦靈活、交際廣泛。事實上，這種空談對企業的發展並無多大益處。

主管千萬不要就外表印象，對這類員工做出過高評價，不要被他們的誇誇其談所迷惑，更不能把他們安排到重要的工作上。

企業並不需要會說空話的人，而是需要腳踏實地能辦事的人。雖然在有些特別的機構，確實需要能言善辯的人才，但那是特別的職位。如果某個職位需要一個能言善道的員工去運作，那麼除了他的嘴巴，還應該仔細地考慮一下他的腦袋和雙手的能力！

怎樣用好嫉妒型員工

嫉妒是一種很微妙的心理。它像魔鬼，每個人都不曾真正擺脫這種感覺；嫉妒又像精靈，總在人倦息的時候予以刺激，使人們為之一振，迎頭趕上。嫉妒產生於人的自尊心和攀比心。可以這麼說，嫉妒心強的人，自尊心和競爭意識，以及想要壓倒別人的慾望就強。反之，一個對周圍環境漠不關心，生活在無競爭的狀態中的人，其嫉妒心理就會很弱。很多時候，人們習慣從嫉妒的負面影響去理解它，因此需「理智地壓制」個人的嫉妒心。但捫心自問，又有哪一個人能夠完全控制自己不產生一點的嫉妒心呢？

所以說以什麼樣的態度來對待嫉妒心強的員工，對主管、對他個人、對企業來說，都是十分重要的：

★ **不能片面地壓制員工的嫉妒心**：前面已經講過，嫉妒心是任何人都可能產生的。因此強迫那些自尊心和自信心特別強的人，不產生這種心理是不符合實際的。同時，在大多數情況下，這種刁難更容易激起他

第十一章　用好棘手員工的點子

們的反感與不滿。他們會認為主管在故意袒護他們的對手，因此這種做法只會把事情弄得更僵，而且容易使主管自己被牽扯進去。

★ **旁敲側擊地引導他**：在條件合適的情況下，透過適當的方法，將員工之間的競爭公開化，使它變為正面的工作競爭，這樣可以避免產生私人仇恨。同時，對那些品行欠佳的員工，或「小肚雞腸」的失敗者應予以提醒。既要鼓勵他們重新振作，用提高自身實力的辦法繼續參與競爭；又要對他們可能出格的行為提高警惕、心中有數，以保護其他參與競爭的員工。

★ **倡導正當競爭，阻止各種形式的非正當競爭**：這樣做才能激發員工的積極性，使企業形成一種良好的工作氛圍。

怎樣用好缺陷型員工

員工雖有缺陷，但確實已盡了自己的能力，對於這種員工，主管要盡量保護他，使他感到主管的支持與溫暖。

當這類員工偶犯錯誤，懊悔莫及，已經悄悄進行了補救時，只要這種錯誤尚未造成重大後果，性質也不甚嚴重，你就應該佯作「不知」，不予過問，避免損傷他們的自尊心。

在即將交給他一件事關全局的重要任務之前，為了讓他們放下包袱，輕裝上陣，你不要急於「結算」他過去所犯的錯誤，可以採取暫不追究的方式，再給他一次將功補過的機會，也可以視具體情節的輕重，宣布「減免」對他的處分。

當他們在工作中犯了錯誤，受到大家的指責，處於十分難堪的境地時，身為主管的你不應落井下石，更不能抓替罪羊，而應勇敢地站出來，

實事求是地為他辯護，主動分擔責任。這樣做，既可以使他保住一部分面子，而且你將贏得更多員工的心。

關鍵時刻護短一次。當他們處於即將提拔、晉級的前夕，往往會招致挑剔、苛求和非議。這時候，身為一個主管，就應該站在公正的立場上，奮力挫敗嫉賢妒能、壓制冒尖的歪風邪氣，保護那些略有瑕疵的優秀人才。護短之前，不必大肆聲張；護短之後，也不必用語言來點破，更不應該主動找員工談話，讓員工感激自己……唯有一切照舊，若無其事，才能收到讓被提拔者對這次錯誤銘記在心，永不再犯的最佳效果。

怎樣用好分析狂型員工

很多從事研究的員工，總是樂於尋找、尋找再尋找。分析狂型的員工看來完全沉迷此道。

如果你的企業中有一個從事研究工作的員工，當主管向他分派工作時，他總會列出一大堆不需要的數據進行分析。有時即使主管告訴他做得太過分時，他也會置若罔聞。對這種員工該怎樣用好？

正如研究員要花大量時間研究，主管也許該花大量時間對這種類型的員工進行針對性的管理，這是解決問題的關鍵。

當主管向這種員工分派工作時，如果放任自流，隨他自主，就會出現許多問題。最好是事先向他說明完成工作的參數、重點、基準以及日程安排。

一旦他加入了這個專案，主管應該定期與他進行溝通，督促他的工作進展。如果發覺他花費過多時間在相對次要的事情上，不應該指手畫腳；相反，要引導他，指出今後應採取的步驟、對策。

第十一章　用好棘手員工的點子

在專案進行期間，繼續與他溝通，有計畫地做出指導。如果發現他的研究卓有成效，應及時給予表揚。專案結束時，還要與他溝通，並從主管的角度評說他的工作表現。

記住這一切。同時要相信，仔細傾聽員工想要深入研究的原因也同樣重要。有時他的研究與企業的安排不相符，這時，你應耐心地引導他。

怎樣用好不得力型員工

主管業績的大小往往取決於員工能力和積極性發揮的程度，因而每一個主管無不希望自己的員工素養高、能力強、熱忱足，使用起來得心應手。但在實際工作中，許多主管痛感一些員工工作不力，自己的計畫難以實現。

工作不力的員工有多種類型，有些屬素養和能力問題，有些屬態度和思想問題，他們往往是企業發展的重要制約因素。怎樣讓工作不力的員工有所進步，是主管取得佳績的關鍵，也是一種不可忽視的用人藝術。在具體實踐中，以下四種方法往往行之有效。

■ 用寬容的心對待不得力的員工

常言道：金無足赤，人無完人。如果員工犯了錯誤或者工作中出現了失誤，身為主管，要慎重處理以免傷害他們的自尊，令他們感到尷尬不安。出現了這種情況，最好是另找機會與他們談話，對他們表現好的一面加以讚揚，指出他們需要改進的地方，並引導他們找出改進的方法。主管這樣做，員工往往會感激主管沒有在公開場合傷自己的面子，於是便產生將功補過的心理，由不力變為得力。

■ 用關愛之心激勵不得力的員工

有些員工工作做得不好，主要是因為主管不注意與他們溝通，不重用也不重視他們，以致出現不能全面理會主管意圖的局面，主管指東，他偏往西，經常與主管鬧彆扭。如果主管注意營造「你是個優秀人才，我尊敬你，我盡力幫助你」的氛圍，讓員工自己明白主管是重視他的工作，關心他的工作，並沒有忽視他的存在，員工就容易受到激勵，盡力完成主管所交辦的任務。

用重視之心對待不得力的員工需注意兩個問題，一是注意在他的同事面前讚揚不得力的員工的長處；二是注意在自己的主管面前說明，正是由於這些員工的通力合作才使工作得以較好地完成。對此，員工會感到主管不會漠視他們的忠誠和埋沒他們付出的辛勞，就會在以後的工作中自覺改進不足，更加努力。

■ 用真誠之心感化不得力的員工

有些員工自認為工作不得力，原因是自己素養不高，又不能與主管和睦相處，似乎在他手下永遠不會有出頭的日子，產生了自卑心理。於是，主管有令他不行，主管有禁他不止，或者雖然沒有與主管發生正面衝突，卻時常在背地裡與主管唱反調。在工作中明知自己做錯了，或明知這樣做有不良後果，卻抱著一種「反正我也不指望提拔，主管怎麼要求我就怎麼做，出錯也不是我的責任」的想法，工作缺乏主觀能動性。對此，主管不應不聞不問，聽之任之，而應該隨時與這些員工溝通思想，用真誠之心去感化他們。

有一位員工，表面上在主管面前唯唯諾諾，背地裡卻惡語中傷，他的話傳到主管的耳朵裡，主管卻一笑了之。一次，企業聚餐，這位員工趁酒

第十一章　用好棘手員工的點子

醉當眾指責、謾罵主管，主管知道他喝醉了，便親自把他送回家，他的妻子一見醉醺醺的丈夫被主管親自扶送回家，便替丈夫道歉。第二天，這位員工知道酒後失態，見到主管無地自容。過了一段時間，這位員工的妻子生病住進醫院，主管帶人到病房看望。這位不得力的員工就這樣被主管的一顆真誠之心感化了，摒棄了以往的成見，全身心地投入到了工作中。

■ 以公平的競爭和淘汰機制鞭策工作不力的員工

對工作不力的員工施之以恩、懷之以柔是很重要的，這種方法比較有效，但不是萬能的。對工作不力的員工的寬容、感化，不能成為縱容過失和保護落後。主管在對待這類員工時，除了要有菩薩心腸外，還要有鐵的手腕。也就是應制定明確的工作職責，一視同仁，嚴格考核，及時兌現獎懲，以制度的剛性矯正工作不力的員工的惰性，建立健全聘任制和末位淘汰制，打破企業內部的職位壁壘、身分和級別界限，定期進行競職，對工作不力的員工進行待職、轉職和分流安排甚至是資遣，以公平競爭的機制激發每一位員工的創造活力。

怎樣用好愛跳槽型員工

俗話說「人往高處走，水往低處流。」在企業裡可能就有幾名「身在曹營心在漢」的員工。

要想用好愛跳槽的員工，主管首先要對「跳槽」有個正確的理解。「跳槽」應該無可厚非，但對於「從一而終」和「不侍二主」的傳統思想來說，「跳槽」涉及到個人品格，人們往往不能把單純的經濟行為放到單純的經濟關係中去評判。市場經濟條件下，「跳槽」就是一個很純粹的經濟問題，與道德無關。也許其他企業有更優厚的待遇，有更適合他發揮能

力的職位，所以主管不應該感到憤憤不平，而是應該多多檢討自己。

在很多情況下，企業偏重於僱用那些願為企業奉獻終身的員工，當然這是很正常的。但隨著對外開放的力度加大，西方企業的一些新思想開始傳播。如許多外企都願意應徵那些有過很多工作經歷的人。因為「跳槽」至少可以說是一種在不同的環境中就職經驗的累積。在一個新工作環境裡，人的工作能力，與人相處的能力都會有所提高，所以只許自己聘用「跳」來的員工，而不准自己的員工「跳」走，實在有些不通情理！

愛「跳槽」的員工常常都有一技之長，他們的離去可能會給企業帶來一些暫時的損失，所以如果能在最後關頭將他們留住，應該說是最好的結局了。

當主管發現某員工有跳槽「動向」的時候，首先做的應該是自檢。冷靜而客觀的分析一下是不是因為自己工作上的某些失誤，才導致了員工的跳槽呢？仔細回想一下是不是自己曾經給過他一些承諾而沒有兌現？是不是他對企業提出的意見自己沒有重視？是不是他沒有得到作為企業的一員應擁有的東西？是不是他沒有得到與他的工作相符合的回報？總之，不要輕易放棄了他，或許主管的補救工作的成果出乎自己的意料，更重要的是絕不應該讓其他員工感到自己的同事是因為受到不公正的待遇，才無奈地走掉的。因此，這種自檢工作應該在平常就當做一項定期工作來做，這樣至少可以避免一些失誤的出現。

其次，主管應該及時地做出一些主動出擊的行為，在他仍猶豫不決之際，將他留住。必要時和他談一談，在不談及「跳槽」問題的前提下，和他暢所欲言。可以把企業的長期和短期發展目標講給他聽，也可以講講他所在的職位今後將要面臨的變革，甚至可以果斷的向他肯定他為企業所做的工作和成績，然後讓他知道他在自己心目中的位置到底如何。在這樣的

第十一章　用好棘手員工的點子

循循勸誘之下，燃起他對企業的希望之火，讓他清楚地看到自己的未來。還可以與他一起回憶你們曾經度過的快樂時光，或許告訴他一些自己不曾透露給他的企業為他制定的培訓計畫。「那個計畫的大部分已經順利完成。」如果主管拍著他的肩，充滿信任的望著他，也許可以捕捉到他眼裡的一絲慚愧。

最後，如果結局不像自己設想的那麼圓滿 —— 他的離去已成定局，那麼主管也只有大方地預祝他的新事業成功，來個善始善終。這樣做的目的，也是不要讓「跳槽」的員工成為自己未來的競爭對手。

另外，為了預防由於「跳槽」給企業帶來的一系列危害，主管最好在平常就做一些法律方面的工作，減少企業的損失。

怎樣用好循規蹈矩型員工

有些員工天生缺乏創意，在為人處世的方法和語言等方面都喜歡模仿，沒有自己的主見，也沒有自己的風格。如果沒有了現成的規矩，他就不知該怎樣辦事。

這種員工往往沒有突破性的創新，對新事物、新觀點接受較慢。他們往往墨守成規，當實際情況發生變化時，他們只會搬出老皇曆，尋找依據。世界上的事物瞬息萬變，但他們不知以變應變，因此，這種人難以應付新事物、新情況。

他們缺乏遠見，也沒有多少潛力可挖。很可能由於歷史或個人經歷的原因，他們的發展水準存在著一個侷限，或許他們一生中都難以超越這個侷限。因此，對他們不宜委以重任。

但這種員工也有他們的優點，他們做事認真負責，易於管理，雖沒有

什麼創新，但他們也不會發生原則性的錯誤。事情交給他們去辦，他們能夠按照主管的指示和意圖進行處理，而且還能把事情做到令主管難以挑剔。

所以，主管如能把一些不反常規的瑣事委任於這些員工，他們能夠按照主管的指示，模仿主管的做事風格，搬用主管的做事方法，把事情做得非常符合要求，因而也就能讓主管放心和滿意。

怎樣用好自私自利型員工

每一個企業都提倡團隊精神。每一個主管都希望自己的員工能夠通力合作，在別人需要的時候提供有效的幫助。可是企業裡確實存在著這麼一批員工，他們平時似乎與每個人都相處得不錯，但一到了別人需要幫助的時候，他們就跑得無影無蹤了。這種人是企業人際關係網中的薄弱環節，一旦企業出現危機，他們一定是「樹倒猢猻散」，不肯為企業出力。

對於這種自私自利的員工來說，幫助別人或許並不是他們所深惡痛絕的，他們心裡往往對一些小事的得失看得非常嚴重。他們只對個人法定的職責感興趣，而職責以外的事情則與他們無關。正是由於這種心態，主管必須優先改變這些員工的行為，不能聽之任之。然後要在日常工作中幫助他們改變這種自私心態，讓他們投入到企業的團隊生活中來。主管可以採取以下幾種對策：

★ 以身作則：這是給員工影響較大，同時又可以在別人面前提高自己形象的一種很好的方法。這樣做當然不是讓主管「有工作就攬，有班就頂」。主管沒有必要這麼做。最好是和員工一起完成任務，千萬不要小看自己。如果主管能在別人推三阻四，爭執不下的時候站出來，

第十一章　用好棘手員工的點子

「勇敢」地去帶頭做工作，同時你要說清楚，自己不希望以後在工作中再看到這樣的事情，那對於他的威信的建立將是非常有益的。

★ **讓團隊來幫助他**：製造一些環境，讓那些平常懶於幫助他人的員工感受一下缺少別人幫助是什麼滋味，再讓團隊去幫助他。這樣做在許多自私自利的員工身上都很有效果。

★ **鼓勵熱心行為**：這樣做的目的是從正面提高助人為樂的熱情。可以在獎金中設立一些額外的補助，用於鼓勵那些十分樂於幫助別人的員工；或者在大會上予以表揚；甚至可以在他由於幫助別人解決問題，忙得焦頭爛額的時候，留下來和他一起處理工作。這樣做是給這些員工最大的鼓勵。

★ **明確提出員工的工作不僅僅是正式規定範圍之內的工作**：向大家講明，自己希望每個人都能盡自己所能為企業做出貢獻。舉幾例子說明，儘管一項任務不屬於特定的職責範圍內，但自己仍希望員工們能夠自覺地去承擔。

★ **直接交談**：最後，當你發現某個員工的自私心理已達到了無可救藥的地步時，應該早些將他「掃地出門」，一了百了。主管應該對這種人有一定了解，這種人在企業裡引發的破壞作用很大，而這種破壞作用有時往往是致命的。想一想，如果一個足球隊裡有一個只顧自己帶球，而不傳遞配合的球員的話，那麼這支球隊的命運就可想而知了。一個企業亦是如此。

怎樣用好倚老賣老型員工

主管的年齡若比員工高一些，工作經驗豐富一些，對員工的使用可能會比較容易些。但如果主管的年齡較小，而其員工又是一些工作經驗豐富者，而且這些員工還經常倚老賣老，那麼用人時就會有困難了。筆者的一位朋友，擔任某國營企業的處長，他的一位下屬竟是他父親擔任處長時的下屬。數十年過去了，這位老員工分別在父子二人手下工作，其內心的不平衡可以想像得出。

年輕的主管要得到年長的員工的全力配合，首先就不能恃權傲物，向他們擺出一副高高在上的架勢。要得到員工的支持，就得了解他們的心態，像朋友一樣和他們溝通。

有些年長的員工倚老賣老，對企業的規章制度置若罔聞，甚至故意挑戰主管的權威。此時，若主管視若無睹，他們便會變本加厲；如果主管立即指責，他們又找出諸多理由推搪，甚至運用其影響力，慫恿其他員工採取不合作的態度，阻礙工作的開展。

年輕的主管遇到上述問題時，就必須指出其錯誤的地方，並且以嚴肅的口吻告訴他們，他們的行為已經影響到了企業的運作。而且有可能會損害企業的利益，這對他們並沒有好處。但是切忌主管自己有情緒化的表現。

主管千萬不要對這類員工存有偏見，以免影響合作。持公事公辦，就事論事的態度，會提高員工與主管之間的合作效果。年資較長的員工，自然對工作有一定的心得。主管可以誠心地稱讚他們的工作表現，並經常虛心地向他們請教。只有尊敬他們，視他們為企業的寶貴財產，他們的心理才能平衡，才能心甘情願為企業服務。

第十一章　用好棘手員工的點子

怎樣用好獨斷專行型員工

　　獨斷專行的員工總是特別自信，常以為自己能力過人，好單打獨鬥，做事不喜歡找主管商量，也不願與主管保持密切聯繫。一個主管若遇上了獨斷專行的員工，一定會使他大傷腦筋。因為獨斷專行的員工有一個特點就是他們有相當的工作能力。哪怕是想駁倒他們一句話，都非常難。面對這種員工，身為他的主管，該怎樣辦呢？

　　如果對這種員工聽之任之，他們不只會嚴重妨礙主管的工作，而且有歪曲理解主管意圖的可能。在很多情況下，領導者是站在企業全局的角度去考慮問題，而這些員工往往只站在小部門或個人的角度考慮問題，特別是這種員工若恰好是一個部門的經理時，更易發生這種情況。若是離開企業在外地工作，或是領導者不在場時，將是他們最容易「獨斷專行」的時候。他們會為自己找出的最充分理由就是「將在外君命有所不受」。避免這種情況出現的最好方式是，開始就不對他們妥協，拿起工作制度和紀律條文，約束住他，絕不能讓他在自己的權力範圍內為所欲為。

　　對於「獨斷專行」的員工，主管一定要設法使他清楚地知道，什麼事情他有權做，什麼事情他無權做，或者還可以在員工大會上把屬於他的權力有意無意的公布給大家，讓大家都清楚，讓大家來監督他。這種員工雖有能力，但是也不能把最重要的工作交給他們，到關鍵時刻不要依靠他們，以免他們操縱企業的命運。

　　對於「獨斷專行」的員工還應該特別留心監督。如果遇上這樣的員工，而不知道他在什麼地方，做什麼事情，那麼企業的工作必定不能順利進行。若等他們把一切都安排好，再想補救可能就來不及了。

　　主管在給這種員工安排工作時，別忘了囑咐他們：「這件工作全交給

你了，有什麼情況一定要多與我溝通。」語氣要委婉誠懇，而且可以多重複幾遍。

對付獨斷專行的員工像馴野馬，一不小心就可能「栽跟頭」。可是如果主管有能力駕馭這種員工時，他們會成為主管的左膀右臂。有些經驗豐富的主管還刻意選用這樣的人才，這也是很有道理的。

怎樣用好報喜不報憂型員工

這是愛文過飾非的一類員工。為了討主管喜歡，他們經常隱瞞不良的消息，而極力渲染有利的事情。

劉經理派一名員工去參加一個活動，這名員工來向他匯報說：「昨天的活動已圓滿結束，是空前未有的盛況，所有參加的人，都希望再舉辦一次……」

劉經理此時若不進一步追問，很容易被他糊弄過去。他詳細追問他：「是嗎？有多少人參加？有沒有做記錄？他們的反應如何？」

然後，劉經理向其他參加的人員打聽，詢問他們對這次活動的感想。他很快發現員工的報告與事實不相符。

即使員工的報告不是完全捏造，仍有部分屬實，主管也不能接受，因為這樣會養成他們欺騙主管的習慣。那些被騙得團團轉的主管，多半都犯了一個錯誤，那就是愛戴高帽子。這類主管多半以自我為中心，常作單方面的自我陶醉，「滑頭」員工在他手下做事，拍拍馬屁、騙騙他，是非常簡單的事。

當然，有時企業在對外宣傳時也會用一些粉飾性的言辭，但性質不同，必須準確掌握內部的情況。在聽取員工的報告之後，要注意兩點，一

是冷靜作一些客觀的事實調查，不被他們美麗的言辭所矇蔽；二要綜合三人以上的談話結論，作為依據。只有這樣，才不會因誤信謊言而耽誤了工作。

怎樣用好多事型及爭強好勝的員工

多事型員工，常見的表現就是無論大事小事都喜歡嘮嘮叨叨，喜歡請示。他們心態不穩定，遇事慌成一團，大事小事通通需要主管做決定。有時還表現出畏首畏尾，講究特別多。

用這樣的員工，交待工作任務時一定要說得一清二楚，然後讓他們自己處理，給他們相應的權力，同時也施加一定的壓力，試著改變他們的依賴心理。在他們嘮叨時，輕易不要表態，這樣會讓他們覺得自己的嘮叨，既得不到支持也得不到反對，久而久之，他們便不會再嘮叨了。

有些員工喜歡爭強好勝，他總覺得沒有人比他強，好像只有他才能當主管。這種員工狂傲自負，自我表現慾望極高，還經常會輕視主管甚至嘲諷主管。

遇到這樣的員工，當然也不必動怒，自以為是的人到處都有。不過也不能故意壓制他，越壓制他越會覺得你的能力不如他，你是在以權欺人。

認真分析他產生這種態度的原因。如果是你自己的不足，可以坦率地承認並進行糾正，不給這種員工留下嘲諷自己的理由和輕視自己的藉口；如果是他覺得是懷才不遇才這樣做的話，不妨為他創造條件，給他一個發揮才能的機會，委以重任，他就不會再傲慢了。而且他一旦失敗了，還可以透過這件事挫一下他的銳氣，讓他體味到做成功一件事的確很辛苦。

第十二章
預防錯誤用人的點子

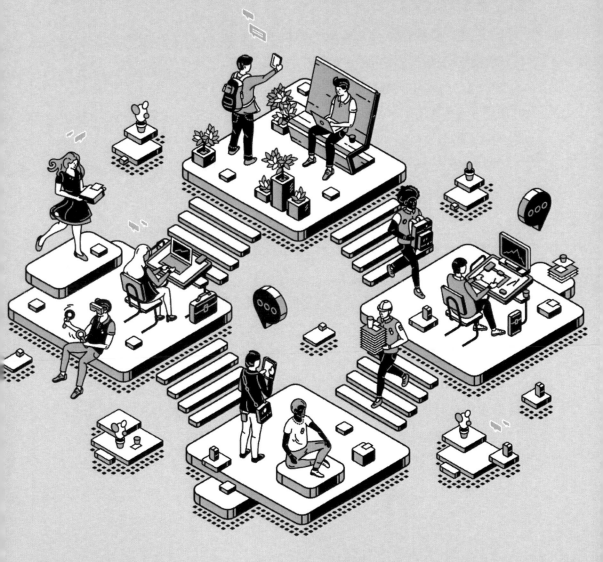

第十二章　預防錯誤用人的點子

杜絕獨斷專行

在企業的「疾病」中，存在著一個「經營形態」的問題。這裡所謂的「經營形態」，並不是指有限公司或股份公司，而是指「同族企業」、「非同族企業」的形態。

日本式的經營就是有著這樣一個特徵，那就是「同族企業」。在154萬家公司法人之中，「同族企業」占了大約56%。所謂同族企業，是指資本和經營沒有分離的經營形態，也就是由業主自己擔任經營者的企業。如果單純地由業主身兼經營者，那它只是業主公司而已，並沒有什麼比較特殊的問題所在。但是這種公司在經營過程中經常出現「獨斷專行現象」。

如果首腦人物的「獨斷專行現象」嚴重，幹部和員工就會對經營者喪失信心，有時甚至導致對立的局面，使公司籠罩在低迷的氣氛之中。下面舉個「獨斷專行現象」的例子。

日本山田製作所的山田社長赤手空拳創立了這家公司，年營業額曾達20億日元。山田先生創業之初，從基層開始做起，任何業務都事必親躬，所以，他精通各種實務。再加上性格剛愎，所以幾乎所有的事都喜歡一手包辦，最後導致公司的幹部和員工都抱「我們就算不做，老闆也會做」或「與其做了挨罵不如不做」的想法，表現出所謂的「四肢無力現象」。公司職員一旦出現「四肢無力現象」，社長就進一步追究責任，並狠狠加以批評指責，但是他卻根本沒想到問題竟然是出在自己的身上。

「你們既然不做，那我自己來做好了！我和你們不同，我沒有退路，我不做誰來做呢？」於是他就親自插手現場的工作。公司就這樣如此惡性循環下去，結果幹部有職無權，使整個企業最後變成一個缺乏實力的集團。

　　雖然山田製作所的營業額已突破 20 億日元大關，公司上下也都在咬緊牙關艱苦奮鬥。但社長一個人的力量畢竟有限，唯有把工作分派給各部門的人去做，同時授予他們相應的權力去執行，這才能提高營業額，以突破瓶頸。但山田製作所卻因為無法改善「獨斷專行現象」，所以企業經營時好時壞，難以繼續成長。

　　身為為一個主管要善於納諫，獨斷專行是用人之忌。一個主管者能力的大小，關鍵在於他是否能得到同伴的合作，同伴是否願意建言獻策，並能從中吸取優秀的東西，從而獲得益處。不成功者每每總不肯聽從別人的見解。徵求意見的能力，是成功領導者的一個顯著的特徵。關於這一點，美國的鋼鐵公司總經理加利說得非常清楚：「我樂於聽取別人的意見，特別喜歡聽反面意見，在這一點我贏過別人很多。」

　　請不要認為一個主管擺擺架子是應該的，認為一個人優秀就應該不要別人的幫助，不聽別人的話。要清楚，你可以無償地從身邊的人那裡獲得幫助，如果忽略了此種機會，結果肯定是自己損失多多。

　　前福特汽車公司總經理庫普斯曾談到他教育一個年輕員工的過程。在庫普斯手下擔任專員的年輕人有個錯誤的觀念，總認為自己可以立地做多重要的大事，而不願意做平凡的小事。庫普斯每天晚上要給各分公司經理發出許多文件。一天，他要那位年輕人幫他彌封一封信。

　　「我才不封哩」，那年輕人反抗說：「公司不是請我來封信封的。」

　　「那麼，你就不用在這裡做事了，如果你覺得這件事太卑下，我們就用不起你。」

　　庫普斯敘述說：「結果就這麼一說，那位年輕人離開了，不過，後來他又勇敢地回到我這裡，他自我反省，說自己從前是個傻瓜，現在頭腦清醒了。於是，我又聘用了他，現在他是個人人稱讚的經理了。」

第十二章　預防錯誤用人的點子

聽取別人的意見是一件難事嗎？他們提供給你意見，你懷疑他們有什麼用意嗎？

假如你要從別人意見中得到最大的益處，就切莫退縮、急躁、多疑。要養成多聽取別人意見的習慣，要懂得用別人的腦子辦事。他們已經在自己的意見上付出了很大的代價，如果他們願意告訴你，你何嘗不接受呢？

不必大小事情都自己去做

美國管理協會前任會長勞倫斯·A·艾普利是這樣給「管理」下定義：「管理是透過他人將事情辦妥。」可是，許多主管卻常常試圖自己去把事處理好，這是一種不明智的行為。根據「重要的少數與瑣碎的多數原理」可知，管理者日常只處理少數事情，而將其餘瑣碎的多數事情，交託給下屬處理。若事無巨細皆親力親為，則不但瑣碎的多數事情將占用他的許多時間，致使少數的重要事情沒有做好，而且還會剝奪下屬發揮才能的機會。所以，「事必躬親」就成為管理者的一個嚴重的時間陷阱。跨越這種陷阱的唯一途徑便是「授權」。

下面為你準備了 20 道題目，請據實回答，以此判斷你做事的傾向。

1. 當你不在場時，你的下屬是否會繼續進行常規工作？
2. 你是否感到一般工作太占用時間，以致無法騰出時間作下一步的工作規畫？
3. 一遇到緊急事件，你掌管的部門是否會出現手足無措的現象？
4. 你是否常常為日常工作中的芝麻小事，及可能出現麻煩而擔心？
5. 你的下屬是否經常要等到你的指示才敢著手工作？
6. 你的下屬是否不願意給你提供建議？

7. 你是否常常感覺工作無法按原定計畫進行？

8. 你覺得下屬是否只機械地執行你的命令，而欠缺工作熱情？

9. 你是否常常需要將公事帶回家中處理？

10. 你的工作時間是否經常超過你的下屬的工作時間？

11. 你是否經常感到沒時間進修、娛樂或休假？

12. 你是否常常被下屬的「請示」所干擾？

13. 你是否因接聽到過多的電話而感到厭煩不已？

14. 你是否常常感到無法在自己制定的限期內完成工作？

15. 你是否認為一位獲得高薪的管理者理應忙得團團轉才算稱職（才配取得高薪）？

16. 你是否不願意讓下屬熟悉業務上的機密，以免被他們取代你的職位？

17. 你是否覺得必須嚴格地領導下屬的工作不可？

18. 你是否感到有必要安裝第二部電話？

19. 你是否常常花費一些時間去處理本該是下屬能辦卻沒有辦好的事情？

20. 對你來說，加班是不是一種家常便飯？

測驗結果評鑑：

★ 假如你對以上 20 道題的答案都是「否」，則表示你已能做到授權的要求。

★ 假如你的答案中具有 1 個至 5 個「是」，則表示你授權不足，但情況並不嚴重。

★ 假如你的答案中具有 6 個至 8 個「是」，則表示你授權不足的程度非常嚴重。

第十二章　預防錯誤用人的點子

★ 假如你的答案中具有 9 個以上的「是」，則表示你授權不足的程度極為嚴重，換句話說，你有可能是一位不折不扣的「事必躬親者」。

與祕書協調工作

一提起「祕書」，許多人的腦海裡立刻湧現這樣的形象，第一，她是一位小姐；第二，她是一般機構中均屬可有可無的人物（花瓶）。這種看法讓人非常遺憾。產生這種看法的主要原因，在於主管未能正視祕書的工作性質。實際上，現在很多文章、電視劇誤導了大家對祕書的理解。認為「祕書」是女的為好，男人則應該是「助理」。祕書也好，助理也罷，不在於他們是男是女，而在於他們的工作能力和工作。

在許多主管心目中，祕書的工作不外乎接打電話、接待來訪、打字、速記與管理檔案。固然這些工作都屬於祕書的職責，但祕書所能履行的與所應履行的工作並不只限於這一點。

美國的「全國祕書協會」曾費盡心機地為「祕書」下這樣的定義：「祕書即是行政助理，她（他）具有處理辦公事務的技能，在無直接監督的情況下，足以承擔責任，能運用自發力與判斷力，以及在指定的權限內，有能力制定決策。」由此定義可知，祕書是具有特殊身分的幕僚。這種特殊身分表現在祕書與主管的緊密的工作關係上。

能符合上一定義的要求者並不侷限於女性，有跡象顯示，愈來愈多的男性從事祕書工作實際效果更好。其次，在祕書的配合與協助下，主管與祕書應組成部門內部的一個小型的「管理隊伍」。所以，將祕書視為一般機構中可有可無的邊緣人物，是極為錯誤的。

既然主管和祕書是部門內部的小型管理隊伍的成員，這兩個成員之間務必相互合作，以避免浪費彼此的時間。主管與祕書之間必須定期地（至

少半年一次）溝通，消除自己與對方的時間地雷，然後再共同研究跨越這類時間陷阱的辦法。

當主管的時間陷阱及祕書的時間地雷經過上述的步驟被尋找出來後，主管與祕書必須坐在一起分析兩個人的時間地雷之間的關係，以及了解將來應採取哪些對策，方可避免為對方製造時間陷阱。

除了採取上述方法探索及迴避主管與祕書之間的時間陷阱之外，主管首先應處理好對祕書的甄選及訓練工作，以確保祕書成為他的管理隊伍中的左臂右膀。

對下屬不要有偏見

一個人憑藉以前的經驗來推測現在的人和事時，難免產生不同程度的偏見。有的情況下，這種經驗固然能使人預先得以採取某些防範的對策，產生一定的積極作用，但多數情況下，過度的偏見和防範，則會產生很多不良的影響。尤其對於一個老闆，他所處的位置比較特殊，如果對某一個人或事，任憑著個人的片面印象就匆忙間做出結論，這明顯有失偏頗。

漢初名將韓信，最初在劉邦手下時，並沒有受到重用，因為劉邦認為他甘受胯下之辱，是懦夫，不能為將。韓信無奈準備遠走他處，才演出蕭何月下追韓信之佳話，並犯顏死諫，讓漢王劉邦拜韓信為將。劉邦不愧為一代識才明君，在看到韓信的將才之後，便大膽地將大權交給了韓信，從而成就一統天下之偉業。

現代企業的主管是否反思過，自己對某些下屬是否仍持有偏見。如果有，請先把這種偏見放置一邊，最好先從實際工作中詳加考察，也許你會改變自己的觀念，達到準確用人的效果。

第十二章 預防錯誤用人的點子

不要輕易越權

　　不少主管都有一個通病，就是喜歡超越權限做事。客人來時，他們會親自帶領客人蔘觀；本來不必由他們陪客人吃飯卻要躬身作陪；席間也沒有什麼大事可談，自己只好在那裡不停地傻笑，不斷地問別人吃好了沒有；明知飯菜不錯，卻偏要說些「照顧不周」的客套話。工作上有了難題，他們也會自己謀求解決辦法。這一點當然不錯，但對於自己同事業務範圍內的事也喜歡「兩肋插刀」，硬說是「幫忙」，也不看人家臉色怎麼樣，還半開玩笑地鬧著要求別人請客。他們不僅喜歡獨自召開會議，就連記錄也一個人操辦。雖已安排了下屬擬訂計畫，卻還放心不下，暗中也擬定一份，欲與下屬一爭長短。如此等等，都是越權辦事之領導者的種種表現。

　　遇到這種「全權獨攬」式的領導，你知道和他同級的同事會怎樣評價他嗎？他們一定會說：「他就是什麼事都『親自』去辦，恨不得想吃飯時，自己『親自』去種田。」他的下屬甚至也發牢騷，「我們根本沒有存在的必要，就讓給他一個人做好了。」因而他們也隨之失去工作的積極性，這種人不但做不好自己正常的工作，而且也會影響到整個公司的大局，因為這種主管在下屬眼裡實在沒有地位，誰也不會為他賣力。

　　所以，即使自己再精明優秀、能夠獨當一面，也不要隨便奪取你同事或下屬分內的工作。否則，必將費力不討好。反過來，主管也應適當把權力授予下屬，給他們獨立決斷自己分內之事的權力，主管也可以省下精力去專心研究策略方面的工作。了」。

權力不可濫用

「不用多問，這是命令，上司也是這樣指示的，照著做好了」。

像這種不顧下屬的實際情況，而只顧對下達強制命令的做法最好盡可能避免，因為這樣為他們安排工作，只會徒然增加下屬的反抗心理，而難以收到預期的效果。

譬如某公司總經理向其下屬某科長發出命令，要增建一個辦公室，要求立刻產出設計圖。於是這個科長就和他的下屬一起努力，他們犧牲了整個星期天，終於趕出一張詳細的設計圖。星期一早上正準備提交給總經理，沒想到總經理卻對科長說：

「這件事，你不必說了，因為星期六我自己試著做了一下，很快就完成了，我覺得很合適，所以你的設計圖就不必交了。」

科長回去後，對其下屬深表歉意。自己的努力白費也就算了，不知該如何向下屬解釋。這種事情一而再，再而三地發生，使科長在自己下屬面前大失威信，幾乎沒人願意聽他的指揮了，甚至聽到有下屬在背後說他無能，可想而知，此科長對於總經理的看法如何了。

一個優秀主管，絕不會依靠權力來行事，再說，下屬本來就應該懂得敬重上司，又何必處處使用你的權力呢？

身為一個主管，遇到下屬不依照你的意思做事的時候，應該找他認真談談，為什麼非動用權力不可呢？即使沒有用很強硬的態度，也足以表示你對下屬缺乏信任。

要相信下屬，這是非常重要的，當你期待下屬有所表現時，第一步，首先要肯定他的能力，無論多不可靠、能力再差的下屬，當你安排他去做一件事的時候，就不要輕視他的能力，應給予必要的支援。即使自己有好

的想法，也要放在心裡，在下屬未提出比自己更好的方案時，要耐心地幫助和鼓勵他們，提供建議和忠告。

如果一個主管，隨意用權干涉其下屬的工作，關係也處理不好，下屬倒楣，主管也跟著倒楣。一個高明的主管絕不會這麼做的。

7 種人不可使用

世間萬物，真真假假，假假真真。人身上也有許多似是而非的東西，看似優點，其實乃致命之缺點。所以，用人者不要被假象所迷惑，要透過表面現象看清其本質，才能發現和用好具有真才實學之人，而不至於魚目混珠。人既然如物，是是非非，究竟哪些人不可使用呢？

第一，華而不實者。這種人口齒伶俐，能言善道，口若懸河，滔滔不絕。乍一接觸，往往給人留下良好印象，並讓人誤認為他是一個知識豐富、又善表達的人才加以看待。但是，必須分辨他是不是華而不實。華而不實的，善於言談，而且能將許多時髦理論掛在嘴上，迷惑許多識辨別能力差、知識不豐富的人。

三國鼎立之時，北方青州有一個叫隱蕃的人，逃到東吳，對孫權講了一大堆漂亮的話，對時局政事也做了分析，辭令嚴謹正然。孫權為他的才華而打動，徵詢陪坐的胡綜：「如何？」胡綜（也是一個了不起的人才）說：「他的話，大處有東方朔的滑稽，巧捷詭辯有點像彌衡，但才不如二人。」孫權又問：「當什麼職務呢？」「不能治民，派小官試試。」考慮到隱蕃的談吐淨是刑獄之道，於是孫權派他到刑部任職。左將軍朱據等人都說隱蕃有王佐之才，為他的大材小用叫屈，並親為接納宣揚。因此，隱蕃門前車水馬龍，賓客滿座。當時人們都對這種有人說隱蕃好，有人說隱蕃壞的情況感到很奇怪。到後來，隱蕃作亂於東吳，事發逃走，被抓回而

誅。對似是而非人的辨識的確不易。

第二，貌似博學者。這一類人多少有一些才華，也能旁及到其他各門各類的知識，泛泛而談，也不無道理，似乎是博學多才的人。但是，如果是博而不精、雜而不純，未免有欺人耳目之嫌。貌似博學者大多是青少年時讀了些書，興趣愛好也還廣泛，但是因為小聰明，或者是未得名師指點，或者是學習條件與環境的限制，終未能更上一層樓，去學習更精專、更廣博的東西。待學習的黃金年齡一過，儘管有精專的願望，但是已力不從心，最終學識停留在少年時代的高峰上，不能更上一層樓。即使以後具有這樣那樣的深造環境，但由於意志力的軟弱，也只是涉獵到一些新知識的皮毛，淺輒止。這種人是命運的悲劇，尚可以諒解。如果是以貌似多學在招搖撞騙，則不足為論了。

第三，不懂裝懂者。不懂裝懂的人，生活中確實不少，尤其以成年之後為甚，完全是因為愛面子、怕人嘲笑的緣故所致。有一種不懂裝懂者是可怕的，他會因不懂裝懂，給企業帶來巨大損失，尤其是技術上的。還有一類不懂裝懂的，是為了迎合討好某人，這種情況，有的是違心而為，在那種特殊場合下不得不如此，有的則是逢迎拍馬，一味奉承。

第四，濫竽充數者。這一類人往往有一定的生活經驗，知道如何投機取巧，維護個人形象。總是在別人後面發言，圍繞前面的人講過的觀點和意見，並無新的見解和主張，如果整合得巧妙，不失為一種藝術，使人難以察覺他濫竽充數的本質，反而讓人誤為精闢見解。這種人也有他的難處，如南郭先生一樣，想混一口好飯吃，其實也不如意。如果無其他奸心，倒也不礙大事。否則，趁早解聘，或疏遠之為妙。

第五，避實就虛者。這一類人多少有一點才能，但總嫌不足，用一些邪門歪道的辦法混到了某個職位上去。當親臨戰場時，比如現場提問、現

第十二章　預防錯誤用人的點子

場辦公，因無力應付，就很圓滑地採用避實就虛的技巧處理。其實，這也是一門本事。這種人當副手也還無大礙，但以小心為前提，否則他會悄悄地捅出一個無法彌補的大漏子來。

第六，鸚鵡學舌者。自己沒有什麼獨到見解和主張，但善於吸收別人的精華，轉過身來就對其他人大肆宣揚，也不講明是聽來的。不知情者，自然會把他當雄才來看待。這種性質，說嚴重一點，是剽竊，因不負法律責任（如果以文字的形式出現，比如論文、書刊，則性質比言論更為嚴重），因而會大行其道。這種人沒什麼實際才能，但模仿能力強，這也是他的優點，也可加以利用。

第七，固執己見者。這種人爭強好鬥，不肯服輸，不論有理無理都一個樣。這類理不直、卻氣很壯的人，生活中隨處可見。對待他們一個較好的辦法是敬而遠之，不予爭論。如果事關重大，必須說服他，才能使正確的決策得以實施。首先應分析他是哪一類人。本來賢明而一時糊塗的，以理服之，並據理力爭，堅持到底；私心太重而沉迷不醒的，則用迂迴曲折之道，講到他心坎裡去；如果是個糊塗蟲，不可理喻，頑固不化的，就動用權力壓制他。

8 種人不可重用

有時企業主管求才似渴，一旦發現某人有一技之長，便不問其他，委以重任。殊不知，有些人雖然學有所長，但由於本身的某方面存在致命的弱點，總有一天會因此壞了企業的大事。所以對這些人應量才而用，萬萬不可忽略其缺點，對他們不可重用。

第一，投機者不可重用。投機型的人善於察言觀色，把自己作為商品，總希望在「人才市場」上討個好價錢，在工作上專好討價還價。這

些「市場探索者」都慣於利用應徵別家公司，而對日前僱用他們的公司施加壓力的招術，以使該公司給他們以晉升或增加薪酬的機會。他們力圖利用「將被別的企業錄用」這種名義，來加速他們在原公司的發展。這種詭計往往易於得逞，特別是當那家企業恰好是這種人目前所在公司的競爭對手時。

第二，諂媚者不可重用。諂媚型的人深信，如果能迎合企業主管，就能步步高陞。這種人無才能可言，性格惡劣，道德觀念差，意志薄弱，能破壞團隊合作。

第三，自命不凡者不可重用。有些人根本看不慣別人的一切舉止、想法，對於這種自命不凡的人，各種「人際關係訓練法」都治不好他們的精神頑疾。把這種人個別隔離開來，乃是最好的解決方法，而且是唯一的解決方法。這種自命不凡的人的特點就是誰都看不起，惟我獨尊，通常處理辦法只能請他另謀高就。

第四，權力慾強者不可重用。權力慾望過強的人全身都散發著「野心家」所特有的「氣味」，生怕別人不知道自己的「卓越」才能。這種人能力較強，既然決心已定，一定要攀升到最高層的位置，不達目的，誓不罷休。他們對工作兢兢業業，無須別人督導。這是因為他們那極強的權力慾，促使他們不得不努力表現自己。這種人有可能把工作視為自己的生命，而不是調劑人生的手段。這種人沒有喜好與嗜好，凡是花時間的興趣，他們一概沒有。這種權力型的人只有野心，沒有計畫。任何事或任何人阻礙了他們的野心和計畫，都會使他們暴跳如雷。這種人只有在生命終止的那一刻，才會停止他的戰鬥。要記住，這種人的本性是極其自私的，但是只要不讓他到達權力的頂峰，他也是可加以利用的。

第五，雲淡風輕者不可重用。雲淡風輕者的人處世輕鬆，滿不在乎。

第十二章　預防錯誤用人的點子

沒有心機，工作能力也強。這種人是相當有能力的表演者，這確實值得小企業僱用。但是，他們沒有權力型那種人的熱忱和創造力，這種人在事業上雲淡風輕，處世哲學是「誰也不得罪」，他們可在短時間內贏得同事和下屬的尊重。這種人最主要的缺點是沒有熱忱，只是想謀取一個舒適的職位而已，根本不可能跟別人競爭。這種人在一個部門裡不可缺少，也不可太多，關鍵不可重用。

第六，愛虛榮者不可重用。虛榮型的人渴望自己是富人或名人的知己。這種人只要有一機會，就會滔滔不絕地向別人炫耀他與某些有名望的人常有往來。實際上，他的那些知名朋友可能根本不認識他；即使認識，也只知道他是個「吹牛大王」而已。儘管如此，這種人仍然會使出渾身的解數，使人相信他是做經理的好人材。按照這種人的邏輯，他當了經理，有那麼多名流朋友，還擔心小企業沒有後臺？這種人沒有什麼真本事，只會誇誇其談，信口開河，暢談他的社交生涯。這種人成事不足，敗事有餘，應慎用之。

第七，理論太多者不用。公司不是研究機構，若問他「這件事情怎麼樣」，就是一大堆這個主義、那個觀點，其實根本沒有說出解決事情的方法。這種人或許可能是做學問的人才，但絕不是有效率的員工。需要使用「拖延」戰術時，可以用這種人去「敷衍」。

第八，不會交際者少用。做人最根本的是人格完整，但每個人的生活習慣各不相同。商務接洽的人沒有聖人，會抽菸、喝酒、跳舞的人或許更容易發揮面對顧客的親和力，但一板一眼、滴酒不沾者，在企業中則不可稱之為優點，特別是對商務合作來說，則不利於開展業務。

從 MBTI 學管理：

性格分類測驗也能套用職場管理？ 16 種人格類型分析幫你識才、用才，發揮員工最大的長才！

編　　著：徐博年，惟言

封面設計：康學恩

發 行 人：黃振庭

出 版 者：崧燁文化事業有限公司

發 行 者：崧燁文化事業有限公司

E-mail：sonbookservice@gmail.com

粉 絲 頁：https://www.facebook.com/
　　　　　sonbookss/

網　　址：https://sonbook.net/

地　　址：台北市中正區重慶南路一段六十一號八
　　　　　樓 815 室

Rm. 815, 8F., No.61, Sec. 1, Chongqing S. Rd.,
Zhongzheng Dist., Taipei City 100, Taiwan

電　　話：(02)2370-3310

傳　　真：(02)2388-1990

印　　刷：京峯彩色印刷有限公司（京峰數位）

律師顧問：廣華律師事務所 張珮琦律師

定　　價：450 元

發行日期：2023 年 03 月第一版

◎本書以 POD 印製

國家圖書館出版品預行編目資料

從 MBTI 學管理：性格分類測驗也能套用職場管理？ 16 種人格類型分析幫你識才、用才，發揮員工最大的長才！ / 徐博年，惟言編著 . -- 第一版 . -- 臺北市：崧燁文化事業有限公司 , 2023.03

面；　公分

POD 版

ISBN 978-626-357-131-0(平裝)

1.CST: 企業經營 2.CST: 組織管理 3.CST: 人格測驗與評鑑

494　　112000442

電子書購買

臉書